Ilse Mayer

Arbeitsblätter Mathematik

Für individuelles Lernen und Verstehen

6./7. Jahrgangsstufe

Kopiervorlagen in zwei Bänden

BRIGG VERLAG

1. Auflage 2007
© by Brigg Verlag Franz-Josef Büchler KG, Augsburg
Alle Rechte vorbehalten

Originalausgabe © GS-Multimedia, Verlag Dr. Michael Lemberger,
A-1170 Wien

Covergestaltung und Illustrationen
Gernot Lauboeck, da
Graphic Design, Wien
www.lauboeckdesign.at

Das Werk und seine Teile sind urheberrechtlich geschützt.
Jede Nutzung in anderen als den gesetzlich zugelassenen Fällen bedarf der vorherigen schriftlichen
Einwilligung des Verlages. Hinweis zu § 52a UrhG: Weder das Werk noch seine Teile dürfen ohne eine
solche Einwilligung eingescannt und in ein Netzwerk eingestellt werden. Dies gilt auch für Intranets von
Schulen und sonstigen Bildungseinrichtungen.

ISBN 978-3-87101-260-0   www.brigg-verlag.de

Arbeitsblätter Mathematik — 6./7. Jahrgangsstufe

Mit den Mathematik-Lernprogrammen lernen die Schüler/-innen völlig selbständig und in individuellem Arbeitstempo neuen Stoff zu erarbeiten, zu üben und anzuwenden. Sie sind motiviert, weil sie erfahren, dass sie Mathematik lernen können.

Die Lernprogramme sind in *Merkstoff* und *Arbeitsblätter* gegliedert.

Der *Merkstoff* soll gesammelt werden und als Lexikon dienen.

Die *Arbeitsblätter* vermitteln den Lehrstoff (meist) kontinuierlich aufbauend, sie werden in der angegebenen Reihenfolge bearbeitet.

In allen Organisationsformen der Sekundarstufe I ist mit den *Arbeitsblättern Mathematik* innere Differenzierung und Individualisierung nach Niveau und Zeit möglich.

Didaktische und organisatorische Aspekte für den Unterricht mit Mathematik-Lernprogrammen – ein erprobtes Unterrichtsmodell

Übersicht für Lehrer/-innen

	Klasse	Gleichungen								Erweiterungsbereich	Hausübungen					Schularbeit
		1	2	3	4	5	6	7	8		4	5	6	7	8	
1	Anton	✓	✓	✓	✓	✓	✓									
2	Beate	✓	✓	✓	✓	✓	✓	✓	✓							
3	Christine	✓	✓	✓												
4	Daniel	✓	✓	✓	✓	✓	✓	✓	✓							
5	Eva	✓	✓	✓	✓											
6	Florian	✓	✓	✓	✓	✓	✓	✓								
7	Gerhard	✓	✓	✓	✓	✓	✓									

Vom Lehrer / Von der Lehrerin wird für jedes Kapitel eine Liste geführt, wodurch der individuelle Lernfortschritt bzw. Förderbedarf jedes einzelnen Kindes überblickt werden kann.

Übersicht für Schüler/-innen

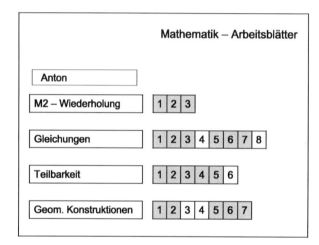

Die Schüler/-innen malen nach Fertigstellung eines Arbeitsblattes das entsprechende Feld im Verzeichnis an.

Die Listen zeigen die Leistungen von Schüler/-innen in einer heterogenen Schülergruppe.

Ordnung trotz Zettelwirtschaft

Die Schüler/-innen verwenden A4-Mappen mit zwei großen Ringen.

A4-Mappe	1. Inhaltsverzeichnis Merkstoff / Merkstoffblätter	je zwei Blätter in einer Klarsichthülle
	2. Inhaltsverzeichnis Arbeitsblätter / Arbeitsblätter	
	3. Hausübungen	

Jene Arbeitsblätter, die einzelne / alle Schüler/-innen nicht bearbeiten, werden aufbewahrt und können zu einem späteren Zeitpunkt ausgeführt werden.

Der ganz normale Unterricht

- Zu Beginn eines neuen Kapitels beginnen die Kinder selbständig mit dem ersten Arbeitsblatt. Bei neuem Stoff studieren sie den entsprechenden Abschnitt im Merkstoff.
- Die Kinder schreiben mit Bleistift bzw. Buntstift, falsche Rechnungen werden vom Kind ausradiert und neu gerechnet.
- Wenn eine Rechnung nicht selbständig gelöst werden kann, kommt das Kind zum Lehrer / zur Lehrerin.
- Jedem Kind wird nur erklärt, was es nicht selbst erarbeiten (wissen) kann.
- Aufgaben können für einzelne Schüler/-innen auf der Rückseite des Arbeitsblattes graphisch aufbereitet oder z.B. durch Beispiele mit einfachen Zahlen erklärt werden.
- Ist ein Schüler / eine Schülerin früher als vorgesehen mit dem Lernprogramm fertig, werden noch nicht gerechnete Arbeitsblätter aus vorher durchgenommenen Kapiteln ergänzt oder Beispiele aus anderen Aufgabensammlungen gerechnet.
- Hat ein Kind bei einem Arbeitsblatt mehrmals große Probleme, braucht es also außergewöhnlich oft die Hilfe des Lehrers / der Lehrerin, kann es dieses Arbeitsblatt ein zweites Mal rechnen.
- Die Arbeitsergebnisse werden nach Bedarf mit einem einzelnen Kind, einer Gruppe oder mit allen Schüler/-innen besprochen.
- Wenn ein Arbeitsblatt fertig gerechnet wurde und richtig ist, wird dies vom Lehrer / von der Lehrerin in seiner / ihrer Liste eingetragen und das Kind bemalt das entsprechende Kästchen in seinem Verzeichnis. Das Blatt bleibt vorläufig beim Lehrer / bei der Lehrerin.
- Wenn (fast) alle Kinder das Blatt fertig gerechnet haben, wird dasselbe Arbeitsblatt noch einmal als Hausübung gerechnet. Hausübungen werden ebenfalls nummeriert (Ordnung in der Mappe).

  Erst nachdem auch die Hausübung gerechnet bzw. verbessert wurde, bekommen die Kinder auch ihr Schulübungsblatt.

Was trotzdem stattfindet (exemplarisch)

- Bei geeigneten Kapiteln (z.B. „Dreiecke") bearbeiten die sehr guten Schüler/-innen zunächst das erste Arbeitsblatt mit Hilfe von anderen Büchern oder Arbeitsmaterialien und erhalten erst danach das Merkstoffblatt. Die mittlere Gruppe arbeitet mit Hilfe des Merkstoffblattes. Die guten Schüler/-innen erklären dann den schwachen das Merkstoffblatt (inkl. Abbildungen in Büchern bzw. Anschauungsmaterialien).
- Die guten Schüler/-innen erarbeiten neuen Lehrstoff selbständig, die weniger begabten werden vom Lehrer / von der Lehrerin unterstützt.
- Anfertigen bzw. Verwenden von Anschauungsmaterial, z.B. Modelle von geometrischen Körpern ...
- Mathematische Spiele, Rollenspiele, Rätsel, „Reihenrechenübungen", Stationenbetrieb, themenzentrierte Einheiten, projektorientierter Unterricht u. dgl.

Was anders ist

- Jedes Kind arbeitet in seinem individuellen Arbeitstempo.
- Es ist ein höchstmögliches Ausmaß an Differenzierung möglich. In der vorgegebenen Zeit bearbeiten manche Kinder vier, andere zwölf Blätter, erreichen also unterschiedliche Teilziele.
- Jedes Kind arbeitet selbständig.
- Jedes Kind muss den Merkstoff und die Arbeitsaufträge auf den Arbeitsblättern genau lesen und jedes Wort verstehen, sonst kann es die Aufgaben nicht lösen, es übt somit auch in den Mathematikstunden sinnerfassend lesen.
- Das Besprechen der Arbeitsergebnisse (Probleme, Lösungswege...) kann in Gruppen erfolgen.
- Alle Rechnungen auf den Arbeitsblättern sind vollständig und richtig.
- Der Lehrer / die Lehrerin weiß genau, was jedes einzelne Kind kann und was nicht. Jedes Kind weiß genau, was es kann, und fragt, wenn es etwas nicht versteht.

- Jedes Kind weiß genau, was es kann, und fragt den Lehrer / die Lehrerin, wenn es etwas nicht versteht.
- Jedes Kind verwendet die gesamte Unterrichtszeit sinnvoll – für Rechnungen, die es auch begreifen kann.
- Auch jene Schüler/-innen, die Unterrichtszeit z.B. durch Krankheit versäumen, bearbeiten die Arbeitsblätter in der vorgesehenen Reihenfolge.
- Bei deutschen / ausländischen Kindern, die während des Schuljahres in die Klasse kommen, kann Lehrstoff sinnvoll ergänzt bzw. erweitert werden.
- Die Merkstoffblätter werden gesammelt, die Kinder sind daran gewöhnt, mit dem „Mathe-Lexikon" zu arbeiten.
- Die Schüler/-innen sind motiviert, weil sie bei dieser Arbeitsweise erfahren, dass sie „Mathe" lernen können, sie brauchen nicht zur Mitarbeit motiviert werden.

Beurteilung

- Die Summe aller fertigen Schulübungsblätter, richtigen Hausübungsblätter und ein Bruchteil der erreichten Schularbeitspunkte ergibt die Gesamtsumme der erreichten Punkte.
- Beispiel für einen Punkteschlüssel für die Schularbeit bzw. Notenschlüssel

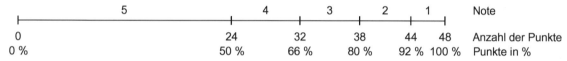

- Durch die Prozentangabe kann Schüler/-innen bzw. Eltern jederzeit Auskunft über den Leistungsstand gegeben werden.

Was wichtig ist

- Die Schüler/-innen arbeiten mit Bleistift bzw. Buntstift, falsche Rechnungen werden ausradiert und neu gerechnet.
- Die Lehrer/-innen korrigieren anders. Auf den Arbeitsblättern werden die richtigen Ergebnisse abgehakt und auf Fehler wird das Kind nur aufmerksam gemacht. Falsche Ergebnisse werden nicht durchgestrichen.

Erfahrungsaustausch mit Kolleg(inn)en

- Die Mathematik-Lernprogramme können von den Schüler/-innen einzeln, mit Partner oder in Gruppen bearbeitet werden; es ist auch möglich, die Sozialform freizustellen.
- Nicht alle Kolleg(inn)en wollen ihre Unterrichtsmethode vollständig ändern – sie verwenden die Mathematik-Lernprogramme „nur" für Übung und Wiederholung sowie in Förderkursen.
- In Integrationsklassen arbeiten Integrationskinder der 6. Schulstufe teilweise mit Mathematik-Lernprogrammen für die 5. Schulstufe.
- Die gelösten Aufgaben können – je nach Aufgabenstellung bzw. Niveau der Schüler/-innen – mit Hilfe der Lösung im Lehrer/-innenbuch vom Lehrer / von der Lehrerin, von einzelnen Schüler/-innen, gruppenweise oder von allen Schüler/-innen auf ihre Richtigkeit überprüft werden. Auch hier ist Differenzierung zweckmäßig und möglich.
- Wird nach dem Daltonplan unterrichtet, können die Mathematik-Lernprogramme (auch) für „Forschungsaufträge" verwendet werden, die die Schüler/-innen in den Daltonstunden bearbeiten. Im Klassenunterricht werden dann die Ergebnisse besprochen bzw. Probleme beim Lösen der Aufgaben geklärt.
- Für den Einsatz des Taschenrechners gibt es in diesem Buch keine Hinweise. Ich denke, es liegt in der Freiheit jedes einzelnen Lehrers / jeder einzelnen Lehrerin zu entscheiden, bei welchen Aufgaben einzelne / alle Schüler/-innen den Taschenrechner verwenden.

Ilse Mayer

	Klasse																	
1																		
2																		
3																		
4																		
5																		
6																		
7																		
8																		
9																		
10																		
11																		
12																		
13																		
14																		
15																		
16																		
17																		
18																		
19																		
20																		
21																		
22																		
23																		
24																		
25																		
26																		
27																		
28																		
29																		
30																		

Arbeitsblätter Mathematik 6/7 — Stoffverteilung

Das Buch beinhaltet Lernprogramme, die aus Merkstoff und Arbeitsblättern bestehen.
Die Arbeitsblätter vermitteln den Lehrstoff kontinuierlich aufbauend und werden in der angegebenen Reihenfolge bearbeitet. Die Schüler/-innen arbeiten selbständig und in individuellem Arbeitstempo.
Pro Schulwoche sollen je nach Leistungsgruppe bzw. Niveau der Schüler/-innen in heterogenen Gruppen durchschnittlich zwei bis vier Arbeitsblätter gerechnet werden.

Differenzierung:
- ☐ Arbeitsblätter leicht
- ▒ Arbeitsblätter mittel
- ▓ Arbeitsblätter schwer

Seite	Inhalt	Arbeitsblattnummer
61	M2 – Wiederholung	1 2 3
67	Gleichungen	1 2 3 *4* 5 6 7 *8*
83	Teilbarkeit	1 *2* 3 4 5 *6*
95	Geometrische Konstruktionen	1 2 *3* *4* 5 6 7
109	Bruchrechnen	1 2 3 4 5 6 7 8 9 10 11 *12* *13* *14*
137	Dreiecke	1 *2* 3 4 5 6 7 8 *9* *10*
157	Zuordnungen	*1* 2 3 4 5 *6* 7 *8* 9
175	Vierecke	1 2 3 4 5 6 7 8 9
193	Prozentrechnen	1 2 3 4 5 6 7 8 9 *10* *11*
215	Flächenberechnungen	1 2 3 *4* *5*
225	Prismen	1 *2* 3 *4* 5 *6*
237	Massenmaße	1 *2*
241	Längen-, Flächen-, Raummaße	1 *2*
245	Statistische Grundbegriffe	1 *2*
249	Sachaufgaben	1 *2* *3* 4 *5* 6
261	Rätsel	1 2

Arbeitsblätter Mathematik 6/7 — Mathematik – Merkstoff

Gleichungen

		Seite
1.	Lösen von Gleichungen mit einer Unbekannten durch Überlegen / Probieren	9
2.	Lösen von Gleichungen mit einer Unbekannten durch Umformen	9
3.	Probe	9

Teilbarkeit

1.	Teiler und Teilermenge	11
2.	Teilbarkeitsregeln	11
3.	Primzahlen	13
4.	Zusammengesetzte Zahlen	13
5.	Der größte gemeinsame Teiler	13
6.	Vielfache und Vielfachenmenge	15
7.	Das kleinste gemeinsame Vielfache	15

Geometrische Konstruktionen

1.	Koordinatensystem	17
2.	Mittelsenkrechte und Winkelhalbierende	19
3.	Konstruktion von regelmäßigen Vielecken	19
4.	Winkelpaare	21
5.	Kongruenz	23
6.	Kongruenzabbildungen	23

Bruchrechnung

1.	Begriffe	25
2.	Arten	25
3.	Unechter Bruch – gemischte Zahl	25
4.	Erweitern – Kürzen	25
5.	Grundrechenarten mit Bruchzahlen	27
6.	Rechenregeln für die Grundrechenarten mit Bruchzahlen	29
7.	Bruchteile von Größen	29
8.	Bruchzahl – Dezimalzahl	31
9.	Darstellung auf dem Zahlenstrahl	31
10.	Positive rationale Zahlen	31

Dreiecke

1.	Bezeichnungen	33
2.	Winkelsumme	33
3.	Einteilung der Dreiecke nach den Seiten	33
4.	Einteilung der Dreiecke nach den Winkeln	33
5.	Der Satz von Thales	35
6.	Die vier merkwürdigen Punkte im Dreieck	35
7.	Konstruktion von Dreiecken	37

Zuordnungen

		Seite
1.	Tabelle	39
2.	Schaubild	39
3.	Zuordnungen auf Grund von Messungen und / oder Prognosen	39
4.	Zuordnungen auf Grund von Formeln	39
5.	Proportionale Zuordnungen	41
6.	Schlussrechnung	41

Vierecke

1.	Allgemeines Viereck	43
2.	Parallelogramm	43
	2.1 Allgemeines Parallelogramm	43
	2.2 Raute (Rhombus)	43
	2.3 Rechteck	43
	2.4 Quadrat	45
3.	Deltoid (Drachenviereck)	45
4.	Trapez	45
	4.1 Allgemeines Trapez	45
	4.2 Gleichschenkliges Trapez	45

Prozentrechnung

1.	Begriffe	47
2.	Grundaufgaben der Prozentrechnung	47
3.	Darstellung	49
4.	Sachaufgaben	49

Prismen

1.	Eigenschaften	51
2.	Arten	51
3.	Volumen	51
4.	Oberfläche	51
5.	Stehende / liegende Prismen	53
6.	Volumen und Oberfläche vom rechtwinkligen Prisma	53

Statistische Grundbegriffe

1.	Absolute – relative – prozentuale Häufigkeit	55
2.	Statistische Untersuchung – Stichprobe	55
3.	Darstellung von Daten	57
4.	Wahrscheinlichkeit	57

| Merkstoff: | Gleichungen |

Bei einer Gleichung sind zwei Terme gleichgesetzt, das heißt durch ein Gleichheitszeichen verbunden.
Enthält eine Gleichung Unbekannte, so ist der Wert der Unbekannten so zu bestimmen, dass sie den Sinn der Gleichung erfüllt.

$2 \cdot 3 = 12 : 2$
$6 = 6$ w. A.

Die Gleichung ist richtig.

$x - 5 = 4$ Probe: $9 - 5 = 4$
$x = 4 + 5$ $4 = 4$ w. A.
$x = 9$

Der Wert der Unbekannten kann berechnet werden.

1. Lösen von Gleichungen mit einer Unbekannten durch Überlegen / Probieren

$43 + x = 47$ Probe: $43 + 4 = 47$
$43 + 4 = 47$ $47 = 47$ w. A.
$x = 4$

Der Wert der Unbekannten (die Lösung) kann gefunden werden, wenn man für die Unbekannte Zahlen einsetzt und untersucht, für welche Zahl eine wahre Aussage entsteht (die Gleichung richtig ist).

2. Lösen von Gleichungen mit einer Unbekannten durch Umformen

Eine Gleichung bleibt richtig, wenn man auf beiden Seiten dasselbe durchführt.

$a - 5 = 23$ $| +5$
$a - 5 + 5 = 23 + 5$
$a = 28$

P: $28 - 5 = 23$
          $23 = 23$ w. A.

$a + 5 = 17$ $| -5$
$a + 5 - 5 = 17 - 5$
$a = 12$

P: $12 + 5 = 17$
          $17 = 17$ w. A.

$a : 5 = 10$ $| \cdot 5$
$a : 5 \cdot 5 = 10 \cdot 5$
$a = 50$

P: $50 : 5 = 10$
          $10 = 10$ w. A.

$a \cdot 5 = 45$ $| : 5$
$a \cdot 5 : 5 = 45 : 5$
$a = 9$

P: $9 \cdot 5 = 45$
          $45 = 45$ w. A.

3. Probe

Bei der Probe setzt man in die ursprüngliche Gleichung für die Unbekannte die Lösung ein und kontrolliert, ob beim Lösen der Gleichung richtig gerechnet wurde.

Merkstoff:	Teilbarkeit

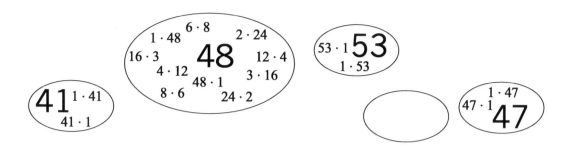

1. Teiler und Teilermenge

6 : **1** = 6

6 : **2** = 3

6 : **3** = 2

6 : **6** = 1

Natürliche Zahlen, durch die man eine natürliche Zahl ohne Rest teilen kann, nennt man Teiler dieser Zahl.

Die Menge aller Teiler einer Zahl bezeichnet man als Teilermenge.

T_6 = {1, 2, 3, 6}	T_7 =	T_{20} =

2. Teilbarkeitsregeln

▶ Eine Zahl ist durch **2** teilbar, wenn die letzte Ziffer 2, 4, 6, 8 oder 0 ist.

▲ Eine Zahl ist durch **3** teilbar, wenn die Quersumme durch 3 teilbar ist.

▶▶ Eine Zahl ist durch **4** teilbar, wenn die Zahl aus den letzten zwei Ziffern durch 4 teilbar oder 0 ist.

▶ Eine Zahl ist durch **5** teilbar, wenn die letzte Ziffer 5 oder 0 ist.

▶▲ Eine Zahl ist durch **6** teilbar, wenn sie durch 2 und 3 teilbar ist.

▶▶▶ Eine Zahl ist durch **8** teilbar, wenn die Zahl aus den letzten drei Ziffern durch 8 teilbar oder 0 ist.

▲▲ Eine Zahl ist durch **9** teilbar, wenn die Quersumme durch 9 teilbar ist.

▶ Eine Zahl ist durch **10** teilbar, wenn die letzte Ziffer 0 ist.

▶▶ Eine Zahl ist durch **25** teilbar, wenn die Zahl aus den letzten zwei Ziffern 25, 50, 75 oder 0 ist.

▶▶ Eine Zahl ist durch **100** teilbar, wenn die letzten zwei Ziffern Nullen sind.

▶▶▶ Eine Zahl ist durch **1000** teilbar, wenn die letzten drei Ziffern Nullen sind.

Merkstoff:	Teilbarkeit

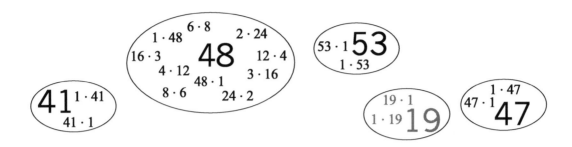

1. Teiler und Teilermenge

$6 : 1 = 6$

$6 : 2 = 3$

$6 : 3 = 2$

$6 : 6 = 1$

Natürliche Zahlen, durch die man eine natürliche Zahl ohne Rest teilen kann, nennt man Teiler dieser Zahl.

Die Menge aller Teiler einer Zahl bezeichnet man als Teilermenge.

$T_6 = \{1, 2, 3, 6\}$	$T_7 = \{1, 7\}$	$T_{20} = \{1, 2, 4, 5, 10, 20\}$

2. Teilbarkeitsregeln

> ◗ Eine Zahl ist durch **2** teilbar, wenn die letzte Ziffer 2, 4, 6, 8 oder 0 ist.

> ▲ Eine Zahl ist durch **3** teilbar, wenn die Quersumme durch 3 teilbar ist.

> ◗◗ Eine Zahl ist durch **4** teilbar, wenn die Zahl aus den letzten zwei Ziffern durch 4 teilbar oder 0 ist.

> ◗ Eine Zahl ist durch **5** teilbar, wenn die letzte Ziffer 5 oder 0 ist.

> ◗▲ Eine Zahl ist durch **6** teilbar, wenn sie durch 2 und 3 teilbar ist.

> ◗◗◗ Eine Zahl ist durch **8** teilbar, wenn die Zahl aus den letzten drei Ziffern durch 8 teilbar oder 0 ist.

> ▲▲ Eine Zahl ist durch **9** teilbar, wenn die Quersumme durch 9 teilbar ist.

> ◗ Eine Zahl ist durch **10** teilbar, wenn die letzte Ziffer 0 ist.

> ◗◗ Eine Zahl ist durch **25** teilbar, wenn die Zahl aus den letzten zwei Ziffern 25, 50, 75 oder 0 ist.

> ◗◗ Eine Zahl ist durch **100** teilbar, wenn die letzten zwei Ziffern Nullen sind.

> ◗◗◗ Eine Zahl ist durch **1000** teilbar, wenn die letzten drei Ziffern Nullen sind.

3. Primzahlen

Eine Primzahl ist eine natürliche Zahl, die ohne Rest nur durch eins und durch sich selbst teilbar ist. Jede Primzahl hat genau zwei Teiler. (Eins ist keine Primzahl.)

„Sieb des Eratosthenes"

1	2	3	4	5	6	7	8	9	10
11	12	13	14	15	16	17	18	19	20
21	22	23	24	25	26	27	28	29	30
31	32	33	34	35	36	37	38	39	40
41	42	43	44	45	46	47	48	49	50
51	52	53	54	55	56	57	58	59	60
61	62	63	64	65	66	67	68	69	70
71	72	73	74	75	76	77	78	79	80
81	82	83	84	85	86	87	88	89	90
91	92	93	94	95	96	97	98	99	100

Nur die Primzahlen sollen im Sieb bleiben.

Streiche 1, denn 1 ist keine Primzahl.
2 ist Primzahl, streiche die Vielfachen von 2.
3 ist Primzahl, streiche die Vielfachen von 3.
4 ist schon gestrichen (Vielfaches von 2).
5 ist Primzahl, streiche die Vielfachen von 5.
6 ist schon gestrichen (Vielfaches von 2).
7 ist Primzahl, streiche die Vielfachen von 7.

Bemale die Kästchen mit den Primzahlen.

Eratostenes war ein griechischer Mathematiker, er lebte von 275 bis 195 vor Christus.

P = {2, 3, 5, 7, 11, 13, 17, 19, 23, ...}

4. Zusammengesetzte Zahlen

Zusammengesetzte Zahlen haben mehr als zwei Teiler, sie lassen sich eindeutig in ein Produkt von Primzahlen zerlegen.

6 = 2 · 3
12 =
20 =

```
30 | 2
15 | 3
 5 | 5
 1 |
30 = 2 · 3 · 5
```

56 |

27 |

5. Der größte gemeinsame Teiler (ggT)

Der größte gemeinsame Teiler der Zahlen 12 und 18 soll berechnet werden.

① Teilermenge von 12 .... T_{12} =

② Teilermenge von 18 .... T_{18} =

③ gemeinsame Teiler von 12 und 18 .... $T_{12} \cap T_{18}$ =

④ **g**rößter **g**emeinsamer **T**eiler von 12 und 18 ... ggT (12, 18) =

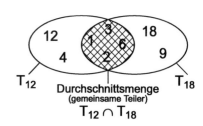

Durchschnittsmenge (gemeinsame Teiler) $T_{12} \cap T_{18}$

Der größte gemeinsame Teiler zweier oder mehrerer Zahlen ist das Produkt der gemeinsamen Primfaktoren.

ggT(12,18) =

12 | 18 |

3. Primzahlen

Eine Primzahl ist eine natürliche Zahl, die ohne Rest nur durch eins und durch sich selbst teilbar ist. Jede Primzahl hat genau zwei Teiler. (Eins ist keine Primzahl.)

„Sieb des Eratosthenes"

Nur die Primzahlen sollen im Sieb bleiben.

Streiche 1, denn 1 ist keine Primzahl.
2 ist Primzahl, streiche die Vielfachen von 2.
3 ist Primzahl, streiche die Vielfachen von 3.
4 ist schon gestrichen (Vielfaches von 2).
5 ist Primzahl, streiche die Vielfachen von 5.
6 ist schon gestrichen (Vielfaches von 2).
7 ist Primzahl, streiche die Vielfachen von 7.

Bemale die Kästchen mit den Primzahlen.

Eratostenes war ein griechischer Mathematiker, er lebte von 275 bis 195 vor Christus.

P = {2, 3, 5, 7, 11, 13, 17, 19, 23, ...}

4. Zusammengesetzte Zahlen

Zusammengesetzte Zahlen haben mehr als zwei Teiler, sie lassen sich eindeutig in ein Produkt von Primzahlen zerlegen.

6 = 2 · 3
12 = 2 · 2 · 3
20 = 2 · 2 · 5

```
30 | 2        56 | 2        27 | 3
15 | 3        28 | 2         9 | 3
 5 | 5        14 | 2         3 | 3
 1 |           7 | 7         1 |
30 = 2 · 3 · 5  1 |         27 = 3 · 3 · 3
              56 = 2 · 2 · 2 · 7
```

5. Der größte gemeinsame Teiler (ggT)

Der größte gemeinsame Teiler der Zahlen 12 und 18 soll berechnet werden.

① Teilermenge von 12 .... T_{12} = {1, 2, 3, 4, 6, 12}

② Teilermenge von 18 .... T_{18} = {1, 2, 3, 6, 9, 18}

③ gemeinsame Teiler von 12 und 18 .... $T_{12} \cap T_{18}$ = {1, 2, 3, 6}

④ **g**rößter **g**emeinsamer **T**eiler von 12 und 18 ... ggT (12, 18) = 6

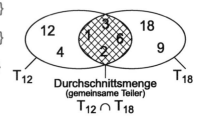
Durchschnittsmenge (gemeinsame Teiler)
$T_{12} \cap T_{18}$

Der größte gemeinsame Teiler zweier oder mehrerer Zahlen ist das Produkt der gemeinsamen Primfaktoren.

ggT(12,18) = 2 · 3 = 6

```
12 | 2        18 | 2
 6 | 2         9 | 3
 3 | 3         3 | 3
 1 |           1 |
```

6. Vielfache und Vielfachenmenge

6 · 1 = 6
6 · 2 = 12
6 · 3 = 18
6 · 4 = 24

Die Menge aller Vielfachen einer Zahl bezeichnet man als Vielfachenmenge.

| $V_6 = \{6, 12, 18, 24, ...\}$ | $V_7 =$ | $V_{20} =$ |

7. Das kleinste gemeinsame Vielfache (kgV)

Das kleinste gemeinsame Vielfache der Zahlen 4 und 6 soll berechnet werden.

① Vielfachenmenge von 4 .... $V_4 =$

② Vielfachenmenge von 6 .... $V_6 =$

③ gemeinsame Vielfache von 4 und 6 .... $V_4 \cap V_6 =$

④ kleinstes gemeinsames Vielfaches von 4 und 6 ... kgV (4, 6) =

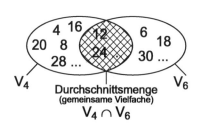

V_4 Durchschnittsmenge
(gemeinsame Vielfache)
$V_4 \cap V_6$ V_6

Das kleinste gemeinsame Vielfache zweier oder mehrerer Zahlen ist das Produkt der Primfaktoren der ersten Zahl und der noch fehlenden Primfaktoren der weiteren Zahlen.

| kgV (8, 6, 30) = |

8 | 6 | 30

| kgV (4, 5) = | kgV (2, 8) = | kgV (6, 8) = |

| Das kgV ist das Produkt dieser Zahlen, weil die Zahlen keine gemeinsamen Teiler haben, also teilerfremd sind. | Die größere Zahl ist das kgV, weil diese ein Vielfaches der kleineren Zahl ist. | Man vervielfacht die größere Zahl so oft, bis die kleinere Zahl darin enthalten ist, und erhält so das kgV. |

6. Vielfache und Vielfachenmenge

6 · 1 = 6
6 · 2 = 12
6 · 3 = 18
6 · 4 = 24

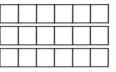
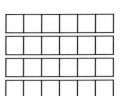

Die Menge aller Vielfachen einer Zahl bezeichnet man als Vielfachenmenge.

V_6 = {6, 12, 18, 24, ...}	V_7 = {7, 14, 21, 28, ...}	V_{20} = {20, 40, 60, 80, ...}

7. Das kleinste gemeinsame Vielfache (kgV)

Das kleinste gemeinsame Vielfache der Zahlen 4 und 6 soll berechnet werden.

① Vielfachenmenge von 4 .... V_4 = {4, 8, <u>12</u>, 16, 20, <u>24</u>, ...}

② Vielfachenmenge von 6 .... V_6 = {6, <u>12</u>, 18, <u>24</u>, 30, ...}

③ gemeinsame Vielfache von 4 und 6 .... $V_4 \cap V_6$ = {12, 24, ...}

④ kleinstes gemeinsames Vielfaches von 4 und 6 ... kgV (4, 6) = 12

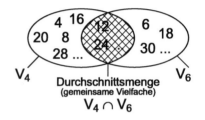

Das kleinste gemeinsame Vielfache zweier oder mehrerer Zahlen ist das Produkt der Primfaktoren der ersten Zahl und der noch fehlenden Primfaktoren der weiteren Zahlen.

| kgV (8, 6, 30) = 2 · 2 · 2 · 3 · 5 = 120 |

```
8 | ②      6 | 2̸      30 | 2̸
4 | ②      3 | ③      15 | 3̸
2 | ②      1 |         5 | ⑤
1 |                     1 |
```

kgV (4, 5) = 20	kgV (2, 8) = 8	kgV (6, 8) = 24
Das kgV ist das Produkt dieser Zahlen, weil die Zahlen keine gemeinsamen Teiler haben, also teilerfremd sind.	Die größere Zahl ist das kgV, weil diese ein Vielfaches der kleineren Zahl ist.	Man vervielfacht die größere Zahl so oft, bis die kleinere Zahl darin enthalten ist, und erhält so das kgV.

| Merkstoff: | Geometrische Konstruktionen |

1. Koordinatensystem

Im Koordinatensystem ist jeder Punkt der Ebene durch zwei Koordinaten eindeutig festgelegt.

P(5/3)

5 ist die **erste Koordinate**.   3 ist die **zweite Koordinate**.
Der Abstand des Punktes auf der **x-Achse**   Der Abstand des Punktes auf der **y-Achse**
beträgt 5 Einheiten.   beträgt 3 Einheiten.

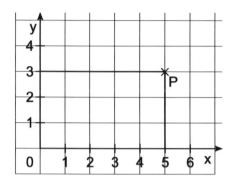

x-Achse ... waagrechte Achse

y-Achse ... senkrechte Achse

0 .... Koordinatenursprung oder Nullpunkt

P(x/y) ..... Punkt P mit den Koordinaten x und y

Verbinde die Punkte zum geschlossenen Streckenzug ABCDEFGHA und gib die Koordinaten der gezeichneten Punkte an.

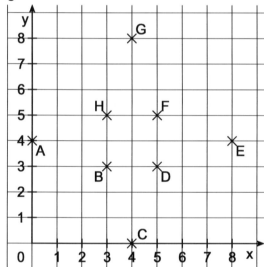

A   E

B   F

C   G

D   H

Zeichne den Streckenzug ABCDEFGHIJA.

A (0/3)   F (11/3)

B (1/1)   G (12/6)

C (4/0)   H (9/4)

D (9/2)   I (4/6)

E (12/0)   J (1/5)

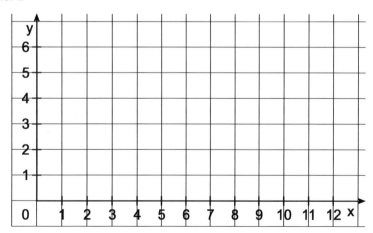

| Merkstoff: | Geometrische Konstruktionen |

1. Koordinatensystem

Im Koordinatensystem ist jeder Punkt der Ebene durch zwei Koordinaten eindeutig festgelegt.

P(5/3)

5 ist die **erste Koordinate**.
Der Abstand des Punktes auf der **x-Achse** beträgt 5 Einheiten.

3 ist die **zweite Koordinate**.
Der Abstand des Punktes auf der **y-Achse** beträgt 3 Einheiten.

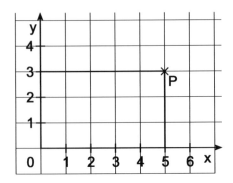

x-Achse ... waagrechte Achse

y-Achse ... senkrechte Achse

0 .... Koordinatenursprung oder Nullpunkt

P(x/y) ..... Punkt P mit den Koordinaten x und y

Verbinde die Punkte zum geschlossenen Streckenzug ABCDEFGHA und gib die Koordinaten der gezeichneten Punkte an.

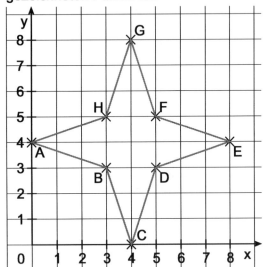

A (0/4)   E (8/4)
B (3/3)   F (5/5)
C (4/0)   G (4/8)
D (5/3)   H (3/5)

Zeichne den Streckenzug ABCDEFGHIJA.

A (0/3)   F (11/3)
B (1/1)   G (12/6)
C (4/0)   H (9/4)
D (9/2)   I (4/6)
E (12/0)   J (1/5)

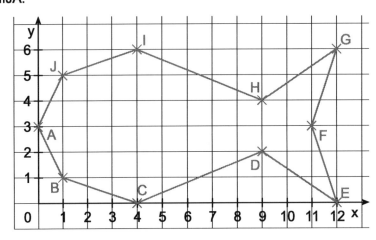

2. Mittelsenkrechte und Winkelhalbierende

Mittelsenkrechte

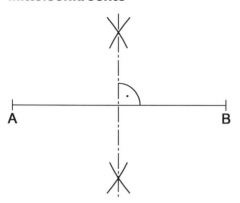

Die Mittelsenkrechte verläuft durch den Mittelpunkt der Strecke AB und steht auf der Strecke normal.

Winkelhalbierende

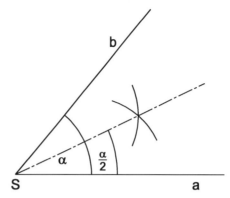

Die Winkelhalbierende halbiert den Winkel.

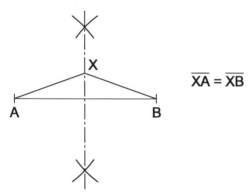

$\overline{XA} = \overline{XB}$

Jeder Punkt der Mittelsenkrechten ist von den beiden Endpunkten der Strecke gleich weit entfernt.

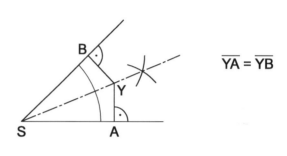

$\overline{YA} = \overline{YB}$

Jeder Punkt der Winkelhalbierenden ist von den beiden Schenkeln des Winkels gleich weit entfernt.

3. Konstruktion von regelmäßigen Vielecken

Quadrat / Regelmäßiges Achteck	Regelmäßiges Sechseck / Gleichseitiges Dreieck
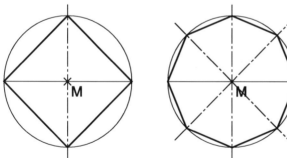	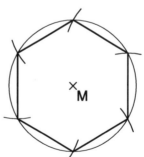 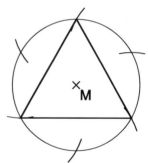
Man zeichnet in einen Kreis einen Durchmesser und von diesem die Mittelsenkrechte. **Quadrat**: Die Endpunkte des Durchmessers und die Schnittpunkte von Mittelsenkrechte und Kreislinie sind die Eckpunkte. **Regelmäßiges Achteck**: Man zeichnet von jenen Winkeln, die zwischen dem Durchmesser und der Mittelsenkrechten liegen, die Winkelhalbierenden. Die Schnittpunkte mit der Kreislinie sind die Eckpunkte des Achtecks.	Man zeichnet einen Kreis und wählt auf der Kreislinie einen beliebigen Punkt. Von diesem Punkt ausgehend schlägt man den Radius des Kreises auf der Kreislinie sechsmal ab. **Regelmäßiges Sechseck**: Verbindung der nebeneinanderliegenden Schnittpunkte. **Gleichseitiges Dreieck**: Verbindung jeweils eines Schnittpunktes mit dem übernächsten Schnittpunkt.

4. Winkelpaaare

Supplementwinkel

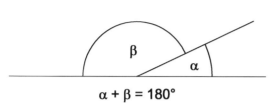

$\alpha + \beta = 180°$

Winkel, die einander auf 180° ergänzen, heißen Supplementwinkel.

Komplementwinkel

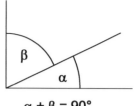

$\alpha + \beta = 90°$

Winkel, die einander auf 90° ergänzen, heißen Komplementwinkel.

Nebenwinkel

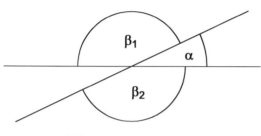

$\alpha + \beta_1 = 180°$ $\quad$ $\alpha + \beta_2 = 180°$

Nebenwinkel sind Supplementwinkel.

Scheitelwinkel

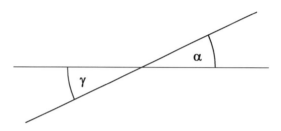

$\alpha = \gamma$

Scheitelwinkel sind gleich groß.

Parallelwinkel

Winkel, deren Scheitel paarweise parallel sind, bezeichnet man als Parallelwinkel.

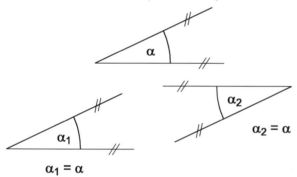

$\alpha_1 = \alpha \qquad \alpha_2 = \alpha$

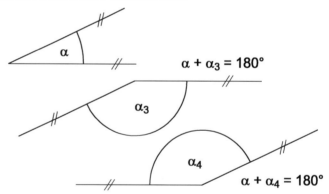

$\alpha + \alpha_3 = 180°$

$\alpha + \alpha_4 = 180°$

Parallelwinkel sind entweder gleich groß oder supplementär.

Normalwinkel

Winkel, deren Scheitel paarweise aufeinander normal stehen, bezeichnet man als Normalwinkel.

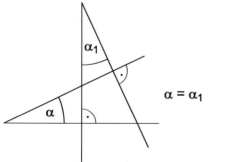

$\alpha = \alpha_1$

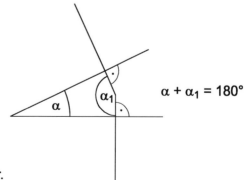

$\alpha + \alpha_1 = 180°$

Normalwinkel sind entweder gleich groß oder supplementär.

5. Kongruenz

Kongruent bedeutet deckbar.

Figuren sind kongruent, wenn sie gleich große Winkel und gleich lange Seiten (bzw. Radien) haben.

Kongruente Figuren haben gleiche Gestalt und gleiche Größe.

6. Kongruenzabbildungen

Durch Geradenspiegelung, Verschiebung oder Drehung können kongruente Figuren hergestellt werden.

Die durch Geradenspiegelung, Schiebung oder Drehung ab<u>bild</u>ete Figur nennt man <u>Bildfigur</u>.
Die Eckpunkte der Bildfigur (A´, B´, C´...) nennt man Bildpunkte.

Geradenspiegelung	**Verschiebung**	**Drehung**
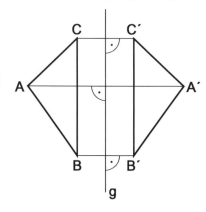	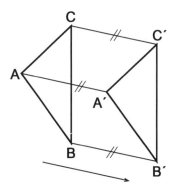	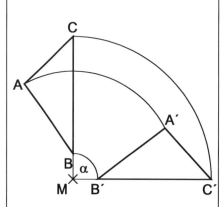
Die Verbindungsstrecke eines Punktes zu seinem Bildpunkt steht normal zur Spiegelachse. Punkt und Bildpunkt sind von der Spiegelachse gleich weit entfernt. Figur und Bildfigur sind symmetrisch zur Spiegelachse, sie sind gegensinnig (spiegelbildlich) kongruent.	Die Verbindungsstrecken der Punkte zu ihren Bildpunkten sind parallel, gleich lang und gleich gerichtet. Figur und Bildfigur sind gleichsinnig kongruent.	Jeder Punkt wird um denselben Mittelpunkt auf einer Kreislinie im selben Winkel gedreht. Figur und Bildfigur sind gleichsinnig kongruent.

Merkstoff:	Bruchrechnung

Brüche entstehen, wenn man Ganze in gleich große Teile teilt.

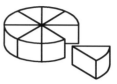

 Ein ganzes Rechteck ist in **12** gleich große Teile geteilt.
5 Teile sind schraffiert.
$\frac{5}{12}$ sind schraffiert.

1. Begriffe

Der Zähler gibt an,
wie viele der Teile genommen werden.

Der Nenner gibt an,
in wie viele gleich große Teile ein Ganzes zerlegt wird.

2. Arten

echte Brüche	$\frac{1}{2}; \frac{3}{5}; \frac{7}{8}; ...$	Der Wert ist kleiner als 1; der Zähler ist kleiner als der Nenner.
unechte Brüche	$\frac{3}{2}; \frac{11}{5}; \frac{31}{8}; ...$	Der Wert ist größer als 1; der Zähler ist größer als der Nenner.
gemischte Zahlen	$1\frac{1}{2}; 2\frac{1}{5}; 3\frac{7}{8}; ...$	Ganzes bzw. Ganze und echter Bruch.
scheinbare Brüche	$\frac{6}{2}; \frac{5}{5}; \frac{80}{8}; ...$	Der Wert ist 1 oder ein Vielfaches davon.
Dezimalbrüche	$\frac{3}{10}; \frac{47}{100}; \frac{941}{1000}; ...$	Der Nenner ist 10, 100, 1000 ...
Stammbrüche	$\frac{1}{2}; \frac{1}{3}; \frac{1}{4}; ...$	Der Zähler ist 1.

3. Unechter Bruch – gemischte Zahl

$$\frac{9}{4} = 2\frac{1}{4}$$

 + + =

Jeder unechte Bruch kann als gemischte Zahl geschrieben werden und umgekehrt.

4. Erweitern – Kürzen

Erweitern

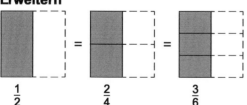

$\frac{1}{2}$ $\frac{2}{4}$ $\frac{3}{6}$

Der Wert des Bruches bleibt gleich,
wenn man Zähler und Nenner
mit derselben Zahl (≠ 0) multipliziert.

Kürzen

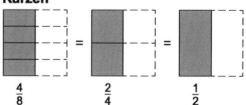

$\frac{4}{8}$ $\frac{2}{4}$ $\frac{1}{2}$

Der Wert des Bruches bleibt gleich,
wenn man Zähler und Nenner
durch dieselbe Zahl (≠ 0) dividiert.

5. Grundrechenarten mit Bruchzahlen

Addition

Martin und Sabine bekommen je eine Tafel Schokolade. Martin isst $\frac{1}{3}$ seiner Schokolade, Sabine $\frac{2}{5}$.
Wie viel essen beide zusammen? Hätte eine Tafel Schokolade gereicht?

Martin 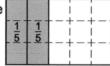 Sabine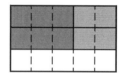

Subtraktion

Martin und Sabine bekommen je eine Tafel Schokolade. Martin isst $\frac{2}{3}$ seiner Schokolade, Sabine $\frac{2}{5}$.
Um wie viel hat Martin mehr gegessen als Sabine?

Martin 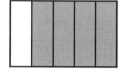 Sabine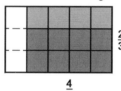

Multiplikation

Martin hat noch $\frac{4}{5}$ einer Tafel Schokolade. Er will $\frac{2}{3}$ davon Sabine schenken.

Division

Teilen

Martin hat noch $\frac{4}{5}$ einer Tafel Schokolade.
Er möchte diese auf drei Kinder aufteilen.
Wie viel bekommt jedes Kind?

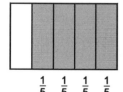 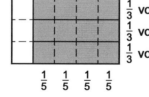

Messen

Sabine hat noch $\frac{2}{3}$ einer Tafel Schokolade.
Wie vielen Kindern kann sie jeweils $\frac{2}{15}$ schenken?

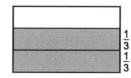 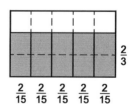

5. Grundrechenarten mit Bruchzahlen

Addition

Martin und Sabine bekommen je eine Tafel Schokolade. Martin isst $\frac{1}{3}$ seiner Schokolade, Sabine $\frac{2}{5}$.
Wie viel essen beide zusammen? Hätte eine Tafel Schokolade gereicht?

Martin 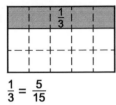   Sabine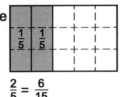

$\frac{1}{3} = \frac{5}{15}$ $\frac{2}{5} = \frac{6}{15}$ $\frac{1 \cdot 5}{3 \cdot 5} + \frac{2 \cdot 3}{5 \cdot 3} = \frac{5}{15} + \frac{6}{15} = \frac{11}{15}$

Martin und Sabine essen $\frac{11}{15}$ der Schokolade. Ein Tafel hätte gereicht.

Subtraktion

Martin und Sabine bekommen je eine Tafel Schokolade. Martin isst $\frac{2}{3}$ seiner Schokolade, Sabine $\frac{2}{5}$.
Um wie viel hat Martin mehr gegessen als Sabine?

Martin 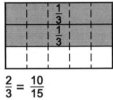   Sabine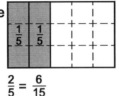

$\frac{2}{3} = \frac{10}{15}$ $\frac{2}{5} = \frac{6}{15}$ $\frac{2 \cdot 5}{3 \cdot 5} - \frac{2 \cdot 3}{5 \cdot 3} = \frac{10}{15} - \frac{6}{15} = \frac{4}{15}$

Martin hat um $\frac{4}{15}$ mehr gegessen als Sabine.

Multiplikation

Martin hat noch $\frac{4}{5}$ einer Tafel Schokolade. Er will $\frac{2}{3}$ davon Sabine schenken.

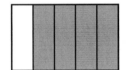

$\frac{4}{5} \cdot \frac{2}{3} = \frac{8}{15}$

Martin schenkt Sabine $\frac{8}{15}$ seiner Tafel Schokolade.

Division

Teilen

Martin hat noch $\frac{4}{5}$ einer Tafel Schokolade.
Er möchte diese auf drei Kinder aufteilen.
Wie viel bekommt jedes Kind?

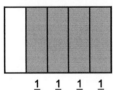

$\frac{4}{5} : \frac{3}{1} = \frac{4}{5} \cdot \frac{1}{3} = \frac{4}{15}$

Jedes Kind bekommt $\frac{2}{15}$.

Messen

Sabine hat noch $\frac{2}{3}$ einer Tafel Schokolade.
Wie vielen Kindern kann sie jeweils $\frac{2}{15}$ schenken?

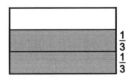 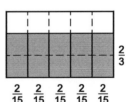

$\frac{2}{3} : \frac{2}{15} = \frac{2}{3} \cdot \frac{15}{2} = \frac{{}^1\cancel{2} \cdot \cancel{15}^5}{{}_1\cancel{3} \cdot \cancel{2}_1} = \frac{5}{1} = 5$

Fünf Kindern kann Sabine jeweils $\frac{2}{15}$ schenken.

6. Rechenregeln für die Grundrechenarten mit Bruchzahlen

Addition

$3\frac{1}{2} + 1\frac{2}{3} =$	$\frac{7 \cdot 3}{2 \cdot 3} + \frac{5 \cdot 2}{3 \cdot 2} =$	$\frac{21 + 10}{6} =$	$\frac{31}{6} =$	$5\frac{1}{6}$
Gemischte Zahlen in unechte Brüche **verwandeln**,	auf den kleinsten gemeinsamen Nenner **erweitern**,	Zähler addieren, Nenner unverändert lassen,	wenn möglich Ergebnis verwandeln bzw. kürzen.	

Subtraktion

$3\frac{1}{5} - 2\frac{4}{10} =$	$\frac{16 \cdot 2}{5 \cdot 2} - \frac{24 \cdot 1}{10 \cdot 1} =$	$\frac{32 - 24}{10} =$	$\frac{8}{10} =$	$\frac{4}{5}$
Gemischte Zahlen in unechte Brüche **verwandeln**,	auf den kleinsten gemeinsamen Nenner **erweitern**,	Zähler subtrahieren, Nenner unverändert lassen,	wenn möglich Ergebnis verwandeln bzw. kürzen.	

Multiplikation

$3\frac{1}{3} \cdot 1\frac{3}{5} =$	$\frac{10}{3} \cdot \frac{8}{5} =$	$\frac{^2\cancel{10} \cdot 8}{3 \cdot \cancel{5}_1} =$	$\frac{2 \cdot 8}{3 \cdot 1} =$	$\frac{16}{3} =$	$5\frac{1}{3}$
Gemischte Zahlen in unechte Brüche **verwandeln**,	Zähler mal Zähler durch Nenner mal Nenner,	wenn möglich **kürzen**,	wenn möglich Ergebnis verwandeln.		

Division

$3\frac{3}{4} : 1\frac{3}{7} =$	$\frac{15}{4} : \frac{10}{7} =$	$\frac{^3\cancel{15} \cdot 7}{4 \cdot \cancel{10}_2} =$	$\frac{3 \cdot 7}{4 \cdot 2} =$	$\frac{21}{8} =$	$2\frac{5}{8}$
Gemischte Zahlen in unechte Brüche **verwandeln**,	erster Bruch mal Kehrwert des zweiten Bruchs,	wenn möglich **kürzen**,	wenn möglich Ergebnis verwandeln.		

7. Bruchteile von Größen

Martin bekommmt im Monat 20 € Taschengeld, $\frac{3}{5}$ davon gibt er für Süßigkeiten aus.

Sabine spart $\frac{2}{3}$ ihres Taschengeldes, das sind 14 €.

Berechne den Bruchteil.

$\frac{5}{5}$ _____ 20 €

$\frac{1}{5}$ _____ 20 € : 5 = 4 €

$\frac{3}{5}$ _____ 4 € · 3 = 12 €

A: Martin gibt 12 € für Süßigkeiten aus.

Berechne das Ganze.

A:

6. Rechenregeln für die Grundrechenarten mit Bruchzahlen

Addition

$3\frac{1}{2} + 1\frac{2}{3} =$	$\frac{7 \cdot 3}{2 \cdot 3} + \frac{5 \cdot 2}{3 \cdot 2} =$	$\frac{21 + 10}{6} =$	$\frac{31}{6} =$	$5\frac{1}{6}$
Gemischte Zahlen in unechte Brüche **verwandeln**,	auf den kleinsten gemeinsamen Nenner **erweitern**,	Zähler addieren, Nenner unverändert lassen,	wenn möglich Ergebnis verwandeln bzw. kürzen.	

Subtraktion

$3\frac{1}{5} - 2\frac{4}{10} =$	$\frac{16 \cdot 2}{5 \cdot 2} - \frac{24 \cdot 1}{10 \cdot 1} =$	$\frac{32 - 24}{10} =$	$\frac{8}{10} =$	$\frac{4}{5}$
Gemischte Zahlen in unechte Brüche **verwandeln**,	auf den kleinsten gemeinsamen Nenner **erweitern**,	Zähler subtrahieren, Nenner unverändert lassen,	wenn möglich Ergebnis verwandeln bzw. kürzen.	

Multiplikation

$3\frac{1}{3} \cdot 1\frac{3}{5} =$	$\frac{10}{3} \cdot \frac{8}{5} =$	$\frac{\overset{2}{\cancel{10}} \cdot 8}{3 \cdot \cancel{5}_1} =$	$\frac{2 \cdot 8}{3 \cdot 1} =$	$\frac{16}{3} =$	$5\frac{1}{3}$
Gemischte Zahlen in unechte Brüche **verwandeln**,	Zähler mal Zähler durch Nenner mal Nenner,	wenn möglich **kürzen**,	wenn möglich Ergebnis verwandeln.		

Division

$3\frac{3}{4} : 1\frac{3}{7} =$	$\frac{15}{4} : \frac{10}{7} =$	$\frac{\overset{3}{\cancel{15}} \cdot 7}{4 \cdot \cancel{10}_2} =$	$\frac{3 \cdot 7}{4 \cdot 2} =$	$\frac{21}{8} =$	$2\frac{5}{8}$
Gemischte Zahlen in unechte Brüche **verwandeln**,	erster Bruch mal Kehrwert des zweiten Bruchs,	wenn möglich **kürzen**,	wenn möglich Ergebnis verwandeln.		

7. Bruchteile von Größen

Martin bekommt im Monat 20 € Taschengeld, $\frac{3}{5}$ davon gibt er für Süßigkeiten aus.

Berechne den Bruchteil.

$\frac{5}{5}$ _____ 20 €

$\frac{1}{5}$ _____ 20 € : 5 = 4 €

$\frac{3}{5}$ _____ 4 € · 3 = 12 €

A: Martin gibt 12 € für Süßigkeiten aus.

Sabine spart $\frac{2}{3}$ ihres Taschengeldes, das sind 14 €.

Berechne das Ganze.

$\frac{2}{3}$ _____ 14 €

$\frac{1}{3}$ _____ 14 € : 2 = 7 €

$\frac{3}{3}$ _____ 7 € · 3 = 21 €

A: Sabine bekommt 21 € Taschengeld.

8. Bruchzahl – Dezimalzahl

Jede Bruchzahl lässt sich durch Division in eine Dezimalzahl verwandeln – man dividiert den Zähler durch den Nenner.

$\frac{1}{4} = 1 : 4 =$

$\frac{2}{9} = 2 : 9 =$

$\frac{5}{6} = 5 : 6 = 0,8\ 3\ 3\ \ldots = 0,8\overline{3}$

$\phantom{\frac{5}{6} = 5 : 6 = }5\ 0$

$\phantom{\frac{5}{6} = 5 : 6 = }2\ 0$

$\phantom{\frac{5}{6} = 5 : 6 = }2\ 0$

$\phantom{\frac{5}{6} = 5 : 6 = }2\ \text{Rest}$

0,25	$0,\overline{2}$	$0,8\overline{3}$
endliche Dezimalzahl	rein periodische Dezimalzahl	gemischt periodische Dezimalzahl

Jede Dezimalzahl kann in eine Bruchzahl verwandelt werden.

Dezimalzahlen mit endlich vielen Dezimalen:

0,7 =

0,38 =

0,256 =

Dezimalzahlen mit unendlich vielen Dezimalen:

$0,\overline{4} =$

$0,\overline{57} =$

$0,\overline{362} =$

9. Darstellung auf dem Zahlenstrahl

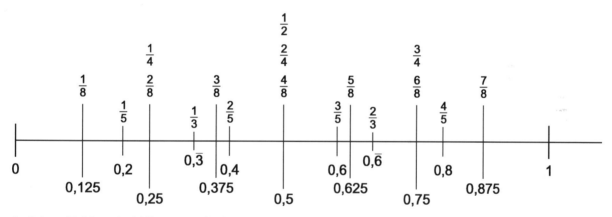

Auf dem Zahlenstrahl liegen zwischen zwei natürlichen Zahlen unendlich viele Bruchzahlen bzw. Dezimalzahlen.

10. Positive rationale Zahlen

Zahlen der Form $\frac{a}{b}$, wobei a ∈ N und b ∈ N \ {0} ist, bezeichnet man als positive rationale Zahlen. Jede positive rationale Zahl lässt sich als Quotient zweier natürlicher Zahlen darstellen

$6 = \frac{6}{1}$	$0,4 = \frac{4}{10}$	$17,358 = \frac{17358}{1000}$	$1,\overline{5} = \frac{14}{9}$	$0,1\overline{6} = \frac{1}{6}$

Die Menge der positiven rationalen Zahlen wird in Kurzform mit Q⁺ bezeichnet.

8. Bruchzahl – Dezimalzahl

Jede Bruchzahl lässt sich durch Division in eine Dezimalzahl verwandeln – man dividiert den Zähler durch den Nenner.

$\frac{1}{4} = 1 : 4 = 0,25$
   1 0
     2 0
       0

$\frac{2}{9} = 2 : 9 = 0,222... = 0,\dot{2}$
   2 0
     2 0
       2 0
         2 Rest

$\frac{5}{6} = 5 : 6 = 0,833... = 0,8\overline{3}$
   5 0
     2 0
       2 0
         2 Rest

0,25	$0,\overline{2}$	$0,8\overline{3}$
endliche Dezimalzahl	rein periodische Dezimalzahl	gemischt periodische Dezimalzahl

Jede Dezimalzahl kann in eine Bruchzahl verwandelt werden.

Dezimalzahlen mit endlich vielen Dezimalen:

$0,7 = \frac{7}{10}$

$0,38 = \frac{38}{100}$

$0,256 = \frac{256}{1000}$

Dezimalzahlen mit unendlich vielen Dezimalen:

$0,\overline{4} = \frac{4}{9}$

$0,\overline{57} = \frac{57}{99}$

$0,\overline{362} = \frac{362}{999}$

9. Darstellung auf dem Zahlenstrahl

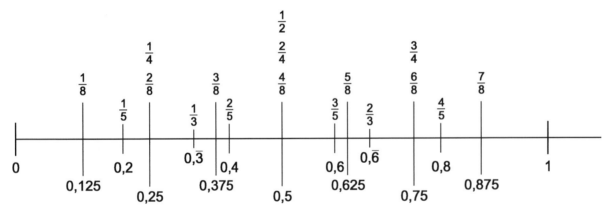

Auf dem Zahlenstrahl liegen zwischen zwei natürlichen Zahlen unendlich viele Bruchzahlen bzw. Dezimalzahlen.

10. Positive rationale Zahlen

Zahlen der Form $\frac{a}{b}$, wobei $a \in N$ und $b \in N \setminus \{0\}$ ist, bezeichnet man als positive rationale Zahlen. Jede positive rationale Zahl lässt sich als Quotient zweier natürlicher Zahlen darstellen

$6 = \frac{6}{1}$	$0,4 = \frac{4}{10}$	$17,358 = \frac{17358}{1000}$	$1,\overline{5} = \frac{14}{9}$	$0,1\overline{6} = \frac{1}{6}$

Die Menge der positiven rationalen Zahlen wird in Kurzform mit Q^+ bezeichnet.

Merkstoff: # Dreiecke

1. Bezeichnungen

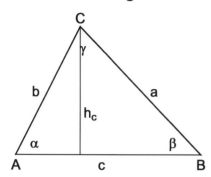

A, B, C .... Eckpunkte
(Die Bezeichnung erfolgt gegen den Uhrzeigersinn.)
a, b, c .... Seiten
(Die Seiten werden nach den gegenüberliegenden Eckpunkten benannt.)
α, β, γ .... Winkel
h_a, h_b, h_c ..... Höhen

Die Höhe ist der Normalabstand eines Eckpunktes von der gegenüberliegenden Seite. (Als Höhe bezeichnet man die eingezeichnete Strecke wie auch ihre Länge.) Jedes Dreieck hat 3 Höhen.

2. Winkelsumme

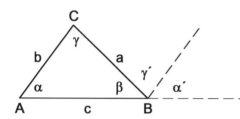

Die Winkelsumme im Dreieck ist 180°.
$\alpha + \beta + \gamma = 180°$

3. Einteilung der Dreiecke nach den Seiten

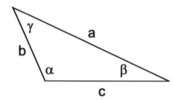 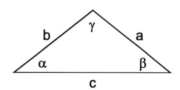 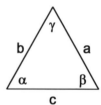

allgemeines (ungleichseitiges) Dreieck

$a \neq b \neq c$
$\alpha \neq \beta \neq \gamma$

- Alle Seiten sind ungleich lang.
- Alle Winkel sind ungleich groß.

gleichschenkliges Dreieck

$a = b$
$\alpha = \beta$

- Die beiden Schenkel sind gleich lang.
- Die beiden Basiswinkel sind gleich groß.
  a, b: Schenkel
  c: Basis, α, β: Basiswinkel
  C: Scheitel, γ: Scheitelwinkel

gleichseitiges Dreieck

$a = b = c$
$\alpha = \beta = \gamma$

- Alle Seiten sind gleich lang.
- Alle Winkel sind gleich groß, nämlich 60°.

4. Einteilung der Dreiecke nach den Winkeln

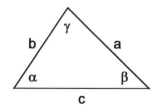 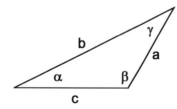 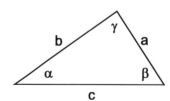

spitzwinkliges Dreieck
drei spitze Winkel

stumpfwinkliges Dreieck
ein stumpfer Winkel
(zwei spitze Winkel)

rechtwinkliges Dreieck
ein rechter Winkel ($\gamma = 90°$)
(zwei spitze Winkel)
a, b: Katheten, c: Hypotenuse

5. Der Satz von Thales

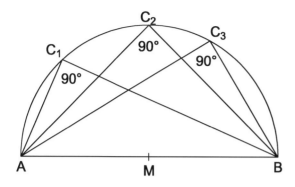

Jeder Winkel im Halbkreis ist ein rechter Winkel.

Dieser Lehrsatz wurde nach Thales von Milet benannt. Thales, ein Philosoph, Astronom und Mathematiker, war einer der „sieben Weisen" des antiken Griechenlands. Er lebte um 600 vor Christus. Es gelang ihm, obwohl technische Hilfsmittel noch nicht vorhanden waren, die Sonnenfinsternis von 585 v. Chr. vorauszusagen.

6. Die vier merkwürdigen Punkte im Dreieck

Höhenschnittpunkt

Schnittpunkt der Höhen oder ihrer Verlängerungen

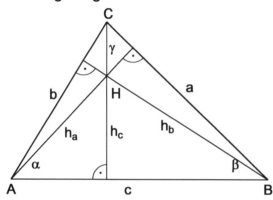

Schwerpunkt

Schnittpunkt der Seitenhalbierenden

Seitenhalbierende (Schwerlinie): Linie vom Halbierungspunkt einer Seite zum gegenüberliegenden Eckpunkt.

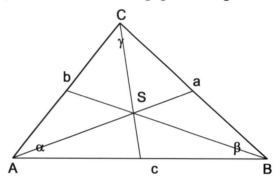

Inkreismittelpunkt

Schnittpunkt der Winkelhalbierenden

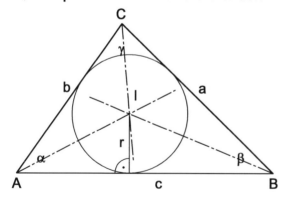

Umkreismittelpunkt

Schnittpunkt der Mittelsenkrechten

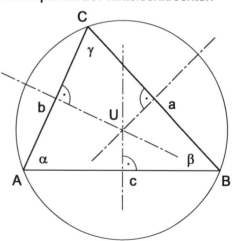

Euler´sche Gerade

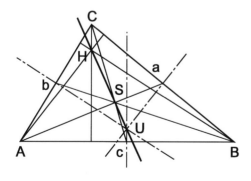

In jedem Dreieck liegen Höhenschnittpunkt, Schwerpunkt und Umkreismittelpunkt auf einer gemeinsamen Geraden. Diese Gerade wird Euler´sche Gerade genannt.

Leonhard Euler war Schweizer Mathematiker, er lebte von 1707 bis 1783.

7. Konstruktion von Dreiecken

Kongruenzsätze

Für die eindeutige Konstruktion von Dreiecken sind drei Angaben nötig, eine davon muss eine Längenangabe sein.

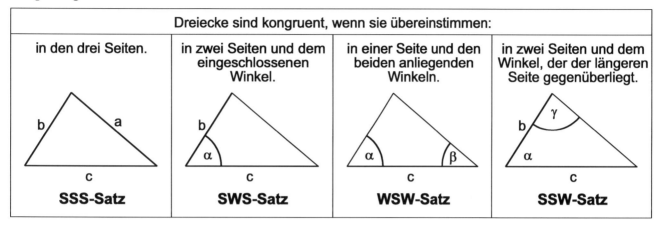

Angaben, mit denen Dreiecke nicht konstruierbar sind

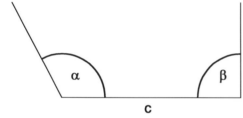

Ist die Summe zweier Winkel größer als 180°, ergibt die Konstruktion kein Dreieck, daher:
Die Summe zweier Winkel muss kleiner als 180° sein.

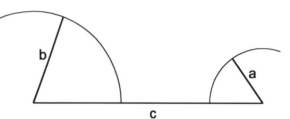

Ist die Summe der Längen zweier Seiten kleiner als die Länge der dritten Seite, ergibt die Konstruktion kein Dreieck, daher:

Die Summe der Längen zweier Seiten muss größer als die Länge der dritten Seite sein.

$$\text{Dreiecksungleichung}$$
$$a + b > c \qquad a + c > b \qquad b + c > a$$

Angaben, mit denen Dreiecke nicht eindeutig konstruierbar sind

Zwei Seiten und der Winkel, welcher der kürzeren Seite gegenüberliegt, sind gegeben – es gibt

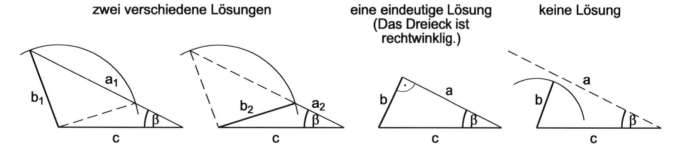

Drei Winkel sind gegeben – es gibt unendlich viele Lösungen, diese Dreiecke sind ähnlich.

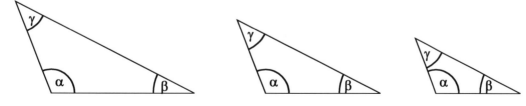

Merkstoff:	Zuordnungen

1. Tabelle

Menge	Preis
1 kg	5 €
2 kg	10 €
3 kg	15 €
4 kg	20 €
5 kg	25 €

Eine Zuordnungstabelle hat zwei Spalten.

In der ersten Spalte wird die Ausgangsgröße eingetragen.
In der zweiten Spalte wird die zugeordnete Größe eingetragen.

Jeder Größe der ersten Spalte ist die danebenstehende Größe in der zweiten Spalte zugeordnet.

2. Schaubild

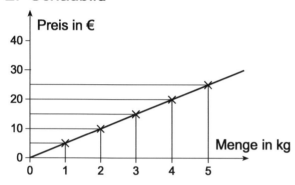

Das Schaubild einer Zuordnung hat zwei Achsen.

In der waagrechten Achse wird die Ausgangsgröße eingetragen.

In der senkrechten Achse wird die zugeordnete Größe eingetragen.

Dem Zahlenpaar aus der ersten Größe und der zugeordneten Größe entspricht im Schaubild ein Punkt.

3. Zuordnung auf Grund von Messungen und / oder Prognosen

Temperaturverlauf an einem Sommertag

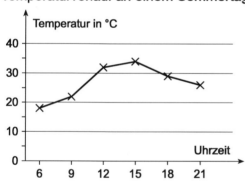

Entwicklung der Bevölkerung der EU von 1960 bis 2020

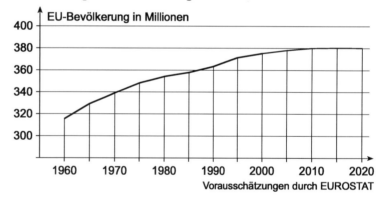

Vorausschätzungen durch EUROSTAT

4. Zuordnung auf Grund von Formeln

Ein Arbeitsauftrag

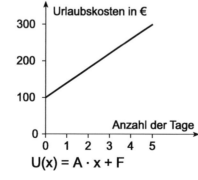

$t(x) = G : x$

Fahrt- und Aufenthaltskosten

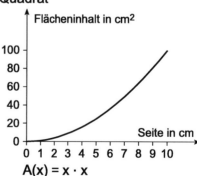

$U(x) = A \cdot x + F$

Quadrat

Flächeninhalt in cm²

$A(x) = x \cdot x$

5. Proportionale Zuordnungen

Die Zuordnung Zeit → Weg ist direkt proportional.

Herr Baumann wandert gerne, er geht mit gleichbleibender Geschwindigkeit.
Je **mehr** Zeit er wandert, umso **mehr** Wegstrecke legt er zurück.
Je **weniger** Zeit er wandert, umso **weniger** Wegstrecke legt er zurück.

Zeit	Weg
1 h	4 km
2 h	4 km · 2 = 8 km
3 h	4 km · 3 = 12 km
4 h	4 km · 4 = 16 km
$\frac{1}{2}$ h	4 km · $\frac{1}{2}$ = 2 km

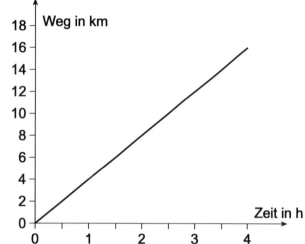

Der Graph ist eine Gerade.

Die Zuordnung Geschwindigkeit → Zeit ist indirekt proportional.

Herr Schmid will einen Ausflug machen, und er überlegt, womit er fahren soll.
Je **mehr** Geschwindigkeit er fährt, umso **weniger** Zeit braucht er für dieselbe Strecke.
Je **weniger** Geschwindigkeit er fährt, umso **mehr** Zeit braucht er für dieselbe Strecke.

Geschwindigkeit	Zeit
20 km/h	4 h
40 km/h	4 h : 2 = 2 h
80 km/h	4 h : 4 = 1 h
10 km/h	4 h : $\frac{1}{2}$ = 8 h

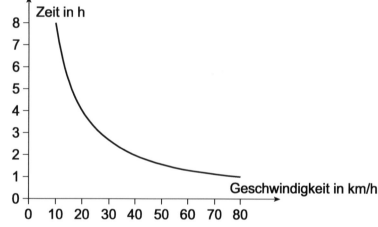

Der Graph ist eine Kurve.

6. Schlussrechnung

Sind bei einer proportionalen Zuordnung drei Größen gegeben, kann mit einer Schlussrechnung die vierte Größe ausgerechnet werden.

direkt proportionale Zuordnung
3 h _____ 180 km
1 h _____ 180 km : 3 = 60 km
2 h _____ 60 km · 2 = 120 km

indirekt proportionale Zuordnung
5 km/h _____ 4 h
1 km/h _____ 4 h · 5 = 20 h
4 km/h _____ 20 h : 4 = 5 h

Schreibe bei Schlussrechnungen immer den Rechengang an.

Merkstoff:	Vierecke

1. Allgemeines Viereck

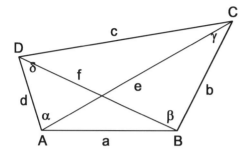

A, B, C, D ... Eckpunkte
a, b, c, d ..... Seiten
α, β, γ, δ ..... Winkel
e, f .... Diagonalen

Eine Diagonale ist die Verbindungslinie zweier Eckpunkte, die nicht nebeneinanderliegen.

Die Winkelsumme im Viereck beträgt 360°.
$\alpha + \beta + \gamma + \delta = 360°$

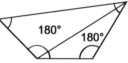

2. Parallelogramm

2.1 Allgemeines Parallelogramm

Das Parallelogramm ist ein Viereck mit zwei Paar parallelen Seiten.

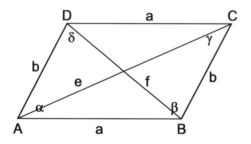

- Die gegenüberliegenden Seiten sind parallel und gleich lang.
- · Das (allgemeine) Parallelogramm ist nicht symmetrisch.
- ··· Die gegenüberliegenden Winkel sind gleich groß.
  Die einer Seite anliegenden Winkel sind supplementär.
- ···· Die Diagonalen halbieren einander.

2.2 Raute (Rhombus)

Die Raute ist ein Parallelogramm mit vier gleich langen Seiten.

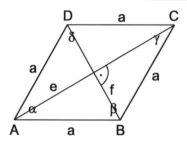

- Die gegenüberliegenden Seiten sind parallel.
  Alle Seiten sind gleich lang.
- ·· Die Diagonalen sind Symmetrieachsen.
- ··· Die gegenüberliegenden Winkel sind gleich groß.
  Die einer Seite anliegenden Winkel sind supplementär.
- ···· Die Diagonalen halbieren einander und stehen aufeinander normal.

2.3 Rechteck

Das Rechteck ist ein Parallelogramm mit vier gleich großen Winkeln.

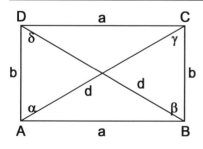

- Die gegenüberliegenden Seiten sind parallel und gleich lang.
- ·· Die Seitenhalbierenden sind Symmetrieachsen.
- ··· Alle Winkel sind gleich groß, nämlich 90°.
- ···· Die Diagonalen sind gleich lang und halbieren einander.

2.4 Quadrat

> Das Quadrat ist ein Parallelogramm mit vier gleich langen Seiten und vier gleich großen Winkeln.

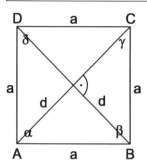

- · Die gegenüberliegenden Seiten sind parallel.
  Alle Seiten sind gleich lang.
- ·· Die Diagonalen und die Seitenhalbierenden sind Symmetrieachsen.
- ··· Alle Winkel sind gleich groß, nämlich 90°.
- ···· Die Diagonalen sind gleich lang, halbieren einander und stehen aufeinander normal.

3. Deltoid (Drachenviereck)

> Das Deltoid ist ein achsensymmetrisches Viereck mit zwei Paar gleich langen Nachbarseiten.

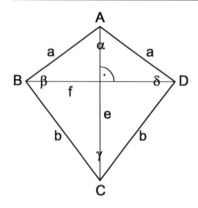

- · Zwei Paar Nachbarseiten sind gleich lang.
  Die Schnittpunkte der gleich langen Seiten liegen auf der Symmetrieachse des Deltoids.
- ·· Eine Diagonale ist Symmetrieachse.
- ··· Die Winkel, die der Symmetrieachse gegenüberliegen, sind gleich groß.
- ···· Die Diagonalen stehen aufeinander normal, jene Diagonale, die Symmetrieachse ist, halbiert die andere Diagonale.

4. Trapez

4.1 Allgemeines Trapez

> Das Trapez ist ein Viereck mit zwei parallelen Seiten.

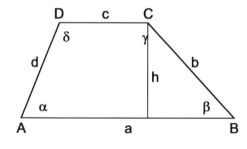

- · Zwei Seiten sind parallel.
- ·· Das (allgemeine) Trapez ist nicht symmetrisch.
- ··· Die einem Schenkel anliegenden Winkel sind supplementär.

Die Höhe ist der Normalabstand der zwei parallelen Seiten.
Die zwei nicht parallelen Seiten werden Schenkel genannt.

4.2 Gleichschenkliges Trapez

> Das gleichschenklige Trapez ist ein Trapez mit gleich langen Schenkeln.

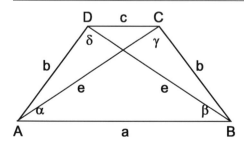

- · Zwei Seiten sind parallel.
  Die beiden Schenkel sind gleich lang.
- ·· Die Seitenhalbierende der zwei parallelen Seiten ist Symmetrieachse.
- ··· Die Winkel, die den Parallelseiten anliegen, sind jeweils gleich groß.
  Die einem Schenkel anliegenden Winkel sind supplementär.
- ···· Die Diagonalen sind gleich lang.

Merkstoff:	Prozentrechnung

1. Begriffe

Prozent (%) bedeutet Hundertstel: $\quad 3\% = \frac{3}{100} = 0{,}03 \qquad p\% = \frac{p}{100} = p \cdot 0{,}01$

Promille (‰) bedeutet Tausendstel: $\quad 3‰ = \frac{3}{1000} = 0{,}003 \qquad p‰ = \frac{p}{1000} = p \cdot 0{,}001$

Der Grundwert (das Ganze) wird mit 100 % angenommen.

$\qquad\qquad\qquad$ **100 %** .... 400 € $\leftarrow$ **Grundwert (G)**

Prozentsatz (p %) $\rightarrow \quad$ 15 % .... 60 € $\leftarrow$ **Prozentwert (W)**

2. Grundaufgaben der Prozentrechnung

Schlussrechnung

Prozentrechnungen sind Zuordnungen im direkten Verhältnis.

Prozentwert	Grundwert	Prozentsatz
Wie viele Punkte sind 95 % von 40 Punkten?	75 % sind 36 Punkte. Wie viele Punkte sind 100 %?	Wie viel % sind 39 Punkte von 60 Punkten?
100 % ___ 40 P	75 % ___ 36 P	60 P ___ 100 %
1 % ___	1 % ___	___ 1 %
95 % ___	100 % ___	39 P ___

Formel

$W = G \cdot \frac{p}{100} \qquad$ Prozentwert gleich Grundwert mal p Hundertstel

Prozentwert W	Grundwert G	Prozentsatz p
Wie viele Punkte sind 95 % von 40 Punkten?	75 % sind 36 Punkte. Wie viele Punkte sind 100 %?	Wie viel % sind 39 Punkte von 60 Punkten?

Merkstoff:	Prozentrechnung

1. Begriffe

Prozent (%) bedeutet Hundertstel: $3\% = \frac{3}{100} = 0{,}03$ $p\% = \frac{p}{100} = p \cdot 0{,}01$

Promille (‰) bedeutet Tausendstel: $3‰ = \frac{3}{1000} = 0{,}003$ $p‰ = \frac{p}{1000} = p \cdot 0{,}001$

Der Grundwert (das Ganze) wird mit 100 % angenommen.

                      100 % .... 400 €   ←   **Grundwert (G)**

Prozentsatz (p %)   →   **15 %** .... 60 €   ←   **Prozentwert (W)**

2. Grundaufgaben der Prozentrechnung

Schlussrechnung

Prozentrechnungen sind Zuordnungen im direkten Verhältnis.

Prozentwert	Grundwert	Prozentsatz
Wie viele Punkte sind 95 % von 40 Punkten?	75 % sind 36 Punkte. Wie viele Punkte sind 100 %?	Wie viel % sind 39 Punkte von 60 Punkten?
100 % ___ 40 P	75 % ___ 36 P	60 P ___ 100 %
1 % ___ 40 P : 100 = 0,40 P	1 % ___ 36 P : 75 = 0,48 P	60 P : 100 = 0,60 P ___ 1 %
95 % ___ 0,40 P · 95 = 38 P	100 % ___ 0,48 P · 100 = 48 P	39 P ___ 39 P : 0,60 P = 65 %

Formel

$W = G \cdot \frac{p}{100}$ Prozentwert gleich Grundwert mal p Hundertstel

Prozentwert W	Grundwert G	Prozentsatz p
Wie viele Punkte sind 95 % von 40 Punkten?	75 % sind 36 Punkte. Wie viele Punkte sind 100 %?	Wie viel % sind 39 Punkte von 60 Punkten?
G = 40 P, p % = 95 %; W = ?	p % = 75 %, W = 36 P; G = ?	G = 60 P, W = 39 P; p % = ?

$W = G \cdot \frac{p}{100}$

$W = 40 \cdot 0{,}95$

$W = 38$

W ___ 38 Punkte

$W = G \cdot \frac{p}{100}$

$G \cdot \frac{p}{100} = W \quad | : \frac{p}{100}$

$G = W : \frac{p}{100}$

$G = 36 : 0{,}75$

$G = 48$

G ___ 48 Punkte

$W = G \cdot \frac{p}{100}$

$G \cdot \frac{p}{100} = W \quad | : G$

$\frac{p}{100} = W : G$

$\frac{p}{100} = 39 : 60$

$\frac{p}{100} = 0{,}65$

p ___ 65 %

3. Darstellung

Prozentstreifen

Ca. 29 % der Erdoberfläche sind Land, der Rest ist Meer.

Land	Meer

Ca. 71 % der Erdoberfläche sind Meer.

Prozentkreis

Ca. 53 % der Fläche Deutschlands sind landwirtschaftlich genutzt, 30 % sind forstwirtschaftlich genutzt und der Rest sind sonstige Flächen (Städte, Flüsse, Straßen ...).

```
100 % ___ 360°
  1 % ___ 3,6°
  x % ___ 3,6° · x
```

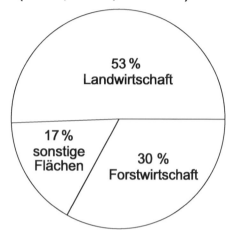

4. Sachaufgaben

Der Grundwert (das Ganze) ist 100 %, z.B.
- Brutto
- ursprünglicher Preis
- Lohn vor Lohnerhöhung
- alle Kinder der Schule
- Preis ohne Mehrwertsteuer ...

Brutto – 100 %
gleich Netto plus Tara

Ursprünglicher Preis – 100 %
minus Ermäßigung
gleich Ausverkaufspreis

Sommerschlussverkauf
-15 % -35 % -45 %

Ursprünglicher Preis – 100 %
plus Preiserhöhung
gleich neuer Preis

3. Darstellung

Prozentstreifen

Ca. 29 % der Erdoberfläche sind Land, der Rest ist Meer.

Land	Meer

Ca. 71 % der Erdoberfläche sind Meer.

Prozentkreis

Ca. 53 % der Fläche Deutschlands sind landwirtschaftlich genutzt, 30 % sind forstwirtschaftlich genutzt und der Rest sind sonstige Flächen (Städte, Flüsse, Straßen ...).

100 % ___ 360°
1 % ___ 3,6°
x % ___ 3,6° · x

53 % ___ 3,6° · 53 = 190,8°
30 % ___ 3,6° · 30 = 108°

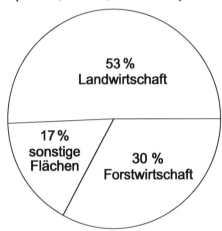

4. Sachaufgaben

Der Grundwert (das Ganze) ist 100 %, z.B.
- Brutto
- ursprünglicher Preis
- Lohn vor Lohnerhöhung
- alle Kinder der Schule
- Preis ohne Mehrwertsteuer ...

Brutto – 100 %

gleich   Netto   plus   Tara

Ursprünglicher Preis – 100 %
minus Ermäßigung
gleich   Ausverkaufspreis

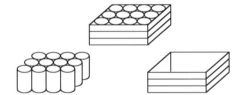

Ursprünglicher Preis – 100 %
plus Preiserhöhung
gleich   neuer Preis

Merkstoff:	Prismen

1. Eigenschaften
- Grund- und Deckfläche sind parallel und kongruent (deckbar).
- Beim geraden Prisma sind die Seitenflächen Rechtecke, diese stehen normal zur Grundfläche.

2. Arten
Prismen werden nach der Form ihrer Grundfläche benannt.

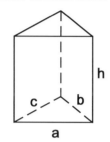
Dreiseitiges Prisma

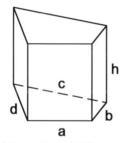
Vierseitges Prisma

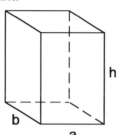
Rechteckiges Prisma
Quader

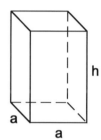
Quadratisches Prisma

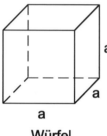
Würfel

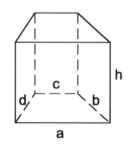
Trapezförmiges Prisma

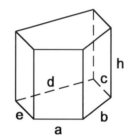
Fünfseitiges Prisma

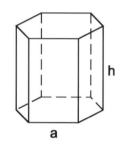
Sechsseitiges Prisma

3. Volumen (Rauminhalt)

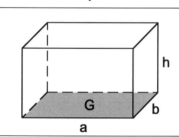

Volumen gleich Grundfläche mal Höhe

$V = G \cdot h$

Z.B. Quader: Die Grundfläche ist ein Rechteck, daher

$V = G \cdot h$
$V = a \cdot b \cdot h$

4. Oberfläche

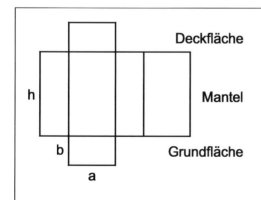

Oberfläche gleich Grundfläche mal zwei plus Mantel

$O = G \cdot 2 + M$

Mantel gleich Umfang der Grundfläche mal Höhe

$M = u_G \cdot h$

Z.B. Quader: Die Grundfläche ist ein Rechteck, daher

$O = G \cdot 2 + M$
$O = G \cdot 2 + u_G \cdot h$
$O = a \cdot b \cdot 2 + (a \cdot 2 + b \cdot 2) \cdot h$

Sowohl die Oberfläche als auch die Größe der Oberfläche (Oberflächeninhalt) werden in diesem Buch kurz „Oberfläche" genannt.

5. Stehende / liegende Prismen

Bei Prismen werden die beiden parallelen und kongruenten Flächen als Grund- und Deckfläche bezeichnet.

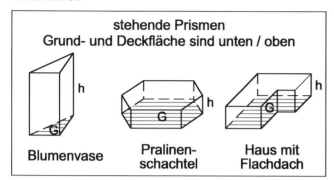

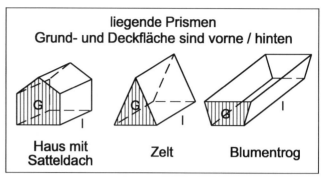

Beim Quader und Würfel kann jede Fläche Grundfläche sein, sie sind besondere Prismen.

6. Volumen und Oberfläche vom rechtwinklig dreiseitigen Prisma

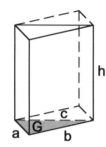

Volumen gleich Grundfläche mal Höhe

V = G · h

Die Grundfläche ist ein rechtwinkliges Dreieck, daher

$$V = G \cdot h$$
$$V = \frac{a \cdot b}{2} \cdot h$$

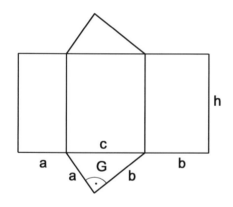

Oberfläche gleich Grundfläche mal zwei plus Mantel

O = G · 2 + M

Mantel gleich Umfang der Grundfläche mal Höhe

M = u_G · h

Die Grundfläche ist ein rechtwinkliges Dreieck, daher

$$O = G \cdot 2 + M$$
$$O = G \cdot 2 + u_G \cdot h$$
$$O = \frac{a \cdot b}{2} \cdot 2 + (a + b + c) \cdot h$$

| Merkstoff: | Statistische Grundbegriffe |

Die Statistik ist eine wissenschaftliche Methode zur mathematischen Erfassung und Auswertung von Massenerscheinungen (Notenstatistik, Unfallstatistik, Wahlstatistik ...).

1. Absolute – relative – prozentuale Häufigkeit

Noten einer Schularbeit

Note	Strichliste	absolute Häufigkeit	relative Häufigkeit	prozentuale Häufigkeit
1	||||	4	$\frac{4}{20} = 0{,}20$	20 %
2	⊬⊬ |			
3	⊬⊬			
4	|||			
5	||			

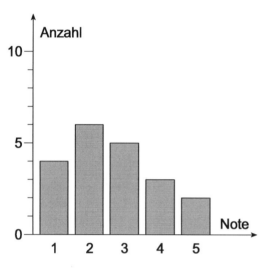

Die absolute Häufigkeit ist die Anzahl der Ergebnisse bei einer bestimmten Untersuchung.
(4 Striche für Note 1)

Die relative Häufigkeit ist der Anteil der absoluten Häufigkeit an der Gesamtzahl.
(4 Striche von insgesamt 20 Strichen für Note 1)

relative Häufigkeit $= \dfrac{\text{absolute Häufigkeit}}{\text{Gesamtzahl}}$

Bei der prozentualen Häufigkeit wird der Wert der relativen Häufigkeit als Prozentzahl angegeben.

2. Statistische Untersuchung – Stichprobe

Ausstattung deutscher Haushalte im Freizeitbereich (2003)

	Deutschland*	Haushalte mit Kindern			
		Strichliste	absolute Häufigkeit	relative Häufigkeit	prozentuale Häufigkeit
Fernsehgerät	94 %				
PC	61 %				
Hi-Fi-Stereo-Kompaktanlage	66 %				
Videokamera	22 %				
Fahrrad	79 %				

* Quelle: Datenreport 2004

Bei einer statistischen Untersuchung müssen oft nicht alle befragt werden, es genügt eine geeignete Stichprobe.
(Bei der Stichprobe der Haushalte werden berücksichtigt: Einpersonen- / Mehrpersonenhaushalte, Wohnort auf dem Land / in der Stadt, verschiedenes Alter, verschiedene Berufe ... der an der Stichprobe teilnehmenden Personen.)
Wird das Ergebnis einer Stichprobe hochgerechnet, ist die Stichprobe repräsentativ.

Merkstoff: Statistische Grundbegriffe

Die Statistik ist eine wissenschaftliche Methode zur mathematischen Erfassung und Auswertung von Massenerscheinungen (Notenstatistik, Unfallstatistik, Wahlstatistik ...).

1. Absolute – relative – prozentuale Häufigkeit

Noten einer Schularbeit

Note	Strichliste	absolute Häufigkeit	relative Häufigkeit	prozentuale Häufigkeit
1	IIII	4	$\frac{4}{20} = 0{,}20$	20 %
2	HHH I	6	$\frac{6}{20} = 0{,}30$	30 %
3	HHH	5	$\frac{5}{20} = 0{,}25$	25 %
4	III	3	$\frac{3}{20} = 0{,}15$	15 %
5	II	2	$\frac{2}{20} = 0{,}10$	10 %
		20	1,00	100 %

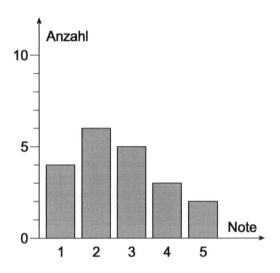

Die absolute Häufigkeit ist die Anzahl der Ergebnisse bei einer bestimmten Untersuchung.
(4 Striche für Note 1)

Die relative Häufigkeit ist der Anteil der absoluten Häufigkeit an der Gesamtzahl.
(4 Striche von insgesamt 20 Strichen für Note 1)

$$\text{relative Häufigkeit} = \frac{\text{absolute Häufigkeit}}{\text{Gesamtzahl}}$$

Bei der prozentualen Häufigkeit wird der Wert der relativen Häufigkeit als Prozentzahl angegeben.

2. Statistische Untersuchung – Stichprobe

Ausstattung deutscher Haushalte im Freizeitbereich (2003)

	Deutschland*	Haushalte mit Kindern			
		Strichliste	absolute Häufigkeit	relative Häufigkeit	prozentuale Häufigkeit
Fernsehgerät	94 %				
PC	61 %				
Hi-Fi-Stereo-Kompaktanlage	66 %				
Videokamera	22 %				
Fahrrad	79 %				

* Quelle: Datenreport 2004

Bei einer statistischen Untersuchung müssen oft nicht alle befragt werden, es genügt eine geeignete Stichprobe.
(Bei der Stichprobe der Haushalte werden berücksichtigt: Einpersonen- / Mehrpersonenhaushalte, Wohnort auf dem Land / in der Stadt, verschiedenes Alter, verschiedene Berufe ... der an der Stichprobe teilnehmenden Personen.)
Wird das Ergebnis einer Stichprobe hochgerechnet, ist die Stichprobe repräsentativ.

3. Darstellung von Daten

Im 1. Wahlgang der Klassensprecher(innen)wahl bekam Karin 10, Stefan 7 und Eva 6 Stimmen.

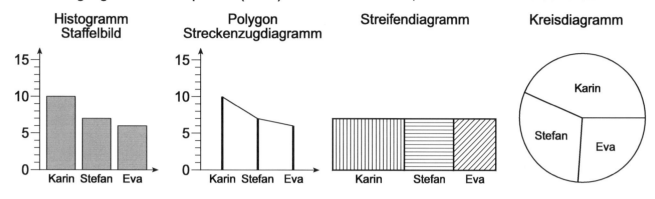

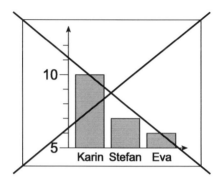

Bei der Darstellung von Daten kann manipuliert werden.
Durch diese Darstellung erhält man einen falschen Eindruck vom Ergebnis dieses Wahlgangs.

Graphische Darstellungen können einen sehr guten Eindruck von Zahlenwerten vermitteln, sie sollen aber sehr genau betrachtet werden.

4. Wahrscheinlichkeit

> Einen Sechser würfeln!
> Mit einem Spielwürfel kann man 1, 2, 3, 4, 5 oder 6 Augen würfeln.
> Die Wahrscheinlichkeit, 6 Augen zu würfeln, ist eins zu sechs.
> Die Wahrscheinlichkeit, 5 oder 6 Augen zu würfeln, ist zwei zu sechs.

Die Wahrscheinlichkeit ist das Verhältnis aus einer Zahl, die angibt, wie oft ein Ergebnis eintritt (günstige Fälle) und einer Zahl, die angibt, wie oft das Ergebnis überhaupt eintreten kann (mögliche Fälle).

$$\text{Wahrscheinlichkeit} = \frac{\text{Anzahl der günstigen Fälle}}{\text{Anzahl der möglichen Fälle}}$$

Arbeitsblätter - Mathematik 6/7

Inhalt

Seite	Inhalt	Arbeitsblattnummer
61	M2 – Wiederholung	1 2 3
67	Gleichungen	1 2 3 4 5 6 7 8
83	Teilbarkeit	1 2 3 4 5 6
95	Geometrische Konstruktionen	1 2 3 4 5 6 7
109	Bruchrechnung	1 2 3 4 5 6 7 8 9 10 11 12 13 14
137	Dreiecke	1 2 3 4 5 6 7 8 9 10
157	Zuordnungen	1 2 3 4 5 6 7 8 9
175	Vierecke	1 2 3 4 5 6 7 8 9
193	Prozentrechnung	1 2 3 4 5 6 7 8 9 10 11
215	Flächenberechnungen	1 2 3 4 5
225	Prismen	1 2 3 4 5 6
237	Massenmaße	1 2
241	Längen-, Flächen-, Raummaße	1 2
245	Statistische Grundbegriffe	1 2
249	Sachaufgaben	1 2 3 4 5 6
261	Rätsel	1 2

Name: _____ M2 – Wiederholung 1

1) Trage die entsprechenden Begriffe in das Kreuzworträtsel ein.

Ergebnis der Addition
Zahl, um die vermindert wird
Gerade Linie, die nur in einer Richtung begrenzt ist.
Viereck mit vier rechten Winkeln
Geometrischer Körper

Grundrechenart
Art der Division
Zahl eines Produktes

Teil eines Kreises
Rauminhalt
Rechenzeichen der Addition
Stellen nach dem Komma
Große Zahl

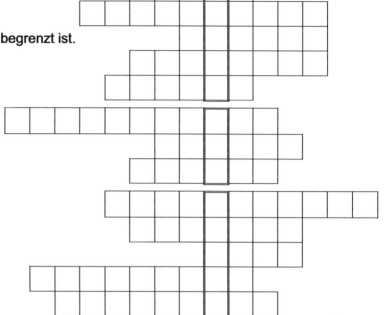

2) Kreuzaddition. (Eine Rechnung mit Probe!)

425,38	+	125,82	+	561,27	=	_____
913,27	+	395,32	+	927,58	=	_____
264,91	+	270,61	+	455,88	=	_____
_____	+	_____	+	_____	=	_____

3) Schreibe stellenwertrichtig untereinander und subtrahiere.

   a) 1 257,378 – 382,357 =   c) 2 389,1 – 1 427,293 =
   b) 387,289 – 126,47 =   d) 5 000 – 473,127 =

   a)   b)   c)   d)

4) Rechne halbschriftlich. Bei den Divisionen rechne auf Ganze und schreibe immer den Rest klein dazu.

a)
357 · 3 =	268 · 5 =	149 · 6 =
357 · 4 =	268 · 6 =	149 · 7 =
357 · 5 =	268 · 7 =	149 · 8 =
357 · 6 =	268 · 8 =	149 · 9 =

b)
2 386 : 2 =	1 293 : 3 =	7 281 : 6 =
2 386 : 4 =	1 293 : 5 =	7 281 : 7 =
2 386 : 6 =	1 293 : 7 =	7 281 : 8 =
2 386 : 8 =	1 293 : 9 =	7 281 : 9 =

© Brigg Verlag Friedberg

Name:	M2 – Wiederholung 1

1) Trage die entsprechenden Begriffe in das Kreuzworträtsel ein.

Ergebnis der Addition	SUMME
Zahl, um die vermindert wird	SUBTRAHEND
Gerade Linie, die nur in einer Richtung begrenzt ist.	STRAHL
Viereck mit vier rechten Winkeln	RECHTECK
Geometrischer Körper	QUADER
Grundrechenart	SUBTRAKTION
Art der Division	MESSEN
Zahl eines Produktes	FAKTOR
Teil eines Kreises	KREISSEKTOR
Rauminhalt	VOLUMEN
Rechenzeichen der Addition	PLUS
Stellen nach dem Komma	DEZIMALEN
Große Zahl	BILLIARDE

2) Kreuzaddition. (Eine Rechnung mit Probe!)

425,38	+	125,82	+	561,27	=	1 112,47
913,27	+	395,32	+	927,58	=	2 236,17
264,91	+	270,61	+	455,88	=	991,40
1 603,56	+	791,75	+	1 944,73	=	4 340,04

3) Schreibe stellenwertrichtig untereinander und subtrahiere.

a) 1 257,378 − 382,357 =
b) 387,289 − 126,47 =
c) 2 389,1 − 1 427,293 =
d) 5 000 − 473,127 =

a) 1 257,378
  − 382,357
  ─────────
    875,021

b) 387,289
  − 126,470
  ─────────
    260,819

c) 2 389,100
  − 1 427,293
  ─────────
      961,807

d) 5 000,000
  −   473,127
  ─────────
    4 526,873

4) Rechne halbschriftlich. Bei den Divisionen rechne auf Ganze und schreibe immer den Rest klein dazu.

a)
357 · 3 =	1 071	268 · 5 =	1 340	149 · 6 =	894
357 · 4 =	1 428	268 · 6 =	1 608	149 · 7 =	1 043
357 · 5 =	1 785	268 · 7 =	1 876	149 · 8 =	1 192
357 · 6 =	2 142	268 · 8 =	2 144	149 · 9 =	1 341

b)
$2_03_18_06_0 : 2 =$	1 193	$1\ 2_09_03_0 : 3 =$	431	$7_12_08_21_3 : 6 =$	1 213
$2\ 3_38_26_2 : 4 =$	596	$1\ 2_29_43_3 : 5 =$	258	$7_02_28_01_1 : 7 =$	1 040
$2\ 3_58_46_4 : 6 =$	397	$1\ 2_59_33_5 : 7 =$	184	$7\ 2_08_01_1 : 8 =$	910
$2\ 3_78_66_2 : 8 =$	298	$1\ 2_39_33_6 : 9 =$	143	$7\ 2_08_81_0 : 9 =$	809

| Name: | M2 – Wiederholung 2 |

5) Multiplikationen und Divisionen mit dekadischen Einheiten.

	· 10	· 100	· 1000	: 10	: 100
7					
356					
0,5					
4,801					
19,2					

6) Multipliziere schriftlich.

| 1 2 3 6 9 · 2 5, 9 | 4 5 8, 2 · 3, 0 8 | 0, 7 5 3 2 · 1, 4 7 |

7) Dividiere schriftlich.

| 3 9 8, 5 8 : 4 2 = | 6 3 7, 5 : 8, 5 = | 3 3, 2 8 : 0, 5 2 = |

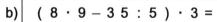 Wenn auf der Vorderseite eines Blattes für Nebenrechnungen zu wenig Platz ist, rechne sie auf der Rückseite.

8) Berechne den Wert des Terms. Beachte die Vorrangregeln.

a) 6 · 1 2 + 1 0 0 : 5 − 1 4 · 3 =

b) (8 · 9 − 3 5 : 5) · 3 =

c) 4 · 3, 7 − 5, 6 : 7 + 1 3 · 0, 4 =

d) 5 : 8 + 3 : 0, 3 − 0, 4 · 1, 6 =

e) 3 · (4 + 7 : 5) =

f) (4, 7 · 6 + 7, 2 : 1, 2) · 8 =

| Name: | | | M2 – Wiederholung 2 | | |

5) Multiplikationen und Divisionen mit dekadischen Einheiten.

	· 10	· 100	· 1000	: 10	: 100
7	70	700	7 000	0,7	0,07
356	3 560	35 600	356 000	35,6	3,56
0,5	5	50	500	0,05	0,005
4,801	48,01	480,1	4 801	0,4801	0,04801
19,2	192	1 920	19 200	1,92	0,192

6) Multipliziere schriftlich.

```
 1 2 3 6 9 · 2 5 , 9
 2 4 7 3 8
 6 1 8 4 5
 1 1 1 3 2 1
─────────────
 3 2 0 3 5 7 , 1
```

```
 4 5 8 , 2 · 3 , 0 8
 1 3 7 4 6 0
   3 6 6 5 6
─────────────
 1 4 1 1 , 2 5 6
```

```
 0 , 7 5 3 2 · 1 , 4 7
   3 0 1 2 8
   5 2 7 2 4
─────────────
 1 , 1 0 7 2 0 4
```

7) Dividiere schriftlich.

```
 3 9 8 , 5 8 : 4 2 = 9 , 4 9
-3 7 8
─────
   2 0 5
 - 1 6 8
 ─────
     3 7 8
   - 3 7 8
   ─────
       0
```

```
 6 3 7 , 5 : 8 , 5 =    | · 10
 6 3 7 5 : 8 5 = 7 5
-5 9 5
─────
   4 2 5
 - 4 2 5
 ─────
     0
```

```
 3 3 , 2 8 : 0 , 5 2 =    | · 100
 3 3 2 8 : 5 2 = 6 4
-3 1 2
─────
   2 0 8
 - 2 0 8
 ─────
     0
```

↪ Wenn auf der Vorderseite eines Blattes für Nebenrechnungen zu wenig Platz ist, rechne sie auf der Rückseite.

8) Berechne den Wert des Terms. Beachte die Vorrangregeln.

a)
```
6 · 1 2 + 1 0 0 : 5 - 1 4 · 3 =
  7 2   +   2 0   -   4 2   =
        9 2       -   4 2   = 5 0
```

b)
```
( 8 · 9 - 3 5 : 5 ) · 3 =
(  7 2  -    7    ) · 3 =
         6 5        · 3 = 1 9 5
```

c)
```
4 · 3 , 7 - 5 , 6 : 7 + 1 3 · 0 , 4 =
  1 4 , 8  -  0 , 8  +    5 , 2    =
       1 4 , 0       +    5 , 2    = 1 9 , 2
```

d)
```
5 : 8 + 3 : 0 , 3 - 0 , 4 · 1 , 6 =
 0 , 6 2 5 + 1 0  -    0 , 6 4    =
       1 0 , 6 2 5 -   0 , 6 4    = 9 , 9 8 5
```

e)
```
3 · ( 4 + 7 : 5 ) =
3 · ( 4 + 1 , 4 ) =
3 ·   5 , 4       = 1 6 , 2
```

f)
```
( 4 , 7 · 6 + 7 , 2 : 1 , 2 ) · 8 =
(  2 8 , 2  +        6       ) · 8 =
          3 4 , 2             · 8 = 2 7 3 , 6
```

Name:	M2 – Wiederholung 3

9) Rechne halbschriftlich. (Bei Geld schreibe immer zwei Dezimalen.)

a)	1 kg Äpfel kostet 1,37 €.	1 kg Weintrauben kostet 1,23 €.
	10 kg Äpfel kosten	100 kg Weintrauben kosten
b)	100 g Käse kosten 1,81 €.	100 g Extrawurst kosten 1,08 €.
	1 kg Käse kostet	1000 g Extrawurst kosten
c)	10 kg Orangen kosten 11,50 €.	1000 kg Pfirsiche kosten 1 740,00 €.
	1 kg Orangen kostet	1 kg Pfirsiche kostet
d)	1000 g Schinken kosten 14,50 €.	1000 g Rindfleisch kosten 10,80 €.
	100 g Schinken kosten	100 g Rindfleisch kosten

10) Lies aus der Tabelle die Verwandlungszahlen für die Massenmaße ab und kontrolliere anschließend, ob du bei Beispiel 9) richtig gerechnet hast.

t | 100 kg • | 10 kg • | kg | 100 g • | 10 g • | g

1 kg =	g
1 t =	kg

11) Familie Schnell kauft ein: 1,24 kg Hühnerfleisch (Kilopreis: 5,45 €) und 0,58 kg Rindfleisch (Kilopreis: 10,46 €). Sie bezahlen mit einem 50-€-Schein. Berechne das Rückgeld. (Rechne mit Term.)

A:

12) Berechne den Literpreis.

    a) 2 l Orangensaft kosten 1,88 €.   1 l kostet ☐

    b) 1,5 l Mineralwasser kosten 0,72 €.   1 l kostet ☐

    c) 0,25 l Energy-Drink kosten 0,65 €.   1 l kostet ☐

    NR: a)   b)   c)

| Name: | M2 – Wiederholung 3 |

9) Rechne halbschriftlich. (Bei Geld schreibe immer zwei Dezimalen.)

a)	1 kg Äpfel kostet 1,37 €.	1 kg Weintrauben kostet 1,23 €.
	10 kg Äpfel kosten 13,70 €.	100 kg Weintrauben kosten 123,00 €.
b)	100 g Käse kosten 1,81 €.	100 g Extrawurst kosten 1,08 €.
	1 kg Käse kostet 18,10 €.	1000 g Extrawurst kosten 10,80 €.
c)	10 kg Orangen kosten 11,50 €.	1000 kg Pfirsiche kosten 1 740,00 €.
	1 kg Orangen kostet 1,15 €.	1 kg Pfirsiche kostet 1,74 €.
d)	1000 g Schinken kosten 14,50 €.	1000 g Rindfleisch kosten 10,80 €.
	100 g Schinken kosten 1,45 €.	100 g Rindfleisch kosten 1,08 €.

10) Lies aus der Tabelle die Verwandlungszahlen für die Massenmaße ab und kontrolliere anschließend, ob du bei Beispiel 9) richtig gerechnet hast.

| t | 100 kg • | 10 kg • | kg | 100 g • | 10 g • | g |

1 kg =	1000	g
1 t =	1000	kg

11) Familie Schnell kauft ein: 1,24 kg Hühnerfleisch (Kilopreis: 5,45 €) und 0,58 kg Rindfleisch (Kilopreis: 10,46 €). Sie bezahlen mit einem 50-€-Schein. Berechne das Rückgeld. (Rechne mit Term.)

50,00 − (5,45 · 1,24 + 10,46 · 0,58) =

50,00 − (6,76 + 6,07) =

50,00 − 12,83 = 37,17

A: Das Rückgeld beträgt 37,17 €.

```
  5,4 5 · 1,2 4              1 0,4 6 · 0,5 8
  ─────────────              ───────────────
  1 0 9 0                    5 2 3 0
  5 2 3 0                    8 3 6 8
  2 1 8 0                    
  ─────────────              ───────────────
  6,7 5 8 0 ≈ 6,7 6          6,0 6 6 8 ≈ 6,0 7
```

12) Berechne den Literpreis.

a) 2 l Orangensaft kosten 1,88 €.   1 l kostet   0,94 €.

b) 1,5 l Mineralwasser kosten 0,72 €.   1 l kostet   0,48 €.

c) 0,25 l Energy-Drink kosten 0,65 €.   1 l kostet   2,60 €.

NR:
```
a) 1,8 8 : 2 = 0,9 4      b) 0,7 2 : 1,5 = | · 10      c) 0,6 5 : 0,2 5 = | · 100
     1 8                       7,2 : 1 5 = 0,4 8            6 5 : 2 5 = 2,6
       0 8                       7 2                          1 5 0
         0                       1 2 0                            0
                                     0
```

Name:	Gleichungen 1

Löse die Gleichungen durch Umformen und führe die Probe durch.

⇨ Vergiss nicht, bei der Probe die Lösung in die ursprüngliche Gleichung (die Angabe) einzusetzen.

1)	a + 26 = 59	Probe:
2)	35 + b = 52	Probe:
3)	c − 14 = 37	Probe:
4)	6 · d = 48	Probe:
5)	e · 7 = 63	Probe:
6)	f : 5 = 4	Probe:

Du kannst auch kürzer rechnen.

7)	16 + a = 72 | − 16 a = 72 − 16 a = 56	Probe:
8)	b − 57 = 72	Probe:
9)	12 · c = 72	Probe:
10)	d : 2 = 72	Probe:

Name:	Gleichungen 1

Löse die Gleichungen durch Umformen und führe die Probe durch.

↪ Vergiss nicht, bei der Probe die Lösung in die ursprüngliche Gleichung (die Angabe) einzusetzen.

1)	a + 26 = 59 | − 26 a + 26 − 26 = 59 − 26 a = 33	Probe:	33 + 26 = 59 59 = 59 w. A.
2)	35 + b = 52 | − 35 35 + b − 35 = 52 − 35 b = 17	Probe:	35 + 17 = 52 52 = 52 w. A.
3)	c − 14 = 37 | + 14 c − 14 + 14 = 37 + 14 c = 51	Probe:	51 − 14 = 37 37 = 37 w. A.
4)	6 · d = 48 | : 6 6 · d : 6 = 48 : 6 d = 8	Probe:	6 · 8 = 48 48 = 48 w. A.
5)	e · 7 = 63 | : 7 e · 7 : 7 = 63 : 7 e = 9	Probe:	9 · 7 = 63 63 = 63 w. A.
6)	f : 5 = 4 | · 5 f : 5 · 5 = 4 · 5 f = 20	Probe:	20 : 5 = 4 4 = 4 w. A.

Du kannst auch kürzer rechnen.

7)	16 + a = 72 | − 16 a = 72 − 16 a = 56	Probe:	16 + 56 = 72 72 = 72 w. A.
8)	b − 57 = 72 | + 57 b = 72 + 57 b = 129	Probe:	129 − 57 = 72 72 = 72 w. A.
9)	12 · c = 72 | : 12 c = 72 : 12 c = 6	Probe:	12 · 6 = 72 72 = 72 w. A.
10)	d : 2 = 72 | · 2 d = 72 · 2 d = 144	Probe:	144 : 2 = 72 72 = 72 w. A.

Name:	Gleichungen 2

⇨ Mit der Probe kontrollierst du, ob du richtig gerechnet hast.

11) $13{,}54 + a = 52{,}5$ — Probe:

NR:

12) $b - 12{,}36 = 37$ — Probe:

NR:

13) $0{,}5 \cdot c = 10$ — Probe:

NR:

14) $d : 8 = 29{,}5$ — Probe:

NR:

15) $e : 4 = 12{,}38$ — Probe:

NR:

Name:	Gleichungen 2

→ Mit der Probe kontrollierst du, ob du richtig gerechnet hast.

11)

13,54 + a = 52,5 | − 13,54	Probe: 13,54 + 38,96 = 52,5
a = 52,5 − 13,54	52,5 = 52,5 w. A.
a = 38,96	

NR: 5 2,5 0   1 3,5 4
      − 1 3,5 4   3 8,9 6
        3 8,9 6   5 2,5 0

12)

b − 12,36 = 37 | + 12,36	Probe: 49,36 − 12,36 = 37
b = 37 + 12,36	37 = 37 w. A.
b = 49,36	

NR: 3 7,0 0   4 9,3 6
        1 2,3 6   − 1 2,3 6
        4 9,3 6   3 7,0 0

13)

0,5 · c = 10 | : 0,5	Probe: 0,5 · 20 = 10
c = 10 : 0,5	10 = 10 w. A.
c = 20	

NR: 1 0 : 0,5 =   \| · 10   0,5 · 2 0
      1 0 0 : 5 = 2 0   1 0,0

14)

d : 8 = 29,5 | · 8	Probe: 236 : 8 = 29,5
d = 29,5 · 8	29,5 = 29,5 w. A.
d = 236	

NR: 2 9,5 · 8   2 3$_7$6$_4$,0$_0$: 8 = 29,5
      2 3 6,0

15)

e : 4 = 12,38 | · 4	Probe: 49,52 : 4 = 12,38
e = 12,38 · 4	12,38 = 12,38 w. A.
e = 49,52	

NR: 1 2,3 8 · 4   4$_0$9$_1$,5$_3$2$_0$: 4 = 12,38
      4 9,5 2

Name:	Gleichungen 3

16) Schreibe die Umformung an und berechne dann die Lösung im Kopf.

x · 6 = 48	x + 6 = 48	x − 6 = 48	x : 6 = 48

Gleichungen mit zwei Umformungsschritten.

17)	2 · x + 27 = 69 | − 27 2 · x = 42 x	Probe:
18)	45 + 7 · x = 80	Probe:
19)	4 · x − 27 = 21	Probe:
20)	44 + x : 3 = 49	Probe:
21)	x : 8 − 21 = 27	Probe:

↪ Man darf die Seiten einer Gleichung vertauschen.

22)	119 = 80 + 6 · x	Probe:
23)	23 = 21 + x : 5	Probe:
24)	6 = 10 · x − 24	Probe:
25)	32 = x : 9 − 8	Probe:

Name:	Gleichungen 3

16) Schreibe die Umformung an und berechne dann die Lösung im Kopf.

$x \cdot 6 = 48$ |:6	$x + 6 = 48$ |−6	$x − 6 = 48$ |+6	$x : 6 = 48$ |·6
$x = 8$	$x = 42$	$x = 54$	$x = 288$

Gleichungen mit zwei Umformungsschritten.

17)
$2 \cdot x + 27 = 69$ \|− 27
$2 \cdot x = 42$ \|: 2
$x = 21$

Probe: $2 \cdot 21 + 27 = 69$
$42 + 27 = 69$
$69 = 69$ w. A.

18)
$45 + 7 \cdot x = 80$ \|− 45
$7 \cdot x = 35$ \|: 7
$x = 5$

Probe: $45 + 7 \cdot 5 = 80$
$45 + 35 = 80$
$80 = 80$ w. A.

19)
$4 \cdot x − 27 = 21$ \|+ 27
$4 \cdot x = 48$ \|: 4
$x = 12$

Probe: $4 \cdot 12 − 27 = 21$
$48 − 27 = 21$
$21 = 21$ w. A.

20)
$44 + x : 3 = 49$ \|− 44
$x : 3 = 5$ \|· 3
$x = 15$

Probe: $44 + 15 : 3 = 49$
$44 + 5 = 49$
$49 = 49$ w. A.

21)
$x : 8 − 21 = 27$ \|+ 21
$x : 8 = 48$ \|· 8
$x = 384$

Probe: $384 : 8 − 21 = 27$
$48 − 21 = 27$
$27 = 27$ w. A.

↪ **Man darf die Seiten einer Gleichung vertauschen.**

22)
$119 = 80 + 6 \cdot x$ \|− 80
$39 = 6 \cdot x$ \|: 6
$x = 6,5$

Probe: $119 = 80 + 6 \cdot 6,5$
$119 = 80 + 39$
$119 = 119$ w. A.

23)
$23 = 21 + x : 5$ \|− 21
$2 = x : 5$ \|· 5
$x = 10$

Probe: $23 = 21 + 10 : 5$
$23 = 21 + 2$
$23 = 23$ w. A.

24)
$6 = 10 \cdot x − 24$ \|+ 24
$30 = 10 \cdot x$ \|: 10
$x = 3$

Probe: $6 = 10 \cdot 3 − 24$
$6 = 30 − 24$
$6 = 6$ w. A.

25)
$32 = x : 9 − 8$ \|+ 8
$40 = x : 9$ \|· 9
$x = 360$

Probe: $32 = 360 : 9 − 8$
$32 = 40 − 8$
$32 = 32$ w. A.

Name:	Gleichungen 4

- Der Malpunkt darf weggelassen werden, wenn das Produkt aus mehreren Variablen oder aus einer Zahl und einer bzw. mehreren Variablen besteht.
- Die Zahl Eins vor Variablen darf weggelassen werden.

x mal y ... man schreibt: x · y ... kürzer: xy

7 mal x ... man schreibt: 7 · x ... kürzer: 7x

3 mal x mal y ... man schreibt: 3 · x · y ... kürzer: 3xy

1 mal x ... man schreibt: 1 · x ... kürzer: x

26) Schreibe möglichst kurz.

a·b =	2·x·y =	1·a·b =
5·b =	4·x·y·z =	1·5·b·c =
4·3 =	2·a·b·c =	2·3·a =

27) Gleichungen mit drei Umformungsschritten.

↪ ① Bringe alle x auf eine Seite. ② Bringe alle Zahlen auf die andere Seite.

a) 5x + 30 = 2x + 45   Probe:

b) 4x + 1 = 6x − 17   Probe:

c) 23 + 7x = 3x + 75   Probe:

28) Vereinfache die Terme.

↪ Das Rechenzeichen gehört immer zu der Zahl, die rechts danach steht.

a)
x + x + x + x + x =
x + x + x − x + x + x − x =
3x + 4x − 2x + 5x =
2x + 9x − 10x + 4x =
5x + 6x − 9x − x =
6x − 4x − 2x + 3x =
8x + 6x − 10x + 4x =
7x − 5x + 10x + 2x =

b)
x + 1 + x + 1 + x + x =
x + 2 + x − 1 + x + x − x =
2x + 9 + 10x − 4 =
4x + x − 6 − 2x =
5x − 3x + 8 − 5 =
12x − 10x − x + 40 =
22 + 13x − 5x + 20 =
15 + 17x − x + 2 − 4 =

Name:	Gleichungen 4

- Der Malpunkt darf weggelassen werden, wenn das Produkt aus mehreren Variablen oder aus einer Zahl und einer bzw. mehreren Variablen besteht.
- Die Zahl Eins vor Variablen darf weggelassen werden.

x mal y ... man schreibt: x · y ... kürzer: xy
7 mal x ... man schreibt: 7 · x ... kürzer: 7x
3 mal x mal y ... man schreibt: 3 · x · y ... kürzer: 3xy
1 mal x ... man schreibt: 1 · x ... kürzer: x

26) Schreibe möglichst kurz.

a·b =	ab
5·b =	5b
4·3 =	4·3 = 12

2·x·y =	2xy
4·x·y·z =	4xyz
2·a·b·c =	2abc

1·a·b =	ab
1·5·b·c =	5bc
2·3·a =	2·3a = 6a

27) Gleichungen mit drei Umformungsschritten.

➥ ① Bringe alle x auf eine Seite. ② Bringe alle Zahlen auf die andere Seite.

a)
5x + 30 = 2x + 45	| – 2x
3x + 30 = 45	| – 30
3x = 15	| : 3
x = 5	

Probe: 5 · 5 + 30 = 2 · 5 + 45
25 + 30 = 10 + 45
55 = 55   w. A.

b)
4x + 1 = 6x – 17	| – 4x
1 = 2x – 17	| + 17
18 = 2x	| : 2
x = 9	

Probe: 4 · 9 + 1 = 6 · 9 – 17
36 + 1 = 54 – 17
37 = 37   w. A.

c)
23 + 7x = 3x + 75	| – 3x
23 + 4x = 75	| – 23
4x = 52	| : 4
x = 13	

Probe: 23 + 7 · 13 = 3 · 13 + 75
23 + 91 = 39 + 75
114 = 114   w. A.

28) Vereinfache die Terme.

➥ Das Rechenzeichen gehört immer zu der Zahl, die rechts danach steht.

a)
x + x + x + x + x =	5x
x + x + x – x + x + x – x =	3x
3x + 4x – 2x + 5x =	10x
2x + 9x – 10x + 4x =	5x
5x + 6x – 9x – x =	x
6x – 4x – 2x + 3x =	3x
8x + 6x – 10x + 4x =	8x
7x – 5x + 10x + 2x =	14x

b)
x + 1 + x + 1 + x + x =	4x + 2
x + 2 + x – 1 + x + x – x =	3x + 1
2x + 9 + 10x – 4 =	12x + 5
4x + x – 6 – 2x =	3x – 6
5x – 3x + 8 – 5 =	2x + 3
12x – 10x – x + 40 =	x + 40
22 + 13x – 5x + 20 =	8x + 42
15 + 17x – x + 2 – 4 =	16x + 13

Name:	Gleichungen 5

29) Übersetze in die mathematische Fachsprache.

Alter von Sonja	x	z.B: 13
Sarah ist um 3 Jahre älter als Sonja		
Jasmin ist um 4 Jahre jünger als Sonja		
Der Vater ist dreimal so alt wie Sonja		

↪ Vereinfache die Gleichungen und forme dann erst um.

30) Die Mutter ist um 26 Jahre älter als ihre Tochter, zusammen sind sie 50 Jahre alt.

		Probe:
Mutter	x + 26	12 + 26 = 38
Tochter	x	12
zusammen	50	50

$x + 26 + x = 50$
$2x + 26 = 50 \quad | -26$
$2x = 24 \quad | :2$
$x = 12$

A: Die Mutter ist 38 Jahre alt, die Tochter ist 12.

31) Michael und Jürgen sind zusammen 25 Jahre alt. Jürgen ist um 3 Jahre jünger als Michael.

		Probe:

A:

32) Albert, Beate und Christa sind zusammen 40 Jahre alt. Beate ist um 5 Jahre älter als Albert und Christa ist um 4 Jahre jünger als Albert.

		Probe:

A:

33) Katrins Mutter ist um 24 Jahre älter als sie, ihr Vater ist viermal so alt wie das Mädchen und ihr Bruder ist um drei Jahre jünger. Zusammen sind die vier Familienmitglieder 84 Jahre alt.

		Probe:

A:

Name:	Gleichungen 5

29) Übersetze in die mathematische Fachsprache.

		z.B: 13
Alter von Sonja	x	13
Sarah ist um 3 Jahre älter als Sonja	x + 3	13 + 3 = 16
Jasmin ist um 4 Jahre jünger als Sonja	x – 4	13 – 4 = 9
Der Vater ist dreimal so alt wie Sonja	3x	13 · 3 = 39

↪ Vereinfache die Gleichungen und forme dann erst um.

30) Die Mutter ist um 26 Jahre älter als ihre Tochter, zusammen sind sie 50 Jahre alt.

Probe:

Mutter	x + 26	12 + 26 = 38
Tochter	x	12
zusammen	50	50

$$x + 26 + x = 50$$
$$2x + 26 = 50 \quad | -26$$
$$2x = 24 \quad | :2$$
$$x = 12$$

A: Die Mutter ist 38 Jahre alt, die Tochter ist 12.

31) Michael und Jürgen sind zusammen 25 Jahre alt. Jürgen ist um 3 Jahre jünger als Michael.

Probe:

Michael	x	14
Jürgen	x – 3	14 – 3 = 11
zusammen	25	25

$$x + x - 3 = 25$$
$$2x - 3 = 25 \quad | +3$$
$$2x = 28 \quad | :2$$
$$x = 14$$

A: Michael ist 14, Jürgen ist 11 Jahre alt.

32) Albert, Beate und Christa sind zusammen 40 Jahre alt. Beate ist um 5 Jahre älter als Albert und Christa ist um 4 Jahre jünger als Albert.

Probe:

Albert	x	13
Beate	x + 5	13 + 5 = 18
Christa	x – 4	13 – 4 = 9
zusammen	40	40

$$x + x + 5 + x - 4 = 40$$
$$3x + 1 = 40 \quad | -1$$
$$3x = 39 \quad | :3$$
$$x = 13$$

A: Albert ist 13 Jahre alt, Beate 18 und Christa 9.

33) Katrins Mutter ist um 24 Jahre älter als sie, ihr Vater ist viermal so alt wie das Mädchen und ihr Bruder ist um drei Jahre jünger. Zusammen sind die vier Familienmitglieder 84 Jahre alt.

Probe:

Katrin	x	9
Mutter	x + 24	9 + 24 = 33
Vater	4x	4 · 9 = 36
Bruder	x – 3	9 – 3 = 6
zusammen	84	84

$$x + x + 24 + 4x + x - 3 = 84$$
$$7x + 21 = 84 \quad | -21$$
$$7x = 63 \quad | :7$$
$$x = 9$$

A: Katrin ist 9, ihre Mutter 33, ihr Vater 36 und ihr Bruder ist 6 Jahre alt.

Name:	Gleichungen 6

34) Übersetze in die mathematische Fachsprache.

eine Zahl	x	z.B: 20
die um 3 größere Zahl		
die um 5 kleinere Zahl		
die Zahl vermehrt um 6		
die Zahl vermindert um 2		

das Doppelte der Zahl		
das Dreifache der Zahl		
die Hälfte der Zahl		
der vierte Teil der Zahl		

35) Zahlenrätsel. Berechne die gesuchte Zahl im Kopf.
   a) Vermindert man eine Zahl um 5, so erhält man 7.
   b) Vermehrt man das Dreifache der Zahl um 2, so erhält man 14.
   c) Addiert man zum Viertel einer Zahl die Zahl 1, so erhält man 6.

36) Vermehrt man eine Zahl um 18, so erhält man 90.

A:

37) Vermindert man das Doppelte einer Zahl um 36, so erhält man 70.

A:

38) Wenn man zum Dreifachen einer Zahl die Zahl 16 addiert, ergibt das 52.

A:

39) Wenn man vom Vierfachen einer Zahl die Zahl 5 subtrahiert, erhält man gleich viel, wie wenn man zum Doppelten der Zahl die Zahl 13 addiert.

A:

Name:	Gleichungen 6

34) Übersetze in die mathematische Fachsprache.

eine Zahl	x	z.B: 20
die um 3 größere Zahl	x + 3	23
die um 5 kleinere Zahl	x – 5	15
die Zahl vermehrt um 6	x + 6	26
die Zahl vermindert um 2	x – 2	18

das Doppelte der Zahl	2 · x	40
das Dreifache der Zahl	3 · x	60
die Hälfte der Zahl	x : 2	10
der vierte Teil der Zahl	x : 4	5

35) Zahlenrätsel. Berechne die gesuchte Zahl im Kopf.

   a) Vermindert man eine Zahl um 5, so erhält man 7.   12

   b) Vermehrt man das Dreifache der Zahl um 2, so erhält man 14.   4

   c) Addiert man zum Viertel einer Zahl die Zahl 1, so erhält man 6.   20

36) Vermehrt man eine Zahl um 18, so erhält man 90.

$$\begin{aligned} x + 18 &= 90 \quad &|-18 \quad &\text{Probe:} \quad &72 + 18 &= 90 \\ x &= 90 - 18 & & & 90 &= 90 \quad \text{w. A.} \\ x &= 72 & & & & \end{aligned}$$

A: Die Zahl heißt 72.

37) Vermindert man das Doppelte einer Zahl um 36, so erhält man 70.

$$\begin{aligned} 2x - 36 &= 70 \quad &|+36 \quad &\text{Probe:} \quad &2 \cdot 53 - 36 &= 70 \\ 2x &= 70 + 36 & & & 106 - 36 &= 70 \\ 2x &= 106 \quad &|:2 & & 70 &= 70 \quad \text{w. A.} \\ x &= 53 & & & & \end{aligned}$$

A: Die Zahl heißt 53.

38) Wenn man zum Dreifachen einer Zahl die Zahl 16 addiert, ergibt das 52.

$$\begin{aligned} 3x + 16 &= 52 \quad &|-16 \quad &\text{Probe:} \quad &3 \cdot 12 + 16 &= 52 \\ 3x &= 52 - 16 & & & 36 + 16 &= 52 \\ 3x &= 36 \quad &|:3 & & 52 &= 52 \quad \text{w. A.} \\ x &= 12 & & & & \end{aligned}$$

A: Die Zahl heißt 12.

39) Wenn man vom Vierfachen einer Zahl die Zahl 5 subtrahiert, erhält man gleich viel, wie wenn man zum Doppelten der Zahl die Zahl 13 addiert.

$$\begin{aligned} 4x - 5 &= 2x + 13 \quad &|-2x \quad &\text{Probe:} \quad &4 \cdot 9 - 5 &= 2 \cdot 9 + 13 \\ 2x - 5 &= 13 \quad &|+5 & & 36 - 5 &= 18 + 13 \\ 2x &= 18 \quad &|:2 & & 31 &= 31 \quad \text{w. A.} \\ x &= 9 & & & & \end{aligned}$$

A: Die Zahl heißt 9.

Name: | **Gleichungen 7**

40) Drücke jede Strecke durch die anderen aus.

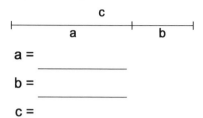

a = _____   d = _____ = _____   x = _____ = _____

b = _____   e = _____ = _____   y = _____

c = _____   f = _____ = _____   z = _____ = _____

g = _____

41) Berechne die Längen der gekennzeichneten Strecken.

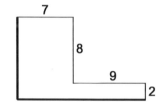 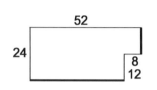 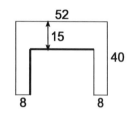 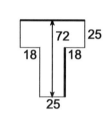

42) Drücke jede Strecke durch die anderen aus.

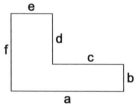

a = _____
b = _____
c = _____
d = _____
e = _____

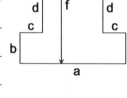

a = _____
b = _____
c = _____
d = _____
e = _____

43) Gib Formeln für den Umfang (mehrere Arten) und den Flächeninhalt an.

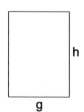

u = _____
u = _____
u = _____
A = _____

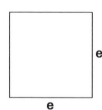

u = _____
u = _____
A = _____

44) Umkehraufgaben.

Rechtecke

A = 60 cm²	A = 63 cm²	A = 92 cm²
a = 10 cm	a =	a = 23 cm
b =	b = 9 cm	b =

u = 60 cm	u = 63 cm	u = 92 cm
a = 10 cm	a =	a = 21 cm
b =	b = 9 cm	b =

Quadrate

A = 36 cm²	A = 49 cm²	A = 64 cm²
a =	a =	a =

u = 36 cm	u = 49 cm	u = 64 cm
a =	a =	a =

Gleichungen 7

40) Drücke jede Strecke durch die anderen aus.

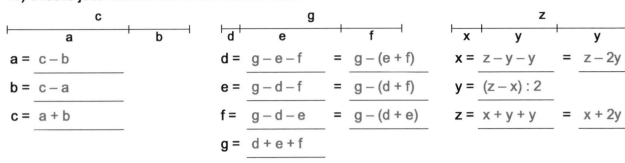

a = c − b
b = c − a
c = a + b

d = g − e − f = g − (e + f)
e = g − d − f = g − (d + f)
f = g − d − e = g − (d + e)
g = d + e + f

x = z − y − y = z − 2y
y = (z − x) : 2
z = x + y + y = x + 2y

41) Berechne die Längen der gekennzeichneten Strecken.

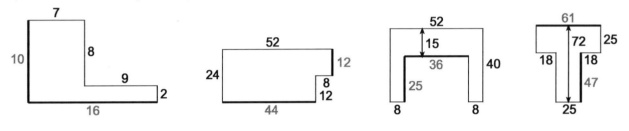

42) Drücke jede Strecke durch die anderen aus.

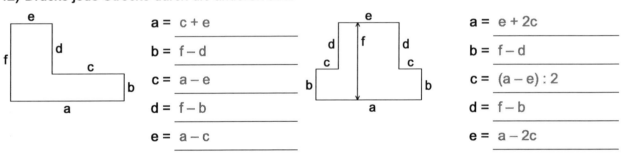

a = c + e
b = f − d
c = a − e
d = f − b
e = a − c

a = e + 2c
b = f − d
c = (a − e) : 2
d = f − b
e = a − 2c

43) Gib Formeln für den Umfang (mehrere Arten) und den Flächeninhalt an.

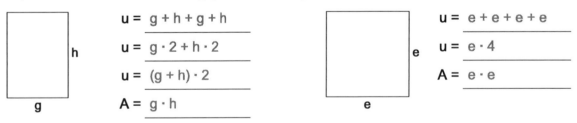

u = g + h + g + h
u = g · 2 + h · 2
u = (g + h) · 2
A = g · h

u = e + e + e + e
u = e · 4
A = e · e

44) Umkehraufgaben.

Rechtecke

A =	60 cm²	A =	63 cm²	A =	92 cm²
a =	10 cm	a =	7 cm	a =	23 cm
b =	6 cm	b =	9 cm	b =	4 cm

u =	60 cm	u =	63 cm	u =	92 cm
a =	10 cm	a =	22,5 cm	a =	21 cm
b =	20 cm	b =	9 cm	b =	25 cm

Quadrate

A =	36 cm²	A =	49 cm²	A =	64 cm²
a =	6 cm	a =	7 cm	a =	8 cm

u =	36 cm	u =	49 cm	u =	64 cm
a =	9 cm	a =	12,25 cm	a =	16 cm

Name:	Gleichungen 8

⇨ Vereinfache die Gleichungen und forme dann erst um.

45) Bei einem Dreieck ist die Seite a um 10 cm länger als die Seite c und die Seite b um 6 cm kürzer als die Seite c. Der Umfang ist 64 cm lang. Berechne die Längen der Seiten.

Probe:

A:

46) Bei einem Viereck ist die Seite b doppelt so lang wie die Seite a, die Seite c um 13 cm länger als die Seite a und die Seite d ist 2 cm kürzer als die Seite a. Der Umfang ist 136 cm lang. Berechne die Längen der Seiten.

Probe:

A:

47) Ein Quadrat hat 228 cm Umfang. Zeichne eine Skizze und berechne die Länge der Seite a. (Beginne mit der Umfangsformel und setze dann die Zahl für den Umfang ein.)

Ein gleichseitiges Dreieck hat 228 cm Umfang. Zeichne eine Skizze und berechne die Länge der Seite a. (Beginne mit der Umfangsformel und setze dann die Zahl für den Umfang ein.)

A:

A:

48) Bei einem Rechteck ist die Seite a 14 cm lang, der Flächeninhalt 308 cm² groß. Zeichne eine Skizze und berechne die Länge der Seite b. (Beginne mit der Flächenformel und setze dann die gegebenen Zahlen ein.)

A:

Name:	Gleichungen 8

➡ Vereinfache die Gleichungen und forme dann erst um.

45) Bei einem Dreieck ist die Seite a um 10 cm länger als die Seite c und die Seite b um 6 cm kürzer als die Seite c. Der Umfang ist 64 cm lang. Berechne die Längen der Seiten.

Probe:

Seite a	x + 10	20 + 10 = 30
Seite b	x − 6	20 − 6 = 14
Seite c	x	20
Umfang	64	64

$$x + 10 + x - 6 + x = 64$$
$$3x + 4 = 64 \quad | -4$$
$$3x = 60 \quad | :3$$
$$x = 20$$

A: Die Seite a ist 30 cm lang, die Seite b ist 14 cm lang und die Seite c ist 20 cm lang.

46) Bei einem Viereck ist die Seite b doppelt so lang wie die Seite a, die Seite c um 13 cm länger als die Seite a und die Seite d ist 2 cm kürzer als die Seite a. Der Umfang ist 136 cm lang. Berechne die Längen der Seiten.

Probe:

Seite a	x	25
Seite b	2x	2 · 25 = 50
Seite c	x + 13	25 + 13 = 38
Seite d	x − 2	25 − 2 = 23
Umfang	136	136

$$x + 2x + x + 13 + x - 2 = 136$$
$$5x + 11 = 136 \quad | -11$$
$$5x = 125 \quad | :5$$
$$x = 25$$

A: Die Seite a ist 25 cm, die Seite b ist 50 cm, die Seite c ist 38 cm und die Seite d ist 23 cm lang.

47) Ein Quadrat hat 228 cm Umfang. Zeichne eine Skizze und berechne die Länge der Seite a. (Beginne mit der Umfangsformel und setze dann die Zahl für den Umfang ein.)

$$u = 4 \cdot a$$
$$228 = 4 \cdot a \quad | :4$$
$$228 : 4 = a$$
$$57 = a$$
$$a \_\_\_ 57 \text{ cm}$$

A: Die Seite a ist 57 cm lang.

Ein gleichseitiges Dreieck hat 228 cm Umfang. Zeichne eine Skizze und berechne die Länge der Seite a. (Beginne mit der Umfangsformel und setze dann die Zahl für den Umfang ein.)

$$u = 3 \cdot a$$
$$228 = 3 \cdot a \quad | :3$$
$$228 : 3 = a$$
$$76 = a$$
$$a \_\_\_ 76 \text{ cm}$$

A: Die Seite a ist 76 cm lang.

48) Bei einem Rechteck ist die Seite a 14 cm lang, der Flächeninhalt 308 cm² groß. Zeichne eine Skizze und berechne die Länge der Seite b. (Beginne mit der Flächenformel und setze dann die gegebenen Zahlen ein.)

$$A = a \cdot b$$
$$308 = 14 \cdot b \quad | :14$$
$$308 : 14 = b$$
$$22 = b$$
$$b \_\_\_ 22 \text{ cm}$$

```
3 0 8 : 1 4 = 2 2
  2 8
    0
```

A: Die Seite b ist 22 cm lang.

Name:	Teilbarkeit 1

1) Setze das entsprechende Zeichen | (ist Teiler von) bzw. ∤ (ist nicht Teiler von) ein.

2	48	5	39	4	52	25	50	100	23	8	400	1000	7 000
2	221	5	115	4	336	25	255	100	700	8	601	1000	2 360
2	766	5	440	4	401	25	675	100	985	8	3 000	1000	5 500

2) Überprüfe mit Hilfe der Teilbarkeitsregeln die Teilbarkeit. Mache einen Strich in das Kästchen, wenn die Zahl nicht teilbar ist, und berechne den Quotienten, wenn die Zahl teilbar ist.

teilbar durch	24	30	75	100	125	310	826	3 600	12 471	300 000
10										
100										
1 000										

teilbar durch	24	30	75	100	125	310	826	3 600	12 471	300 000
2										
5										

teilbar durch	24	30	75	100	125	310	826	3 600	12 471	300 000
4										
25										

3) Berechne nur die Quersumme und kreuze an, wenn die Zahl durch 3 bzw. 9 teilbar ist.

teilbar durch	24	30	75	100	125	288	826	3 600	12 471	300 000
3										
9										

4) Kreuze an, wenn die Zahl teilbar ist.

teilbar durch	12	40	93	175	258	512	816	7 405	34 581	450 000
2										
3										
6										

5) Setze bei jeder Zahl in das graue Feld so eine Ziffer ein, dass eine Zahl entsteht, die durch die vorne angegebene Zahl teilbar ist.

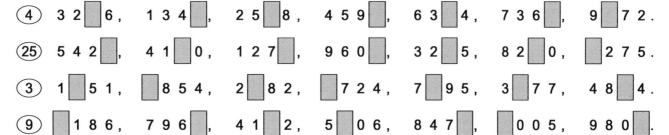

Name:	Teilbarkeit 1

1) Setze das entsprechende Zeichen | (ist Teiler von) bzw. ∤ (ist nicht Teiler von) ein.

2	48	5 ∤ 39	4	52	25	50	100 ∤ 23	8	400	1000	7 000
2 ∤ 221	5	115	4	336	25 ∤ 255	100	700	8 ∤ 601	1000 ∤ 2 360
2	766	5	440	4 ∤ 401	25	675	100 ∤ 985	8	3 000	1000 ∤ 5 500

2) Überprüfe mit Hilfe der Teilbarkeitsregeln die Teilbarkeit. Mache einen Strich in das Kästchen, wenn die Zahl nicht teilbar ist, und berechne den Quotienten, wenn die Zahl teilbar ist.

teilbar durch	24	30	75	100	125	310	826	3 600	12 471	300 000
10	—	3	—	10	—	31	—	360	—	30 000
100	—	—	—	1	—	—	—	36	—	3 000
1 000	—	—	—	—	—	—	—	—	—	300

teilbar durch	24	30	75	100	125	310	826	3 600	12 471	300 000
2	12	15	—	50	—	155	413	1 800	—	150 000
5	—	6	15	20	25	62	—	720	—	60 000

teilbar durch	24	30	75	100	125	310	826	3 600	12 471	300 000
4	6	—	—	25	—	—	—	900	—	75 000
25	—	—	3	4	5	—	—	144	—	12 000

3) Berechne nur die Quersumme und kreuze an, wenn die Zahl durch 3 bzw. 9 teilbar ist.

teilbar durch	24	30	75	100	125	288	826	3 600	12 471	300 000
3	×	×	×			×		×	×	×
9						×		×		

4) Kreuze an, wenn die Zahl teilbar ist.

teilbar durch	12	40	93	175	258	512	816	7 405	34 581	450 000
2	×	×			×	×	×			×
3	×		×		×		×		×	×
6	×				×		×			×

5) Setze bei jeder Zahl in das graue Feld so eine Ziffer ein, dass eine Zahl entsteht, die durch die vorne angegebene Zahl teilbar ist.

④ 3 2 **1** 6, 1 3 4 **0**, 2 5 **2** 8, 4 5 9 **2**, 6 3 **0** 4, 7 3 6 **0**, 9 **0** 7 2.

㉕ 5 4 2 **5**, 4 1 **0** 0, 1 2 7 **5**, 9 6 0 **0**, 3 2 **2** 5, 8 2 **0** 0, **1** 2 7 5.

③ 1 **2** 5 1, **1** 8 5 4, 2 **0** 8 2, **2** 7 2 4, 7 0 9 5, 3 **1** 7 7, 4 8 **2** 4.

⑨ **3** 1 8 6, 7 9 6 **5**, 4 1 **2** 2, 5 **7** 0 6, 8 4 **8**, **4** 0 0 5, 9 8 0 **1**.

| Name: | Teilbarkeit 2 |

6) Setze das entsprechende Zeichen | (ist Teiler von) bzw. ∤ (ist nicht Teiler von) ein.

2	752
3	752
6	752

6	642
3	642
2	642

2	4 569
4	4 569
8	4 569

8	728
4	728
2	728

3	1 453
9	1 453

9	972
3	972

7) Gib an, ob die Aussagen richtig oder falsch sind.

Jede Zahl, die durch 2 und 3 teilbar ist, ist auch durch 6 teilbar.

Jede Zahl, die durch 6 teilbar ist, ist auch durch 2 und 3 teilbar.

Jede Zahl, die durch 3 teilbar ist, ist auch durch 9 teilbar.

Jede Zahl, die durch 2 teilbar ist, ist auch durch 4 teilbar.

Jede Zahl, die durch 10 teilbar ist, ist auch durch 2 und 5 teilbar.

Jede Zahl, die durch 8 teilbar ist, ist auch durch 2 und 4 teilbar.

Jede Zahl, die durch 2 und 4 teilbar ist, ist auch durch 8 teilbar.

8) Gib jeweils die drei kleinsten natürlichen Zahlen an, die folgende Teiler haben.

2 und 3	
2, 3 und 5	

2 und 5	
2, 3 und 7	

9) Finde die Zahl.

Die kleinste zweistellige Zahl, die durch 7 teilbar ist.

Die größte zweistellige Zahl, die durch 12 teilbar ist.

Die kleinste dreistellige Zahl, die durch 9 teilbar ist.

Die größte dreistellige Zahl, die durch 25 teilbar ist.

Die kleinste vierstellige Zahl, die durch 9, aber nicht durch 2 teilbar ist.

Die größte vierstellige Zahl, die durch 25, aber nicht durch 9 teilbar ist.

10) Setze bei jeder fünfstelligen Zahl in das graue Feld so eine Ziffer ein, dass eine Zahl entsteht, die durch die vorne angegebene Zahl teilbar ist.

② 4 3 9 7 ▊   ③ 4 3 9 7 ▊   ④ 4 3 9 7 ▊   ⑤ 4 3 9 7 ▊   ⑥ 4 3 9 7 ▊

⑦ 4 3 9 7 ▊   ⑧ 4 3 9 7 ▊   ⑨ 4 3 9 7 ▊   ⑩ 4 3 9 7 ▊

11) Eine 465 cm breite Wand soll mit 15 cm breiten Holzleisten verkleidet werden. Ist dies ohne Verschnitt möglich?

A:

Name:	Teilbarkeit 2

6) Setze das entsprechende Zeichen | (ist Teiler von) bzw. ∤ (ist nicht Teiler von) ein.

2	752	6	642	2 ∤ 4 569	8	728	3 ∤ 1 453	9	972
3 ∤ 752	3	642	4 ∤ 4 569	4	728	9 ∤ 1 453	3	972
6 ∤ 752	2	642	8 ∤ 4 569	2	728		

7) Gib an, ob die Aussagen richtig oder falsch sind.

Jede Zahl, die durch 2 und 3 teilbar ist, ist auch durch 6 teilbar.	richtig
Jede Zahl, die durch 6 teilbar ist, ist auch durch 2 und 3 teilbar.	richtig
Jede Zahl, die durch 3 teilbar ist, ist auch durch 9 teilbar.	falsch
Jede Zahl, die durch 2 teilbar ist, ist auch durch 4 teilbar.	falsch
Jede Zahl, die durch 10 teilbar ist, ist auch durch 2 und 5 teilbar.	richtig
Jede Zahl, die durch 8 teilbar ist, ist auch durch 2 und 4 teilbar.	richtig
Jede Zahl, die durch 2 und 4 teilbar ist, ist auch durch 8 teilbar.	falsch

8) Gib jeweils die drei kleinsten natürlichen Zahlen an, die folgende Teiler haben.

2 und 3	6, 12, 18	2 und 5	10, 20, 30
2, 3 und 5	30, 60, 90	2, 3 und 7	42, 84, 126

9) Finde die Zahl.

Die kleinste zweistellige Zahl, die durch 7 teilbar ist.	14
Die größte zweistellige Zahl, die durch 12 teilbar ist.	96
Die kleinste dreistellige Zahl, die durch 9 teilbar ist.	108
Die größte dreistellige Zahl, die durch 25 teilbar ist.	975
Die kleinste vierstellige Zahl, die durch 9, aber nicht durch 2 teilbar ist.	1 017
Die größte vierstellige Zahl, die durch 25, aber nicht durch 9 teilbar ist.	9 950

10) Setze bei jeder fünfstelligen Zahl in das graue Feld so eine Ziffer ein, dass eine Zahl entsteht, die durch die vorne angegebene Zahl teilbar ist.

② 4 3 9 7 0   ③ 4 3 9 7 1   ④ 4 3 9 7 2   ⑤ 4 3 9 7 0   ⑥ 4 3 9 7 4

⑦ 4 3 9 7 4   ⑧ 4 3 9 7 6   ⑨ 4 3 9 7 4   ⑩ 4 3 9 7 0

11) Eine 465 cm breite Wand soll mit 15 cm breiten Holzleisten verkleidet werden. Ist dies ohne Verschnitt möglich?

15 | 456

A: Ja, es ist ohne Verschnitt möglich.

Name:	Teilbarkeit 3

12) Erkläre den Begriff Primzahl: _____

_____

13) Streiche alle zusammengesetzten Zahlen durch (arbeite mit dem „Sieb des Erathostenes") und bemale dann die Kästchen mit den Primzahlen.

4	50	18	72	2	86	79	74	36	51	58
26	65	44	89	85	11	88	5	20	45	87
80	2	23	91	53	73	3	98	59	6	27
57	71	12	47	78	66	15	83	4	29	38
77	21	19	84	14	15	70	55	97	64	28
30	46	5	76	13	63	41	16	73	96	49
42	62	43	32	54	35	6	75	31	95	33
60	12	67	82	14	7	93	94	17	8	39
34	56	9	97	10	90	69	61	16	92	68
52	10	22	48	37	13	41	8	14	40	81

14) Schreibe alle Primzahlen auf, die

a)	kleiner als 10 sind:
b)	größer als 10 und kleiner als 20 sind:
c)	zwischen 20 und 30 liegen:
d)	größer als 30 und kleiner als 40 sind:
e)	größer als 40 und kleiner als 60 sind:
f)	zwischen 60 und 80 liegen:
g)	größer als 80 und kleiner als 100 sind:

15) Zerlege die zusammengesetzten Zahlen in ein Produkt von Primfaktoren.

150 | 60 | 100 | 84 |

150 =   60 =   100 =   84 =

16) Zerlege die zusammengesetzten Zahlen in ein Produkt von Primfaktoren. (Rechne im Kopf.)

4 =	10 =	9 =
6 =	14 =	15 =
12 =	18 =	20 =
30 =	50 =	28 =
42 =	44 =	45 =

Name:	Teilbarkeit 3

12) Erkläre den Begriff Primzahl: Eine Primzahl ist eine natürliche Zahl, die ohne Rest nur durch eins und durch sich selbst teilbar ist.

13) Streiche alle zusammengesetzten Zahlen durch (arbeite mit dem „Sieb des Erathostenes") und bemale dann die Kästchen mit den Primzahlen.

14) Schreibe alle Primzahlen auf, die

a)	kleiner als 10 sind:	2, 3, 5, 7
b)	größer als 10 und kleiner als 20 sind:	11, 13, 17, 19
c)	zwischen 20 und 30 liegen:	23, 29
d)	größer als 30 und kleiner als 40 sind:	31, 37
e)	größer als 40 und kleiner als 60 sind:	41, 43, 47, 53, 59
f)	zwischen 60 und 80 liegen:	61, 67, 71, 73, 79
g)	größer als 80 und kleiner als 100 sind:	83, 89, 97

15) Zerlege die zusammengesetzten Zahlen in ein Produkt von Primfaktoren.

```
150 | 2        60 | 2        100 | 2        84 | 2
 75 | 3        30 | 2         50 | 2        42 | 2
 25 | 5        15 | 3         25 | 5        21 | 3
  5 | 5         5 | 5          5 | 5         7 | 7
  1 |           1 |            1 |           1 |
```

150 = 2 · 3 · 5 · 5   60 = 2 · 2 · 3 · 5   100 = 2 · 2 · 5 · 5   84 = 2 · 2 · 3 · 7

16) Zerlege die zusammengesetzten Zahlen in ein Produkt von Primfaktoren. (Rechne im Kopf.)

4 = 2 · 2	10 = 2 · 5	9 = 3 · 3
6 = 2 · 3	14 = 2 · 7	15 = 3 · 5
12 = 2 · 2 · 3	18 = 2 · 3 · 3	20 = 2 · 2 · 5
30 = 2 · 3 · 5	50 = 2 · 5 · 5	28 = 2 · 2 · 7
42 = 2 · 3 · 7	44 = 2 · 2 · 11	45 = 3 · 3 · 5

Name:	Teilbarkeit 4

17) Gib von jeder Zahl alle Teiler an und bemale dann die Felder mit den Primzahlen.

1		6		11		16	
2		7		12		17	
3		8		13		18	
4		9		14		19	
5		10		15		20	

18) Bestimme von den beiden Zahlen jeweils die Teilermenge, unterstreiche die gemeinsamen Teiler und gib den größten gemeinsamen Teiler an.

$T_{16} =$

$T_{24} =$

ggT (16, 24) =

$T_{20} =$

$T_{30} =$

ggT (20, 30) =

19) Bestimme den größten gemeinsamen Teiler durch Primfaktorenzerlegung.

ggT (36, 60) =

ggT (40, 64) =

36 |

60 |

ggT (90, 54) =

ggT (56, 84) =

20) Bestimme den größten gemeinsamen Teiler im Kopf.

ggT (6, 10) =	ggT (40, 50) =	ggT (300, 700) =
ggT (25, 20) =	ggT (45, 60) =	ggT (125, 75) =
ggT (12, 16) =	ggT (36, 48) =	ggT (150, 250) =
ggT (27, 9) =	ggT (90, 120) =	ggT (36, 361) =
ggT (14, 21) =	ggT (55, 88) =	ggT (36, 18) =
ggT (40, 100) =	ggT (120, 160) =	ggT (800, 200) =

Name:	Teilbarkeit 4

17) Gib von jeder Zahl alle Teiler an und bemale dann die Felder mit den Primzahlen.

1	1
2	1, 2
3	1, 3
4	1, 2, 4
5	1, 5

6	1, 2, 3, 6
7	1, 7
8	1, 2, 4, 8
9	1, 3, 9
10	1, 2, 5, 10

11	1, 11
12	1, 2, 3, 4, 6, 12
13	1, 13
14	1, 2, 7, 14
15	1, 3, 5, 15

16	1, 2, 4, 8, 16
17	1, 17
18	1, 2, 3, 6, 9, 18
19	1, 19
20	1, 2, 4, 5, 10, 20

18) Bestimme von den beiden Zahlen jeweils die Teilermenge, unterstreiche die gemeinsamen Teiler und gib den größten gemeinsamen Teiler an.

T_{16} = { <u>1</u>, <u>2</u>, <u>4</u>, <u>8</u>, 16 }
T_{24} = { <u>1</u>, <u>2</u>, <u>3</u>, <u>4</u>, 6, <u>8</u>, 12, 24 }
ggT (16, 24) = 8

T_{20} = { <u>1</u>, <u>2</u>, 4, <u>5</u>, <u>10</u>, 20 }
T_{30} = { <u>1</u>, <u>2</u>, 3, <u>5</u>, 6, <u>10</u>, 15, 30 }
ggT (20, 30) = 10

19) Bestimme den größten gemeinsamen Teiler durch Primfaktorenzerlegung.

ggT (36, 60) = 2 · 2 · 3 = 12

36	2		60	2
18	2		30	2
9	3		15	3
3	3		5	5
1			1	

ggT (40, 64) = 2 · 2 · 2 = 8

40	2		64	2
20	2		32	2
10	2		16	2
5	5		8	2
1			4	2
			2	2
			1	

ggT (90, 54) = 2 · 3 · 3 = 18

90	2		54	2
45	3		27	3
15	3		9	3
5	5		3	3
1			1	

ggT (56, 84) = 2 · 2 · 7 = 28

56	2		84	2
28	2		42	2
14	2		21	3
7	7		7	7
1			1	

20) Bestimme den größten gemeinsamen Teiler im Kopf.

ggT (6, 10) =	2
ggT (25, 20) =	5
ggT (12, 16) =	4
ggT (27, 9) =	9
ggT (14, 21) =	7
ggT (40, 100) =	20

ggT (40, 50) =	10
ggT (45, 60) =	15
ggT (36, 48) =	12
ggT (90, 120) =	30
ggT (55, 88) =	11
ggT (120, 160) =	40

ggT (300, 700) =	100
ggT (125, 75) =	25
ggT (150, 250) =	50
ggT (36, 361) =	1
ggT (36, 18) =	18
ggT (800, 200) =	200

Name:	Teilbarkeit 5

21) Gib von den gegebenen Zahlen jeweils die ersten fünf Vielfachen an.

$V_9 =$	$V_{12} =$
$V_{11} =$	$V_{25} =$

22) Bestimme von den beiden Zahlen jeweils die ersten acht Vielfachen, unterstreiche die gemeinsamen Vielfachen und gib das kleinste gemeinsame Vielfache an.

$V_6 =$	$V_{10} =$
$V_8 =$	$V_{15} =$
kgV (6, 8) =	kgV (10, 15) =

23) Bestimme das kleinste gemeinsame Vielfache durch Primfaktorenzerlegung.

kgV (18, 27) =	kgV (12, 16) =

18 | 27

kgV (90, 210) =	kgV (220, 198) =

24) Bestimme das kleinste gemeinsame Vielfache im Kopf.

kgV (4, 5) =	kgV (2, 8) =	kgV (6, 8) =
kgV (5, 6) =	kgV (15, 3) =	kgV (18, 12) =
kgV (9, 8) =	kgV (6, 24) =	kgV (25, 20) =
kgV (7, 2) =	kgV (30, 10) =	kgV (15, 20) =

kgV (8, 5) =	kgV (20, 5) =	kgV (25, 15) =
kgV (40, 15) =	kgV (6, 7) =	kgV (32, 16) =
kgV (3, 12) =	kgV (20, 16) =	kgV (10, 9) =
kgV (10, 3) =	kgV (7, 9) =	kgV (7, 28) =

kgV (2, 4, 5) =	kgV (2, 4, 8) =	kgV (15, 2, 6) =
kgV (3, 5, 15) =	kgV (3, 6, 9) =	kgV (8, 7, 4) =

Name:	Teilbarkeit 5

21) Gib von den gegebenen Zahlen jeweils die ersten fünf Vielfachen an.

V_9 = { 9, 18, 27, 36, 45 }	V_{12} = { 12, 24, 36, 48, 60 }
V_{11} = { 11, 22, 33, 44, 55 }	V_{25} = { 25, 50, 75, 100, 125 }

22) Bestimme von den beiden Zahlen jeweils die ersten acht Vielfachen, unterstreiche die gemeinsamen Vielfachen und gib das kleinste gemeinsame Vielfache an.

V_6 = { 6, 12, 18, <u>24</u>, 30, 36, 42, <u>48</u> }	V_{10} = { 10, 20, <u>30</u>, 40, 50, <u>60</u>, 70, 80 }
V_8 = { 8, 16, <u>24</u>, 32, 40, <u>48</u>, 56, 64 }	V_{15} = { 15, <u>30</u>, 45, <u>60</u>, 75, <u>90</u>, 105, <u>120</u> }
kgV (6, 8) = 24	kgV (10, 15) = 30

23) Bestimme das kleinste gemeinsame Vielfache durch Primfaktorenzerlegung.

kgV (18, 27) = $2 \cdot 3 \cdot 3 \cdot 3 = 54$	kgV (12, 16) = $2 \cdot 2 \cdot 3 \cdot 2 \cdot 2 = 48$

18	2		27	3̶		12	2		16	2̶
9	3		9	3̶		6	2		8	2̶
3	3		3	3		3	3		4	2
1			1			1			2	2
									1	

kgV (90, 210) = $2 \cdot 3 \cdot 3 \cdot 5 \cdot 7 = 630$	kgV (220, 198) = $2 \cdot 2 \cdot 5 \cdot 11 \cdot 3 \cdot 3 = 1\,980$

90	2		210	2̶		220	2		198	2̶
45	3		105	3̶		110	2		99	3
15	3		35	5̶		55	5		33	3
5	5		7	7		11	11		11	11̶
1			1			1			1	

24) Bestimme das kleinste gemeinsame Vielfache im Kopf.

kgV (4, 5) =	20	kgV (2, 8) =	8	kgV (6, 8) =	24
kgV (5, 6) =	30	kgV (15, 3) =	15	kgV (18, 12) =	36
kgV (9, 8) =	72	kgV (6, 24) =	24	kgV (25, 20) =	100
kgV (7, 2) =	14	kgV (30, 10) =	30	kgV (15, 20) =	60

kgV (8, 5) =	40	kgV (20, 5) =	20	kgV (25, 15) =	75
kgV (40, 15) =	120	kgV (6, 7) =	42	kgV (32, 16) =	32
kgV (3, 12) =	12	kgV (20, 16) =	80	kgV (10, 9) =	90
kgV (10, 3) =	30	kgV (7, 9) =	63	kgV (7, 28) =	28

kgV (2, 4, 5) =	20	kgV (2, 4, 8) =	8	kgV (15, 2, 6) =	30
kgV (3, 5, 15) =	15	kgV (3, 6, 9) =	18	kgV (8, 7, 4) =	56

Name:	Teilbarkeit 6

25) Bestimme das kleinste gemeinsame Vielfache durch Primfaktorenzerlegung.

kgV (18, 24, 36) =	kgV (24, 30, 42) =

26) Bestimme das kleinste gemeinsame Vielfache im Kopf.

kgV (2, 3, 5) =	kgV (5, 10, 16) =	kgV (12, 4, 5) =
kgV (2, 5, 8) =	kgV (8, 5, 3) =	kgV (8, 12, 3) =

27) Bei einem Busbahnhof fahren drei Busse in verschiedene Richtungen. Linie A fährt alle 15 Minuten, Linie B fährt alle 20 Minuten und Linie C fährt alle 25 Minuten. Um 5.30 Uhr fahren alle drei Busse zur selben Zeit ab. Zu welcher Zeit fahren die drei Busse wieder gleichzeitig vom Busbahnhof ab?

A:

28) Bernhard möchte Fußballprofi werden. Jeden zweiten Tag trainiert er auf dem Sportplatz, jeden dritten Tag macht er am Morgen einen Waldlauf und jeden fünften Tag trainiert er in der Kraftkammer. Am 4. Oktober fallen alle drei Trainingsarten zusammen. An welchem Tag wird das wieder sein?

A:

29) Primzahlzwillinge sind Paare von Primzahlen, deren Differenz 2 beträgt, z.B. 3 und 5 oder 101 und 103 oder 1 000 000 000 061 und 1 000 000 000 063.
Zähle alle Primzahlzwillinge im Zahlenraum bis 100 auf.

	und			und			und			und	
	und			und			und			und	

30) Zeige, dass sich gerade Zahlen als Summe von Primzahlen darstellen lassen.

4 =	6 =	8 =	10 =	12 =	14 =
16 =	18 =	20 =	22 =	24 =	26 =
28 =	30 =	32 =	34 =	36 =	38 =

Name:	Teilbarkeit 6

25) Bestimme das kleinste gemeinsame Vielfache durch Primfaktorenzerlegung.

kgV (18, 24, 36) = $2 \cdot 3 \cdot 3 \cdot 2 \cdot 2 = 72$	kgV (24, 30, 42) = $2 \cdot 2 \cdot 2 \cdot 3 \cdot 5 \cdot 7 = 840$

```
18 | ②        24 | 2̷       36 | 2̷        24 | ②       30 | 2̷       42 | 2̷
 9 | ③        12 | ②       18 | 2̷        12 | ②       15 | 3̷       21 | 3̷
 3 | ③         6 | ②        9 | 3̷         6 | ②        5 | ⑤        7 | ⑦
 1 |           3 | 3̷        3 | 3̷         3 | ③        1 |          1 |
               1 |          1 |           1 |
```

26) Bestimme das kleinste gemeinsame Vielfache im Kopf.

kgV (2, 3, 5) =	30	kgV (5, 10, 16) =	80	kgV (12, 4, 5) =	60
kgV (2, 5, 8) =	40	kgV (8, 5, 3) =	120	kgV (8, 12, 3) =	24

27) Bei einem Busbahnhof fahren drei Busse in verschiedene Richtungen. Linie A fährt alle 15 Minuten, Linie B fährt alle 20 Minuten und Linie C fährt alle 25 Minuten. Um 5.30 Uhr fahren alle drei Busse zur selben Zeit ab. Zu welcher Zeit fahren die drei Busse wieder gleichzeitig vom Busbahnhof ab?

kgV (15, 20, 25) = $3 \cdot 5 \cdot 2 \cdot 2 \cdot 5 = 300$

```
15 | ③        20 | ②       25 | 5̷
 5 | ⑤        10 | ②        5 | ⑤
 1 |           5 | 5̷        1 |
               1 |
```

300 Minuten = 5 Stunden

A: Um 10.30 Uhr fahren die drei Busse wieder gleichzeitig vom Busbahnhof ab.

28) Bernhard möchte Fußballprofi werden. Jeden zweiten Tag trainiert er auf dem Sportplatz, jeden dritten Tag macht er am Morgen einen Waldlauf und jeden fünften Tag trainiert er in der Kraftkammer. Am 4. Oktober fallen alle drei Trainingsarten zusammen. An welchem Tag wird das wieder sein?

kgV (2, 3, 5) = 30

A: Am 3. November fallen wieder alle drei Trainingsbereiche an einem Tag zusammen.

29) Primzahlzwillinge sind Paare von Primzahlen, deren Differenz 2 beträgt, z.B. 3 und 5 oder 101 und 103 oder 1 000 000 000 061 und 1 000 000 000 063.
Zähle alle Primzahlzwillinge im Zahlenraum bis 100 auf.

3 und 5	5 und 7	11 und 13	17 und 19
29 und 31	41 und 43	59 und 61	71 und 73

30) Zeige, dass sich gerade Zahlen als Summe von Primzahlen darstellen lassen.

4 = 2 + 2	6 = 3 + 3	8 = 5 + 3	10 = 7 + 3	12 = 7 + 5	14 = 11 + 3
16 = 13 + 3	18 = 13 + 5	20 = 17 + 3	22 = 19 + 3	24 = 19 + 5	26 = 23 + 3
28 = 23 + 5	30 = 23 + 7	32 = 29 + 3	34 = 29 + 5	36 = 31 + 5	38 = 31 + 7

| Name: | Geometrische Konstruktionen 1 |

1) Zeichne die Punkte in das Koordinatensystem und verbinde sie nach dem Alphabet zu einem geschlossenen Streckenzug.

A(2/1)   G(5/5)
B(6/1)   H(3/5)
C(6/2)   I(3/7)
D(3/2)   J(6/7)
E(3/4)   K(6/8)
F(5/4)   L(2/8)

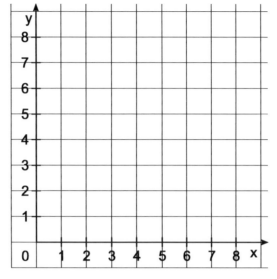

2) a) Konstruiere zur gegebenen Strecke AB mit dem Zirkel die Mittelsenkrechte.

b) Zeichne eine Strecke $\overline{CD}$ = 68 mm und mit dem Geodreieck ihre Mittelsenkrechte.

3) a) Zeichne die Punkte A(1/2) und B(7/8) in das Koordinatensystem und konstruiere mit dem Geodreieck die Mittelsenkrechte der Strecke AB.

b) Konstruiere beim Dreieck ABC die Mittelsenkrechten und zeichne den Umkreis.

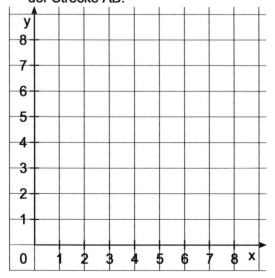

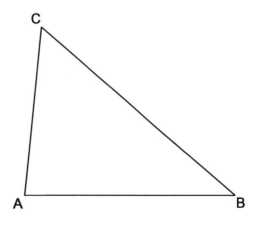

© Brigg Verlag Friedberg — Arbeitsblätter Mathematik 6/7 – Seite 95

| Name: | Geometrische Konstruktionen 1 |

1) Zeichne die Punkte in das Koordinatensystem und verbinde sie nach dem Alphabet zu einem geschlossenen Streckenzug.

A(2/1)	G(5/5)
B(6/1)	H(3/5)
C(6/2)	I(3/7)
D(3/2)	J(6/7)
E(3/4)	K(6/8)
F(5/4)	L(2/8)

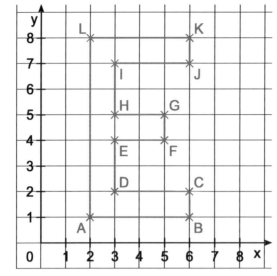

2) a) Konstruiere zur gegebenen Strecke AB mit dem Zirkel die Mittelsenkrechte.

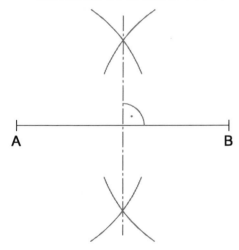

b) Zeichne eine Strecke $\overline{CD}$ = 68 mm und mit dem Geodreieck ihre Mittelsenkrechte.

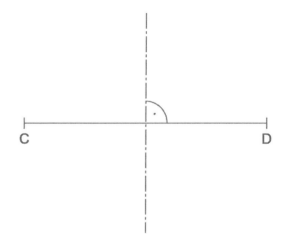

3) a) Zeichne die Punkte A(1/2) und B(7/8) in das Koordinatensystem und konstruiere mit dem Geodreieck die Mittelsenkrechte der Strecke AB.

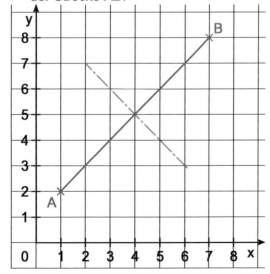

b) Konstruiere beim Dreieck ABC die Mittelsenkrechten und zeichne den Umkreis.

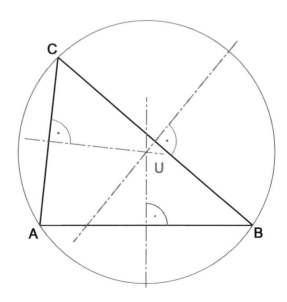

Name:	Geometrische Konstruktionen 2

4) a) Konstruiere mit dem Zirkel die Winkelhalbierende des Winkels α und gib die Größe von α und $\frac{\alpha}{2}$ an.

b) Zeichne mit dem Geodreieck den Winkel β = 166° und konstruiere mit dem Zirkel die Winkelhalbierende. Berechne die Größe von $\frac{\beta}{2}$ und kontrolliere dann deine Konstruktion.

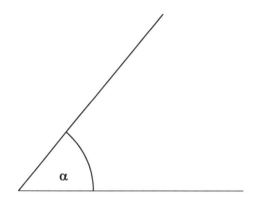

5) a) Zeichne zu den Winkeln α und β jeweils die Winkelhalbierende und gib die Größe von $\frac{\alpha}{2} + \frac{\beta}{2}$ an.

b) Konstruiere beim Dreieck ABC die Winkelhalbierende und zeichne den Inkreis.

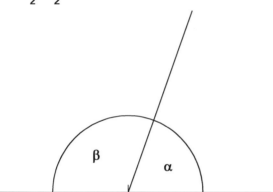

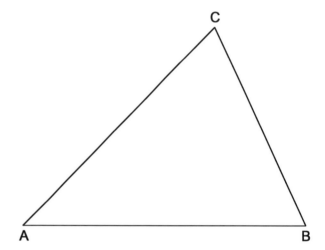

6) a) Konstruiere in einen Kreis mit dem Radius r = 27 mm ein regelmäßiges Sechseck.

b) Konstruiere mit Hilfe der Sechseck-Konstruktion einen Stern (r = 30 mm).

© Brigg Verlag Friedberg

| Name: | Geometrische Konstruktionen 2 |

4) a) Konstruiere mit dem Zirkel die Winkelhalbierende des Winkels α und gib die Größe von α und $\frac{\alpha}{2}$ an.

b) Zeichne mit dem Geodreieck den Winkel β = 166° und konstruiere mit dem Zirkel die Winkelhalbierende. Berechne die Größe von $\frac{\beta}{2}$ und kontrolliere dann deine Konstruktion.

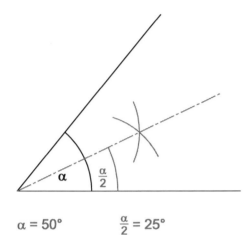

α = 50° $\frac{\alpha}{2}$ = 25°

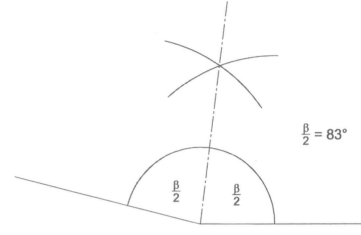

$\frac{\beta}{2}$ = 83°

5) a) Zeichne zu den Winkeln α und β jeweils die Winkelhalbierende und gib die Größe von $\frac{\alpha}{2} + \frac{\beta}{2}$ an.

b) Konstruiere beim Dreieck ABC die Winkelhalbierende und zeichne den Inkreis.

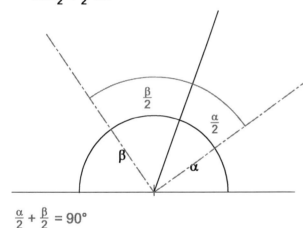

$\frac{\alpha}{2} + \frac{\beta}{2}$ = 90°

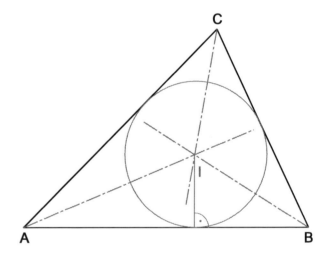

6) a) Konstruiere in einen Kreis mit dem Radius r = 27 mm ein regelmäßiges Sechseck.

b) Konstruiere mit Hilfe der Sechseck-Konstruktion einen Stern (r = 30 mm).

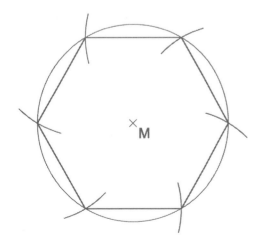

Seite 98 – Arbeitsblätter Mathematik 6/7   © Brigg Verlag Friedberg

Name:	Geometrische Konstruktionen 3

7) a) Zeichne zum Winkel α einen Supplementwinkel β.
Gib die Größe von α, β und α + β an.

b) Zeichne zum Winkel γ einen Komplementwinkel δ.
Gib die Größe von γ, δ und γ + δ an.

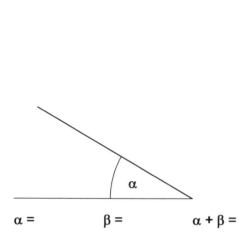
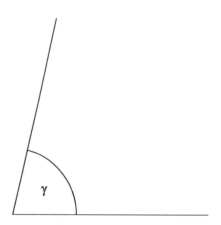

α =   β =   α + β =

8) a) Zeichne zu einem Winkel α = 75°
einen Supplementwinkel β.
Gib die Größe von β an.

b) Zeichne zu einem Winkel γ = 35°
einen Komplementwinkel δ.
Gib die Größe von δ an.

9) Gib in den Skizzen die Größe aller Winkel an.

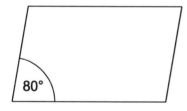 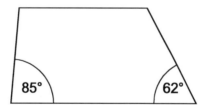 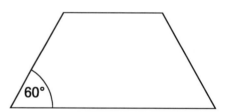

10) Kennzeichne alle Winkel, die mit α gleich groß sind, mit grünem Buntstift und alle Winkel, die Supplementwinkel zu α sind, mit lila Buntstift.

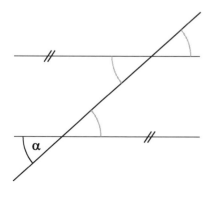 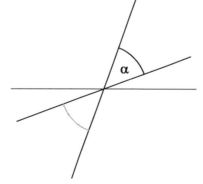 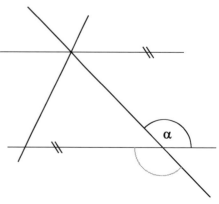

| Name: | Geometrische Konstruktionen 3 |

7) a) Zeichne zum Winkel α einen Supplementwinkel β.
Gib die Größe von α, β und α + β an.

b) Zeichne zum Winkel γ einen Komplementwinkel δ.
Gib die Größe von γ, δ und γ + δ an.

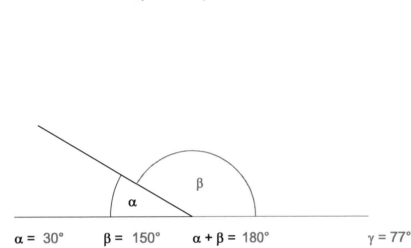
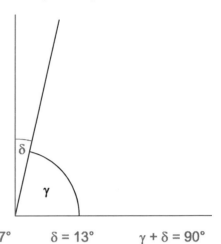

α = 30°   β = 150°   α + β = 180°

γ = 77°   δ = 13°   γ + δ = 90°

8) a) Zeichne zu einem Winkel α = 75° einen Supplementwinkel β.
Gib die Größe von β an.

b) Zeichne zu einem Winkel γ = 35° einen Komplementwinkel δ.
Gib die Größe von δ an.

β = 105°

δ = 55°

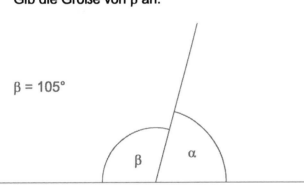
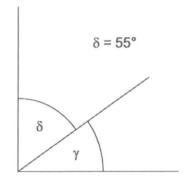

9) Gib in den Skizzen die Größe aller Winkel an.

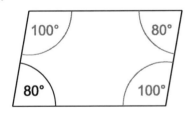
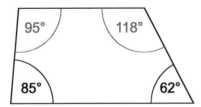
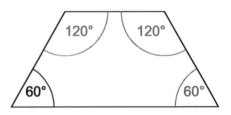

10) Kennzeichne alle Winkel, die mit α gleich groß sind, mit grünem Buntstift und alle Winkel, die Supplementwinkel zu α sind, mit lila Buntstift.

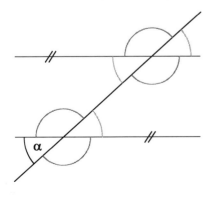
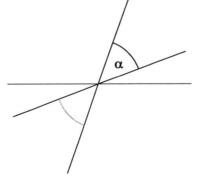
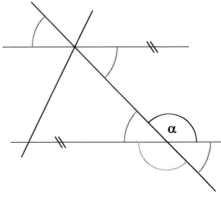

11) Gib jeweils an, ob die bezeichneten Winkel Parallelwinkel oder Normalwinkel sind.

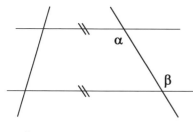

α, β ... _____

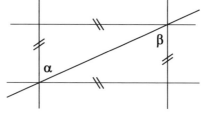

α, β ... _____

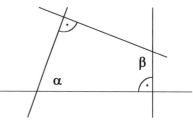

α, β ... _____

12) a) Zeichne zu α einen gleich großen Parallelwinkel $α_1$.

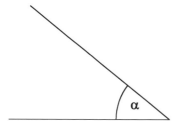

b) Zeichne zu β einen supplementären Parallelwinkel $β_1$.

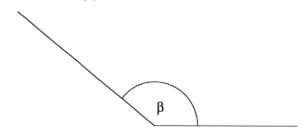

13) a) Zeichne zu α einen gleich großen Normalwinkel $α_1$.

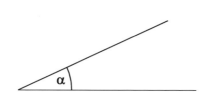

b) Zeichne zu β einen supplementären Normalwinkel $β_1$.

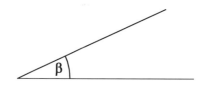

14) Trage in den Skizzen jeweils die Größe aller vorkommenden Winkel ein.

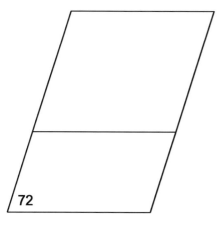
72

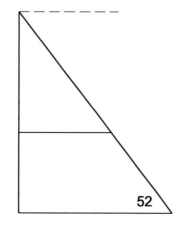
52

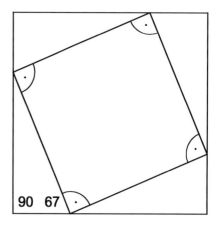
90 67

| Name: | Geometrische Konstruktionen 4 |

11) Gib jeweils an, ob die bezeichneten Winkel Parallelwinkel oder Normalwinkel sind.

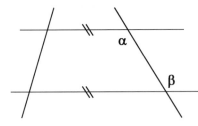 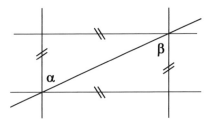 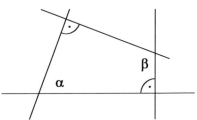

α, β ... Parallelwinkel   α, β ... Parallelwinkel   α, β ... Normalwinkel

12) a) Zeichne zu α einen gleich großen Parallelwinkel $α_1$.   b) Zeichne zu β einen supplementären Parallelwinkel $β_1$.

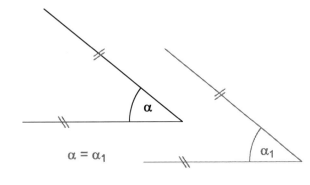 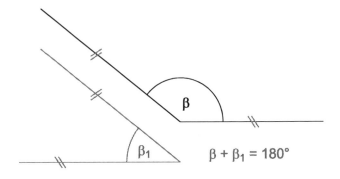

$α = α_1$ $β + β_1 = 180°$

13) a) Zeichne zu α einen gleich großen Normalwinkel $α_1$.   b) Zeichne zu β einen supplementären Normalwinkel $β_1$.

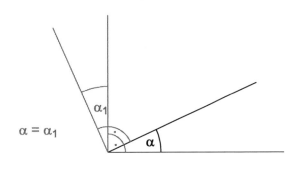 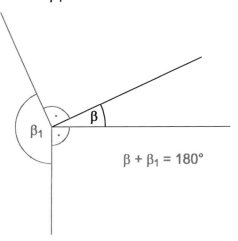

$α = α_1$ $β + β_1 = 180°$

14) Trage in den Skizzen jeweils die Größe aller vorkommenden Winkel ein.

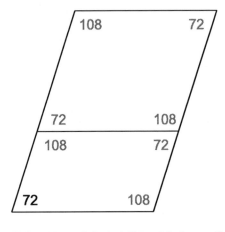 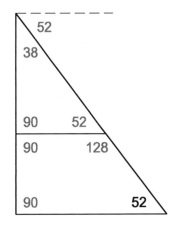 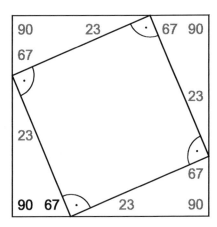

| Name: | Geometrische Konstruktionen 5 |

15) In jedem Feld sind kongruente Figuren – bemale diese mit grünem Buntstift.

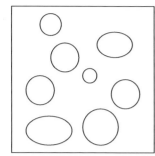 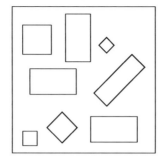 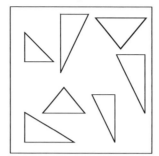 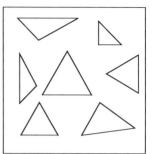

16) Spiegle jeweils die Figur an der Spiegelachse g und gib die Koordinaten der Bildpunkte an.

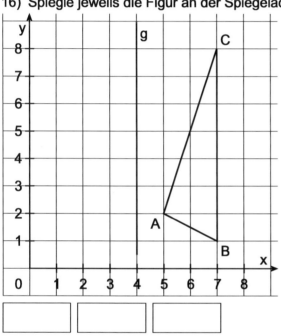 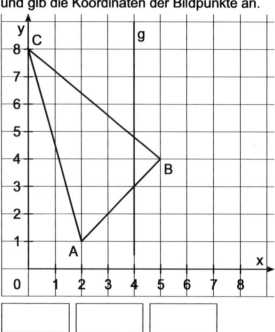

17) Zeichne die Figur in das rechtwinklige Koordinatensystem, spiegle sie an der Spiegelachse g und gib die Koordinaten der Bildpunkte an.

a) Viereck ABCD: A(1/4), B(2/2), C(7/1), D(8/4).   b) Dreieck ABC: A(0/2), B(5/1), C(1/6).

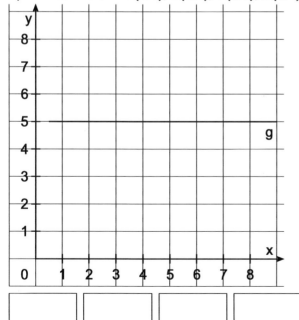 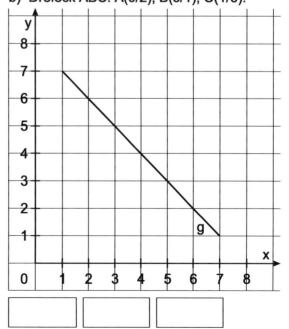

| Name: | Geometrische Konstruktionen 5 |

15) In jedem Feld sind kongruente Figuren – bemale diese mit grünem Buntstift.

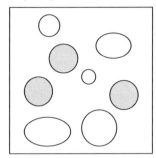 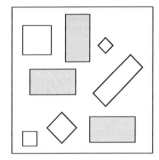 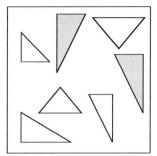 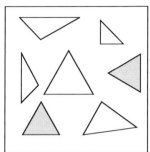

16) Spiegle jeweils die Figur an der Spiegelachse g und gib die Koordinaten der Bildpunkte an.

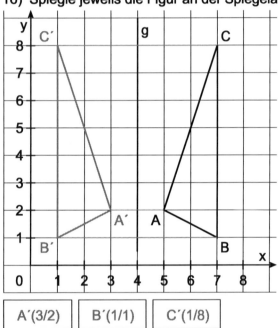 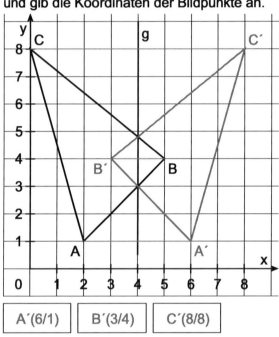

A´(3/2)   B´(1/1)   C´(1/8)   A´(6/1)   B´(3/4)   C´(8/8)

17) Zeichne die Figur in das rechtwinklige Koordinatensystem, spiegle sie an der Spiegelachse g und gib die Koordinaten der Bildpunkte an.

a) Viereck ABCD: A(1/4), B(2/2), C(7/1), D(8/4).   b) Dreieck ABC: A(0/2), B(5/1), C(1/6).

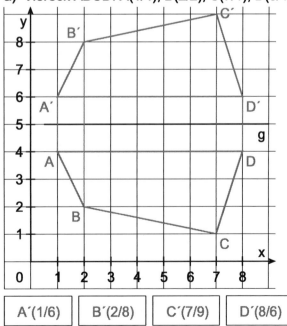 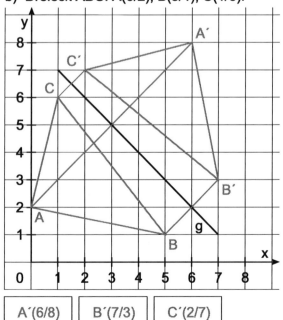

A´(1/6)   B´(2/8)   C´(7/9)   D´(8/6)   A´(6/8)   B´(7/3)   C´(2/7)

| Name: | Geometrische Konstruktionen 6 |

18) Übe jeweils auf die gegebene Figur eine Verschiebung so aus, dass A auf A´ abgebildet wird. Gib die Koordinaten der Bildpunkte an.

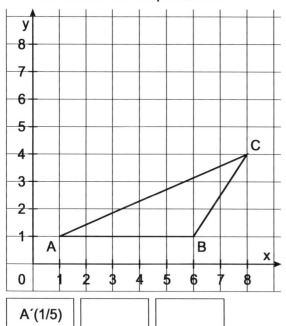 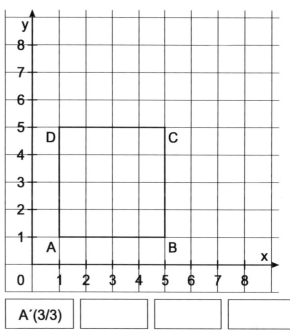

A´(1/5) ☐ ☐   A´(3/3) ☐ ☐ ☐

19) Zeichne die Figur in das rechtwinklige Koordinatensystem und übe eine Verschiebung so aus, wie durch den Pfeil angegeben ist. Gib die Koordinaten der Bildpunkte an.

a) Dreieck ABC: A(1/2), B(5/2), C(3/5).   b) Viereck ABCD: A(1/1), B(4/1), C(6/3), D(3/3).

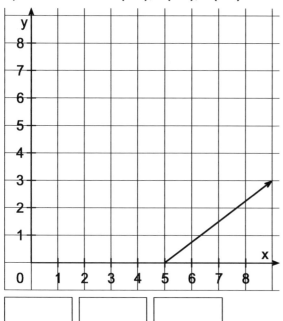 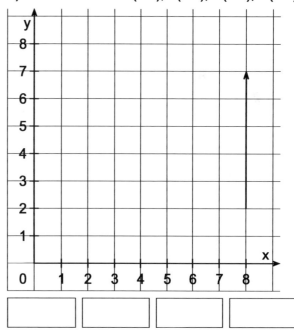

☐ ☐ ☐   ☐ ☐ ☐ ☐

20) Zeichne in jeden Raster eine geometrische Figur und verschiebe diese dann einige Male.

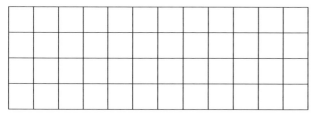

Geometrische Konstruktionen 6

18) Übe jeweils auf die gegebene Figur eine Verschiebung so aus, dass A auf A´ abgebildet wird. Gib die Koordinaten der Bildpunkte an.

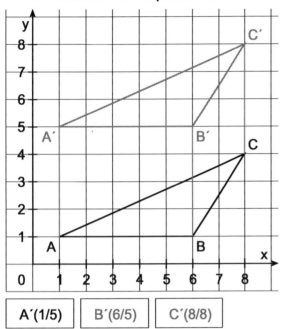

A´(1/5)   B´(6/5)   C´(8/8)

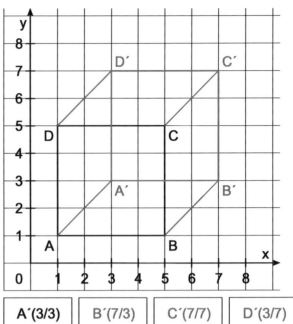

A´(3/3)   B´(7/3)   C´(7/7)   D´(3/7)

19) Zeichne die Figur in das rechtwinklige Koordinatensystem und übe eine Verschiebung so aus, wie durch den Pfeil angegeben ist. Gib die Koordinaten der Bildpunkte an.

a) Dreieck ABC: A(1/2), B(5/2), C(3/5).

b) Viereck ABCD: A(1/1), B(4/1), C(6/3), D(3/3).

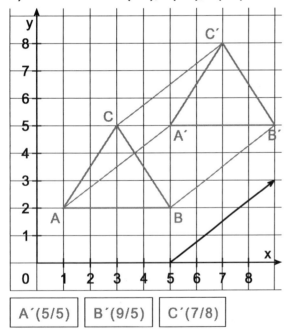

A´(5/5)   B´(9/5)   C´(7/8)

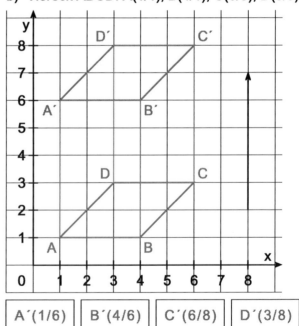

A´(1/6)   B´(4/6)   C´(6/8)   D´(3/8)

20) Zeichne in jeden Raster eine geometrische Figur und verschiebe diese dann einige Male.

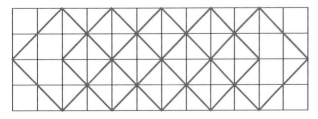
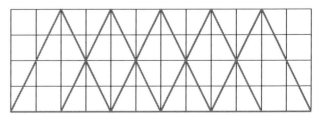

| Name: | Geometrische Konstruktionen 7 |

21) Übe auf die gegebene Figur eine Drehung (M, α) aus und gib die Koordinaten der Bildpunkte an.
a) M(2/2), α = + 90° (Linksdrehung).
b) M(1/2), α = − 90° (Rechtsdrehung).

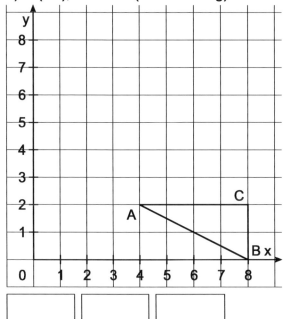
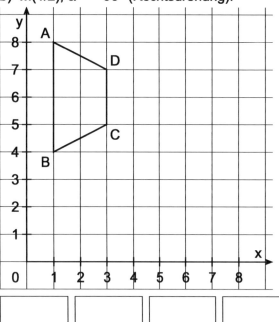

22) Zeichne die Figur in das rechtwinklige Koordinatensystem und übe eine Drehung (M, α) aus. Gib die Koordinaten der Bildpunkte an.
a) Rechteck ABCD: A(3/1), B(5/1), C(5/7), D(3/7); M(4/4), α = − 90°.
b) Quadrat ABCD: A(4/1), B(7/1), C(7/4), D(4/4); M = D, α = 180°.

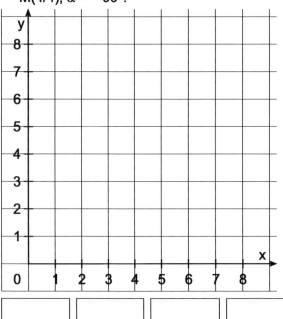
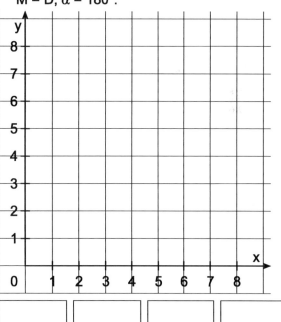

23) Gib bei den Abbildungen an, ob eine Spiegelung, eine Verschiebung oder eine Drehung vorliegt.

Name:	Geometrische Konstruktionen 7

21) Übe auf die gegebene Figur eine Drehung (M, α) aus und gib die Koordinaten der Bildpunkte an.
a) M(2/2), α = + 90° (Linksdrehung).
b) M(1/2), α = − 90° (Rechtsdrehung).

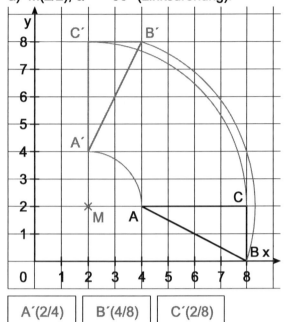 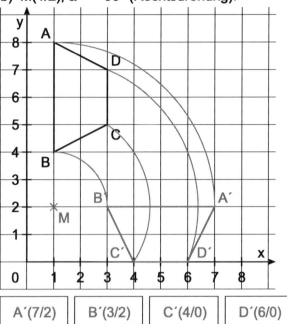

A´(2/4)	B´(4/8)	C´(2/8)

A´(7/2)	B´(3/2)	C´(4/0)	D´(6/0)

22) Zeichne die Figur in das rechtwinklige Koordinatensystem und übe eine Drehung (M, α) aus. Gib die Koordinaten der Bildpunkte an.
a) Rechteck ABCD: A(3/1), B(5/1), C(5/7), D(3/7); M(4/4), α = − 90°.
b) Quadrat ABCD: A(4/1), B(7/1), C(7/4), D(4/4); M = D, α = 180°.

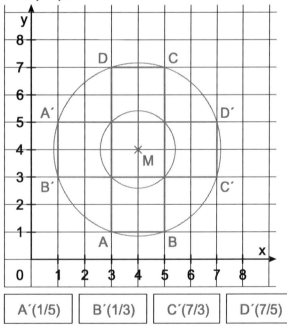 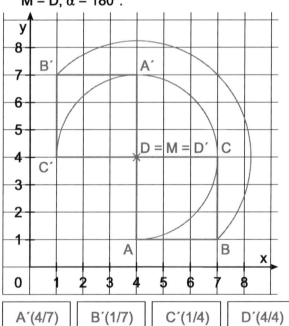

A´(1/5)	B´(1/3)	C´(7/3)	D´(7/5)

A´(4/7)	B´(1/7)	C´(1/4)	D´(4/4)

23) Gib bei den Abbildungen an, ob eine Spiegelung, eine Verschiebung oder eine Drehung vorliegt.

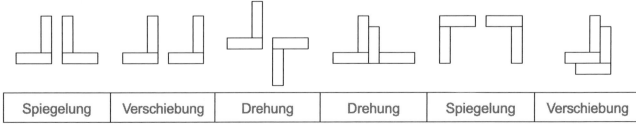

Spiegelung	Verschiebung	Drehung	Drehung	Spiegelung	Verschiebung

| Name: | Bruchrechnung 1 |

1) Herr Niller will eine Torte backen. Im Rezept sind 220 g Butter angegeben. Er hat $\frac{1}{8}$ kg Butter zu Hause. Genügt diese Menge? ☐   Wie viel g sind $\frac{1}{8}$ kg? ☐

2) Verwandle die Bruchzahlen durch Division in Dezimalzahlen.

$\frac{1}{2} = 1 : 2 =$ $\frac{1}{4} = 1 : 4 =$ $\frac{2}{4} = 2 : 4 =$ $\frac{3}{4} = 3 : 4 =$

$\frac{1}{8} = 1 : 8 =$ $\frac{3}{8} = 3 : 8 =$ $\frac{5}{8} = 5 : 8 =$ $\frac{7}{8} = 7 : 8 =$

3) Ergänze die Tabelle. (Massenmaße: 1 kg = 1000 g)

	g
$\frac{1}{2}$ kg =	g
$\frac{2}{2}$ kg =	g

	g
$\frac{1}{4}$ kg =	g
$\frac{2}{4}$ kg =	g
$\frac{3}{4}$ kg =	g
$\frac{4}{4}$ kg =	g

	g
$\frac{1}{8}$ kg =	g
$\frac{2}{8}$ kg =	g
$\frac{3}{8}$ kg =	g
$\frac{4}{8}$ kg =	g
$\frac{5}{8}$ kg =	g
$\frac{6}{8}$ kg =	g
$\frac{7}{8}$ kg =	g
$\frac{8}{8}$ kg =	g

4) Frau Böhm will für Weihnachten backen. Für Schokoladeherzen braucht sie 120 g Butter, für Spekulatius 100 g und für einen Christstollen 150 g. Welche Menge Butter muss sie mindestens besorgen? (Butter gibt es in $\frac{1}{4}$-kg- und $\frac{1}{8}$-kg-Packungen.)

A:

5) Frau Huemer hat vor, sehr viel Weihnachtsbäckerei zu backen. Sie braucht $1\frac{1}{2}$ kg Butter. Im Geschäft sind nur $\frac{1}{8}$-kg-Packungen vorrätig. Wie viele $\frac{1}{8}$-kg-Packungen muss sie kaufen?

A:

| Name: | Bruchrechnung 1 |

1) Herr Niller will eine Torte backen. Im Rezept sind 220 g Butter angegeben. Er hat $\frac{1}{8}$ kg Butter zu Hause. Genügt diese Menge? **nein**   Wie viel g sind $\frac{1}{8}$ kg? **125 g**

2) Verwandle die Bruchzahlen durch Division in Dezimalzahlen.

$\frac{1}{2} = 1 : 2 = 0,5$
   1 0
     0

$\frac{1}{4} = 1 : 4 = 0,25$
   1 0
    2 0
     0

$\frac{2}{4} = 2 : 4 = 0,5$
   2 0
     0

$\frac{3}{4} = 3 : 4 = 0,75$
   3 0
    2 0
     0

$\frac{1}{8} = 1 : 8 = 0,125$
   1 0
    2 0
    4 0
     0

$\frac{3}{8} = 3 : 8 = 0,375$
   3 0
    6 0
    4 0
     0

$\frac{5}{8} = 5 : 8 = 0,625$
   5 0
    2 0
    4 0
     0

$\frac{7}{8} = 7 : 8 = 0,875$
   7 0
    6 0
    4 0
     0

3) Ergänze die Tabelle. (Massenmaße: 1 kg = 1000 g)

$\frac{1}{2}$ kg =	500 g
$\frac{2}{2}$ kg =	1000 g

$\frac{1}{4}$ kg =	250 g
$\frac{2}{4}$ kg =	500 g
$\frac{3}{4}$ kg =	750 g
$\frac{4}{4}$ kg =	1000 g

$\frac{1}{8}$ kg =	125 g
$\frac{2}{8}$ kg =	250 g
$\frac{3}{8}$ kg =	375 g
$\frac{4}{8}$ kg =	500 g
$\frac{5}{8}$ kg =	625 g
$\frac{6}{8}$ kg =	750 g
$\frac{7}{8}$ kg =	875 g
$\frac{8}{8}$ kg =	1000 g

4) Frau Böhm will für Weihnachten backen. Für Schokoladeherzen braucht sie 120 g Butter, für Spekulatius 100 g und für einen Christstollen 150 g. Welche Menge Butter muss sie mindestens besorgen? (Butter gibt es in $\frac{1}{4}$-kg- und $\frac{1}{8}$-kg-Packungen.)

120 g + 100 g + 150 g = 370 g

250 g + 125 g = 375 g

A: Frau Böhm muss mindestens $\frac{1}{4}$ kg und $\frac{1}{8}$ kg Butter kaufen.

5) Frau Huemer hat vor, sehr viel Weihnachtsbäckerei zu backen. Sie braucht $1\frac{1}{2}$ kg Butter. Im Geschäft sind nur $\frac{1}{8}$-kg-Packungen vorrätig. Wie viele $\frac{1}{8}$-kg-Packungen muss sie kaufen?

$1\frac{1}{2}$ kg : $\frac{1}{8}$ kg = 12

A: Frau Huemer muss zwölf $\frac{1}{8}$-kg-Packungen kaufen.

Name:	Bruchrechnung 2

6) Teile die Ganzen auf fünf verschiedene Arten in Achtel und bemale dann die angegebenen Bruchteile.

$\frac{1}{8}$ $\frac{3}{8}$ $\frac{4}{8}$ $\frac{5}{8}$ $\frac{6}{8}$

7) Teile die Ganzen in die angegebene Anzahl von Bruchteilen, bemale einen Teil davon und gib die Bruchzahl an.

zwei Halbe   drei Drittel   vier Viertel   fünf Fünftel   sechs Sechstel

Brüche mit dem Zähler eins nennt man ☐

8) Gib jeweils an, welcher Bruchteil gefärbt dargestellt ist.

Brüche, deren Wert kleiner als ein Ganzes ist, nennt man ☐

9) Verwandle die unechten Brüche in gemischte Zahlen.

$\frac{7}{2} =$	$\frac{11}{8} =$	$\frac{22}{5} =$	$\frac{11}{6} =$	$\frac{17}{7} =$	$\frac{35}{24} =$
$\frac{27}{10} =$	$\frac{41}{9} =$	$\frac{19}{12} =$	$\frac{13}{4} =$	$\frac{29}{20} =$	$\frac{234}{100} =$

10) Verwandle die gemischten Zahlen in unechte Brüche.

$2\frac{1}{2} =$	$1\frac{5}{8} =$	$3\frac{4}{5} =$	$4\frac{1}{6} =$	$2\frac{6}{7} =$	$1\frac{3}{20} =$
$3\frac{9}{10} =$	$2\frac{5}{9} =$	$1\frac{5}{12} =$	$5\frac{1}{4} =$	$1\frac{4}{25} =$	$4\frac{51}{100} =$

© Brigg Verlag Friedberg

Name:	Bruchrechnung 2

6) Teile die Ganzen auf fünf verschiedene Arten in Achtel und bemale dann die angegebenen Bruchteile.

$\frac{1}{8}$ $\frac{3}{8}$ $\frac{4}{8}$ $\frac{5}{8}$ $\frac{6}{8}$

7) Teile die Ganzen in die angegebene Anzahl von Bruchteilen, bemale einen Teil davon und gib die Bruchzahl an.

zwei Halbe   drei Drittel   vier Viertel   fünf Fünftel   sechs Sechstel

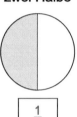   

$\frac{1}{2}$ $\frac{1}{3}$ $\frac{1}{4}$ $\frac{1}{5}$ $\frac{1}{6}$

Brüche mit dem Zähler eins nennt man   Stammbrüche.

8) Gib jeweils an, welcher Bruchteil gefärbt dargestellt ist.

  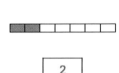

$\frac{3}{4}$ $\frac{1}{4}$ $\frac{2}{7}$ $\frac{5}{6}$ $\frac{3}{4}$

$\frac{9}{10}$ $\frac{4}{5}$ $\frac{3}{10}$ $\frac{1}{3}$ $\frac{7}{8}$

Brüche, deren Wert kleiner als ein Ganzes ist, nennt man   echte Brüche.

9) Verwandle die unechten Brüche in gemischte Zahlen.

$\frac{7}{2}=$ $3\frac{1}{2}$	$\frac{11}{8}=$ $1\frac{3}{8}$	$\frac{22}{5}=$ $4\frac{2}{5}$	$\frac{11}{6}=$ $1\frac{5}{6}$	$\frac{17}{7}=$ $2\frac{3}{7}$	$\frac{35}{24}=$ $1\frac{11}{24}$
$\frac{27}{10}=$ $2\frac{7}{10}$	$\frac{41}{9}=$ $4\frac{5}{9}$	$\frac{19}{12}=$ $1\frac{7}{12}$	$\frac{13}{4}=$ $3\frac{1}{4}$	$\frac{29}{20}=$ $1\frac{9}{20}$	$\frac{234}{100}=$ $2\frac{34}{100}$

10) Verwandle die gemischten Zahlen in unechte Brüche.

$2\frac{1}{2}=$ $\frac{5}{2}$	$1\frac{5}{8}=$ $\frac{13}{8}$	$3\frac{4}{5}=$ $\frac{19}{5}$	$4\frac{1}{6}=$ $\frac{25}{6}$	$2\frac{6}{7}=$ $\frac{20}{7}$	$1\frac{3}{20}=$ $\frac{23}{20}$
$3\frac{9}{10}=$ $\frac{39}{10}$	$2\frac{5}{9}=$ $\frac{23}{9}$	$1\frac{5}{12}=$ $\frac{17}{12}$	$5\frac{1}{4}=$ $\frac{21}{4}$	$1\frac{4}{25}=$ $\frac{29}{25}$	$4\frac{51}{100}=$ $\frac{451}{100}$

Name:	Bruchrechnung 3

11) Diese Rechnungen kannst du im Kopf lösen.

a) Martin kauft drei Liter und einen halben Liter Milch.

$3 + \frac{1}{2} =$	$7 + \frac{3}{8} =$	$4 + \frac{2}{5} =$
$2 + \frac{7}{10} =$	$5 + \frac{7}{9} =$	$6 + \frac{5}{12} =$

b) Karin kauft drei Liter Mineralwasser und trinkt einen halben Liter.

$3 - \frac{1}{2} =$	$4 - \frac{1}{4} =$	$5 - \frac{3}{8} =$
$7 - \frac{9}{10} =$	$6 - \frac{3}{5} =$	$9 - \frac{5}{17} =$

c) Daniel kauft drei Flaschen mit je einem halben Liter Fruchtsaft.

$3 \cdot \frac{1}{2} =$	$2 \cdot \frac{3}{4} =$	$4 \cdot \frac{2}{5} =$
$2 \cdot \frac{7}{10} =$	$5 \cdot \frac{7}{9} =$	$4 \cdot \frac{3}{11} =$

d) Monika hat drei Liter Cola. Wie viele Gläser kann sie mit je einem halben Liter füllen?

$3 : \frac{1}{2} =$	$3 : \frac{3}{4} =$	$5 : \frac{5}{8} =$
$4 : \frac{1}{3} =$	$4 : \frac{2}{5} =$	$2 : \frac{4}{10} =$

12)

$3\frac{1}{2} + 2 =$	$3\frac{3}{4} + 3 =$	$5\frac{1}{3} + 4 =$	$5\frac{5}{6} + 5 =$
$3\frac{1}{2} - 2 =$	$3\frac{3}{4} - 3 =$	$5\frac{1}{3} - 4 =$	$5\frac{5}{6} - 5 =$
$3\frac{1}{2} \cdot 2 =$	$3\frac{3}{4} \cdot 3 =$	$5\frac{1}{3} \cdot 4 =$	$5\frac{5}{6} \cdot 5 =$
$3\frac{1}{2} : 2 =$	$3\frac{3}{4} : 3 =$	$5\frac{1}{3} : 4 =$	$5\frac{5}{6} : 5 =$

13) Schreibe die entsprechenden Werte in die Kästchen (echte / unechte / scheinbare Brüche).

14) Ordne die Zahlen der Größe nach, beginne mit der kleinsten und setze das Zeichen „<" ein.

53, 27, 19, 41	$\frac{1}{15}, \frac{1}{4}, \frac{1}{8}, \frac{1}{10}$
$\frac{3}{6}, \frac{7}{6}, \frac{1}{6}, \frac{10}{6}$	$\frac{1}{5}, \frac{1}{4}, \frac{1}{20}, \frac{1}{50}$
$\frac{10}{8}, \frac{3}{8}, \frac{36}{8}, \frac{5}{8}$	$\frac{6}{10}, \frac{7}{100}, \frac{5}{1}, \frac{8}{1000}$

Name:	Bruchrechnung 3

11) Diese Rechnungen kannst du im Kopf lösen.

a)   Martin kauft drei Liter und einen halben Liter Milch.

$3 + \frac{1}{2} =$	$3\frac{1}{2}$	$7 + \frac{3}{8} =$	$7\frac{3}{8}$	$4 + \frac{2}{5} =$	$4\frac{2}{5}$
$2 + \frac{7}{10} =$	$2\frac{7}{10}$	$5 + \frac{7}{9} =$	$5\frac{7}{9}$	$6 + \frac{5}{12} =$	$6\frac{5}{12}$

b)   Karin kauft drei Liter Mineralwasser und trinkt einen halben Liter.

$3 - \frac{1}{2} =$	$2\frac{1}{2}$	$4 - \frac{1}{4} =$	$3\frac{3}{4}$	$5 - \frac{3}{8} =$	$4\frac{5}{8}$
$7 - \frac{9}{10} =$	$6\frac{1}{10}$	$6 - \frac{3}{5} =$	$5\frac{2}{5}$	$9 - \frac{5}{17} =$	$8\frac{12}{17}$

c) Daniel kauft drei Flaschen mit je einem halben Liter Fruchtsaft.

$3 \cdot \frac{1}{2} =$	$\frac{3}{2} = 1\frac{1}{2}$	$2 \cdot \frac{3}{4} =$	$\frac{6}{4} = \frac{3}{2} = 1\frac{1}{2}$	$4 \cdot \frac{2}{5} =$	$\frac{8}{5} = 1\frac{3}{5}$
$2 \cdot \frac{7}{10} =$	$\frac{14}{10} = \frac{7}{5} = 1\frac{2}{5}$	$5 \cdot \frac{7}{9} =$	$\frac{35}{9} = 3\frac{8}{9}$	$4 \cdot \frac{3}{11} =$	$\frac{12}{11} = 1\frac{1}{11}$

d) Monika hat drei Liter Cola. Wie viele Gläser kann sie mit je einem halben Liter füllen?

$3 : \frac{1}{2} =$	$\frac{6}{2} : \frac{1}{2} =$	6	$3 : \frac{3}{4} =$	$\frac{12}{4} : \frac{3}{4} =$	4	$5 : \frac{5}{8} =$	$\frac{40}{8} : \frac{5}{8} =$	8
$4 : \frac{1}{3} =$	$\frac{12}{3} : \frac{1}{3} =$	12	$4 : \frac{2}{5} =$	$\frac{20}{5} : \frac{2}{5} =$	10	$2 : \frac{4}{10} =$	$\frac{20}{10} : \frac{4}{10} =$	5

12)

$3\frac{1}{2} + 2 =$	$5\frac{1}{2}$	$3\frac{3}{4} + 3 =$	$6\frac{3}{4}$	$5\frac{1}{3} + 4 =$	$9\frac{1}{3}$	$5\frac{5}{6} + 5 =$	$10\frac{5}{6}$
$3\frac{1}{2} - 2 =$	$1\frac{1}{2}$	$3\frac{3}{4} - 3 =$	$\frac{3}{4}$	$5\frac{1}{3} - 4 =$	$1\frac{1}{3}$	$5\frac{5}{6} - 5 =$	$\frac{5}{6}$
$3\frac{1}{2} \cdot 2 =$	7	$3\frac{3}{4} \cdot 3 =$	$11\frac{1}{4}$	$5\frac{1}{3} \cdot 4 =$	$21\frac{1}{3}$	$5\frac{5}{6} \cdot 5 =$	$25\frac{25}{6} = 29\frac{1}{6}$
$3\frac{1}{2} : 2 =$	$1\frac{3}{4}$	$3\frac{3}{4} : 3 =$	$1\frac{1}{4}$	$5\frac{1}{3} : 4 =$	$1\frac{1}{3}$	$5\frac{5}{6} : 5 =$	$1\frac{1}{6}$

13) Schreibe die entsprechenden Werte in die Kästchen (echte / unechte / scheinbare Brüche).

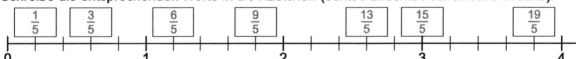

14) Ordne die Zahlen der Größe nach, beginne mit der kleinsten und setze das Zeichen „<" ein.

53, 27, 19, 41	$19 < 27 < 41 < 53$	$\frac{1}{15}, \frac{1}{4}, \frac{1}{8}, \frac{1}{10}$	$\frac{1}{15} < \frac{1}{10} < \frac{1}{8} < \frac{1}{4}$
$\frac{3}{6}, \frac{7}{6}, \frac{1}{6}, \frac{10}{6}$	$\frac{1}{6} < \frac{3}{6} < \frac{7}{6} < \frac{10}{6}$	$\frac{1}{5}, \frac{1}{4}, \frac{1}{20}, \frac{1}{50}$	$\frac{1}{50} < \frac{1}{20} < \frac{1}{5} < \frac{1}{4}$
$\frac{10}{8}, \frac{3}{8}, \frac{36}{8}, \frac{5}{8}$	$\frac{3}{8} < \frac{5}{8} < \frac{10}{8} < \frac{36}{8}$	$\frac{6}{10}, \frac{7}{100}, \frac{5}{1}, \frac{8}{1000}$	$\frac{8}{1000} < \frac{7}{100} < \frac{6}{10} < \frac{5}{1}$

Name:	Bruchrechnung 4

15) Diese Brüche wurden erweitert. Schreibe die entsprechenden Bruchzahlen dazu.

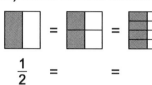 

$\frac{1}{2}$ = ＿ = ＿   ＿ = ＿ = ＿ $1 = \frac{1}{1}$ = ＿ = ＿

Merksatz: Erweitern: ＿＿＿＿＿＿＿＿＿＿＿＿＿＿＿＿＿＿＿＿＿＿＿

↪ Wenn du erweitern willst, verlängere den Bruchstrich und schreibe die Erweiterungszahl in den Zähler und in den Nenner.

16) Diese Brüche wurden erweitert. Schreibe die Erweiterungszahl in den Zähler und in den Nenner.

$\frac{1}{2}$ ─ = $\frac{3}{6}$	$\frac{3}{8}$ ─ = $\frac{15}{40}$	$\frac{4}{7}$ ─ = $\frac{40}{70}$	$\frac{13}{10}$ ─ = $\frac{78}{60}$
$\frac{1}{4}$ ─ = $\frac{2}{8}$	$\frac{5}{6}$ ─ = $\frac{20}{24}$	$\frac{7}{20}$ ─ = $\frac{35}{100}$	$\frac{35}{25}$ ─ = $\frac{70}{50}$

17) Finde zuerst die Erweiterungszahl und ergänze dann den fehlenden Zähler bzw. Nenner.

$\frac{1 \cdot 4}{2 \cdot 4} = \frac{4}{}$	$\frac{5}{4}$ ─ = $\frac{25}{}$	$\frac{4}{5}$ ─ = $\frac{}{10}$	$\frac{9}{10}$ ─ = $\frac{}{100}$
$\frac{1}{6}$ ─ = $\frac{3}{}$	$\frac{9}{8}$ ─ = $\frac{}{32}$	$\frac{7}{20}$ ─ = $\frac{35}{}$	$\frac{13}{25}$ ─ = $\frac{}{100}$

18) Erweitere auf Zwanzigstel.

$\frac{1}{2}$	$\frac{3}{4}$	$\frac{3}{5}$	$\frac{7}{10}$
$\frac{1}{4}$	$\frac{1}{5}$	$\frac{7}{5}$	$\frac{13}{10}$

19) Erweitere auf Vierundzwanzigstel.

$\frac{1}{2}$	$\frac{1}{3}$	$\frac{1}{12}$	$\frac{5}{6}$
$\frac{1}{4}$	$\frac{1}{6}$	$\frac{2}{3}$	$\frac{3}{2}$

20) Erweitere auf Hundertstel.

$\frac{1}{2}$	$\frac{7}{10}$	$\frac{19}{10}$	$\frac{9}{20}$
$\frac{1}{4}$	$\frac{3}{4}$	$\frac{1}{20}$	$\frac{3}{25}$

21) Vergleiche die Zahlen und setze das richtige Zeichen (<, =, >) ein.

$\frac{1}{2}$ ＿ $\frac{3}{6}$	$\frac{3}{6}$ ＿ $\frac{1}{6}$	$\frac{1}{6}$ ＿ $\frac{10}{60}$	$\frac{1}{60}$ ＿ $\frac{10}{60}$	$\frac{1}{60}$ ＿ $\frac{2}{120}$

| Name: | Bruchrechnung 4 |

15) Diese Brüche wurden erweitert. Schreibe die entsprechenden Bruchzahlen dazu.

$\frac{1}{2} = \frac{2}{4} = \frac{4}{8}$ $\frac{3}{4} = \frac{6}{8} = \frac{12}{16}$ $1 = \frac{1}{1} = \frac{3}{3} = \frac{6}{6}$

Merksatz: Erweitern: Der Wert eines Bruches bleibt gleich, wenn man Zähler und Nenner mit derselben Zahl ($\neq 0$) multipliziert.

⇨ Wenn du erweitern willst, verlängere den Bruchstrich und schreibe die Erweiterungszahl in den Zähler und in den Nenner.

16) Diese Brüche wurden erweitert. Schreibe die Erweiterungszahl in den Zähler und in den Nenner.

$\frac{1 \cdot 3}{2 \cdot 3} = \frac{3}{6}$	$\frac{3 \cdot 5}{8 \cdot 5} = \frac{15}{40}$	$\frac{4 \cdot 10}{7 \cdot 10} = \frac{40}{70}$	$\frac{13 \cdot 6}{10 \cdot 6} = \frac{78}{60}$
$\frac{1 \cdot 2}{4 \cdot 2} = \frac{2}{8}$	$\frac{5 \cdot 4}{6 \cdot 4} = \frac{20}{24}$	$\frac{7 \cdot 5}{20 \cdot 5} = \frac{35}{100}$	$\frac{35 \cdot 2}{25 \cdot 2} = \frac{70}{50}$

17) Finde zuerst die Erweiterungszahl und ergänze dann den fehlenden Zähler bzw. Nenner.

$\frac{1 \cdot 4}{2 \cdot 4} = \frac{4}{8}$	$\frac{5 \cdot 5}{4 \cdot 5} = \frac{25}{20}$	$\frac{4 \cdot 2}{5 \cdot 2} = \frac{8}{10}$	$\frac{9 \cdot 10}{10 \cdot 10} = \frac{90}{100}$
$\frac{1 \cdot 3}{6 \cdot 3} = \frac{3}{18}$	$\frac{9 \cdot 4}{8 \cdot 4} = \frac{36}{32}$	$\frac{7 \cdot 5}{20 \cdot 5} = \frac{35}{100}$	$\frac{13 \cdot 4}{25 \cdot 4} = \frac{52}{100}$

18) Erweitere auf Zwanzigstel.

$\frac{1 \cdot 10}{2 \cdot 10} = \frac{10}{20}$	$\frac{3 \cdot 5}{4 \cdot 5} = \frac{15}{20}$	$\frac{3 \cdot 4}{5 \cdot 4} = \frac{12}{20}$	$\frac{7 \cdot 2}{10 \cdot 2} = \frac{14}{20}$
$\frac{1 \cdot 5}{4 \cdot 5} = \frac{5}{20}$	$\frac{1 \cdot 4}{5 \cdot 4} = \frac{4}{20}$	$\frac{7 \cdot 4}{5 \cdot 4} = \frac{28}{20}$	$\frac{13 \cdot 2}{10 \cdot 2} = \frac{26}{20}$

19) Erweitere auf Vierundzwanzigstel.

$\frac{1 \cdot 12}{2 \cdot 12} = \frac{12}{24}$	$\frac{1 \cdot 8}{3 \cdot 8} = \frac{8}{24}$	$\frac{1 \cdot 2}{12 \cdot 2} = \frac{2}{24}$	$\frac{5 \cdot 4}{6 \cdot 4} = \frac{20}{24}$
$\frac{1 \cdot 6}{4 \cdot 6} = \frac{6}{24}$	$\frac{1 \cdot 4}{6 \cdot 4} = \frac{4}{24}$	$\frac{2 \cdot 8}{3 \cdot 8} = \frac{16}{24}$	$\frac{3 \cdot 12}{2 \cdot 12} = \frac{36}{24}$

20) Erweitere auf Hundertstel.

$\frac{1 \cdot 50}{2 \cdot 50} = \frac{50}{100}$	$\frac{7 \cdot 10}{10 \cdot 10} = \frac{70}{100}$	$\frac{19 \cdot 10}{10 \cdot 10} = \frac{190}{100}$	$\frac{9 \cdot 5}{20 \cdot 5} = \frac{45}{100}$
$\frac{1 \cdot 25}{4 \cdot 25} = \frac{25}{100}$	$\frac{3 \cdot 25}{4 \cdot 25} = \frac{75}{100}$	$\frac{1 \cdot 5}{20 \cdot 5} = \frac{5}{100}$	$\frac{3 \cdot 4}{25 \cdot 4} = \frac{12}{100}$

21) Vergleiche die Zahlen und setze das richtige Zeichen (<, =, >) ein.

| $\frac{1}{2} = \frac{3}{6}$ | $\frac{3}{6} > \frac{1}{6}$ | $\frac{1}{6} = \frac{10}{60}$ | $\frac{1}{60} < \frac{10}{60}$ | $\frac{1}{60} = \frac{2}{120}$ |

| Name: | Bruchrechnung 5 |

22) Diese Brüche wurden gekürzt. Schreibe die entsprechenden Bruchzahlen dazu.

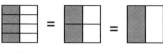

$\frac{4}{8}$ =   =   =   =   =   =

Merksatz: Kürzen: _____

23) Kürze die gegebenen Brüche

durch 2.	durch 3.	durch 5.	durch 6.	durch 10.
$\frac{2}{6}$	$\frac{6}{9}$	$\frac{5}{15}$	$\frac{6}{24}$	$\frac{30}{50}$
$\frac{6}{8}$	$\frac{9}{15}$	$\frac{25}{30}$	$\frac{18}{30}$	$\frac{30}{100}$
$\frac{8}{10}$	$\frac{21}{30}$	$\frac{35}{45}$	$\frac{54}{60}$	$\frac{110}{120}$
$\frac{18}{20}$	$\frac{33}{39}$	$\frac{50}{55}$	$\frac{30}{66}$	$\frac{50}{360}$

24) Bestimme jeweils den größten gemeinsamen Teiler.

ggT (10, 5) =	ggT (12, 10) =	ggT (30, 45) =
ggT (7, 21) =	ggT (21, 24) =	ggT (32, 40) =
ggT (4, 16) =	ggT (54, 60) =	ggT (48, 60) =
ggT (170, 10) =	ggT (55, 66) =	ggT (125, 150) =

25) Kürze die Brüche so weit wie möglich.

$\frac{6}{10}$	$\frac{12}{16}$	$\frac{8}{80}$	$\frac{25}{50}$
$\frac{10}{15}$	$\frac{6}{18}$	$\frac{40}{100}$	$\frac{40}{200}$
$\frac{20}{50}$	$\frac{21}{35}$	$\frac{40}{48}$	$\frac{150}{200}$
$\frac{18}{21}$	$\frac{18}{24}$	$\frac{35}{77}$	$\frac{200}{300}$

26) Kürze die Brüche und verwandle dann die Ergebnisse in gemischte Zahlen.

$\frac{10}{8}$	$\frac{35}{15}$	$\frac{60}{18}$	$\frac{70}{63}$
$\frac{22}{4}$	$\frac{28}{20}$	$\frac{200}{90}$	$\frac{99}{36}$
$\frac{30}{9}$	$\frac{70}{40}$	$\frac{88}{24}$	$\frac{700}{200}$

Name: Bruchrechnung 5

22) Diese Brüche wurden gekürzt. Schreibe die entsprechenden Bruchzahlen dazu.

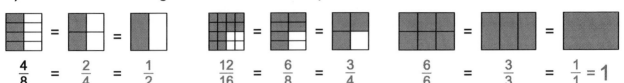

$\frac{4}{8} = \frac{2}{4} = \frac{1}{2}$ $\frac{12}{16} = \frac{6}{8} = \frac{3}{4}$ $\frac{6}{6} = \frac{3}{3} = \frac{1}{1} = 1$

Merksatz: Kürzen: Der Wert eines Bruches bleibt gleich, wenn man Zähler und Nenner durch dieselbe Zahl ($\neq 0$) dividiert.

23) Kürze die gegebenen Brüche

durch 2.	durch 3.	durch 5.	durch 6.	durch 10.
$\frac{2}{6} = \frac{1}{3}$	$\frac{6}{9} = \frac{2}{3}$	$\frac{5}{15} = \frac{1}{3}$	$\frac{6}{24} = \frac{1}{4}$	$\frac{30}{50} = \frac{3}{5}$
$\frac{6}{8} = \frac{3}{4}$	$\frac{9}{15} = \frac{3}{5}$	$\frac{25}{30} = \frac{5}{6}$	$\frac{18}{30} = \frac{3}{5}$	$\frac{30}{100} = \frac{3}{10}$
$\frac{8}{10} = \frac{4}{5}$	$\frac{21}{30} = \frac{7}{10}$	$\frac{35}{45} = \frac{7}{9}$	$\frac{54}{60} = \frac{9}{10}$	$\frac{110}{120} = \frac{11}{12}$
$\frac{18}{20} = \frac{9}{10}$	$\frac{33}{39} = \frac{11}{13}$	$\frac{50}{55} = \frac{10}{11}$	$\frac{30}{66} = \frac{5}{11}$	$\frac{50}{360} = \frac{5}{36}$

24) Bestimme jeweils den größten gemeinsamen Teiler.

ggT (10, 5) = 5	ggT (12, 10) = 2	ggT (30, 45) = 15
ggT (7, 21) = 7	ggT (21, 24) = 3	ggT (32, 40) = 8
ggT (4, 16) = 4	ggT (54, 60) = 6	ggT (48, 60) = 12
ggT (170, 10) = 10	ggT (55, 66) = 11	ggT (125, 150) = 25

25) Kürze die Brüche so weit wie möglich.

$\frac{6}{10} = \frac{3}{5}$	$\frac{12}{16} = \frac{3}{4}$	$\frac{8}{80} = \frac{1}{10}$	$\frac{25}{50} = \frac{1}{2}$
$\frac{10}{15} = \frac{2}{3}$	$\frac{6}{18} = \frac{1}{3}$	$\frac{40}{100} = \frac{2}{5}$	$\frac{40}{200} = \frac{1}{5}$
$\frac{20}{50} = \frac{2}{5}$	$\frac{21}{35} = \frac{3}{5}$	$\frac{40}{48} = \frac{5}{6}$	$\frac{150}{200} = \frac{3}{4}$
$\frac{18}{21} = \frac{6}{7}$	$\frac{18}{24} = \frac{3}{4}$	$\frac{35}{77} = \frac{5}{11}$	$\frac{200}{300} = \frac{2}{3}$

26) Kürze die Brüche und verwandle dann die Ergebnisse in gemischte Zahlen.

$\frac{10}{8} = \frac{5}{4} = 1\frac{1}{4}$	$\frac{35}{15} = \frac{7}{3} = 2\frac{1}{3}$	$\frac{60}{18} = \frac{10}{3} = 3\frac{1}{3}$	$\frac{70}{63} = \frac{10}{9} = 1\frac{1}{9}$
$\frac{22}{4} = \frac{11}{2} = 5\frac{1}{2}$	$\frac{28}{20} = \frac{7}{5} = 1\frac{2}{5}$	$\frac{200}{90} = \frac{20}{9} = 2\frac{2}{9}$	$\frac{99}{36} = \frac{11}{4} = 2\frac{3}{4}$
$\frac{30}{9} = \frac{10}{3} = 3\frac{1}{3}$	$\frac{70}{40} = \frac{7}{4} = 1\frac{3}{4}$	$\frac{88}{24} = \frac{11}{3} = 3\frac{2}{3}$	$\frac{700}{200} = \frac{7}{2} = 3\frac{1}{2}$

Name:	Bruchrechnung 6

27) Schreibe die entsprechenden Werte in die Kästchen: oben als echter / scheinbarer / unechter Bruch
unten als gemischte Zahl

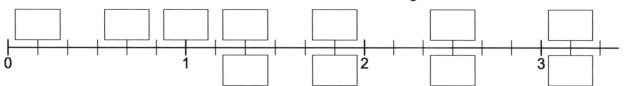

↪ Brüche nennt man gleichnamig, wenn sie gleichen Nenner haben.

28) Addition und Subtraktion von gleichnamigen Brüchen.

$\frac{1}{8} + \frac{2}{8} =$	$\frac{8}{9} + \frac{2}{9} =$	$\frac{9}{10} + \frac{2}{10} =$
$\frac{5}{10} - \frac{3}{10} =$	$\frac{18}{25} - \frac{7}{25} =$	$\frac{11}{12} - \frac{5}{12} =$
$2\frac{1}{5} + 1\frac{2}{5} =$	$3\frac{4}{7} + 1\frac{5}{7} =$	$3\frac{5}{6} + 2\frac{1}{6} =$
$5\frac{7}{12} - 3\frac{5}{12} =$	$4\frac{1}{4} - 1\frac{3}{4} =$	$4\frac{69}{100} - 2\frac{17}{100} =$

29) Sarah und Michael essen Schokolade.
Gib die (weiß eingezeichnete) Menge an, die Sarah bzw. Michael bereits gegessen haben.

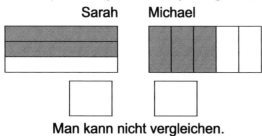

Man kann nicht vergleichen.   Michael hat mehr gegessen.

30) Mache die Brüche zuerst gleichnamig und vergleiche dann (<, =, >).

$\frac{4}{5}$ $\frac{3}{4}$	$\frac{1}{3}$ $\frac{5}{12}$	$\frac{7}{12}$ $\frac{5}{8}$	$\frac{11}{15}$ $\frac{37}{50}$

31) Addition und Subtraktion von ungleichnamigen Brüchen.

$\frac{1}{2} + \frac{2}{3} =$	kgV (2, 3) =
$\frac{5}{6} - \frac{3}{5} =$	kgV (6, 5) =
$\frac{9}{10} + \frac{2}{5} =$	kgV (10, 5) =
$\frac{8}{9} - \frac{4}{27} =$	kgV (9, 27) =
$\frac{13}{15} + \frac{9}{10} =$	kgV (15, 10) =
$\frac{7}{8} - \frac{5}{6} =$	kgV (8, 6) =

| Name: | Bruchrechnung 6 |

27) Schreibe die entsprechenden Werte in die Kästchen: oben als echter / scheinbarer / unechter Bruch
unten als gemischte Zahl

Zahlenstrahl:
- oben: $\frac{1}{6}$, $\frac{4}{6}$, $\frac{6}{6}$, $\frac{8}{6}$, $\frac{11}{6}$, $\frac{15}{6}$, $\frac{19}{6}$
- unten: 0, 1, $1\frac{2}{6}$, $1\frac{5}{6}$, 2, $2\frac{3}{6}$, 3, $3\frac{1}{6}$

➪ Brüche nennt man gleichnamig, wenn sie gleichen Nenner haben.

28) Addition und Subtraktion von gleichnamigen Brüchen.

$\frac{1}{8} + \frac{2}{8} =$	$\frac{3}{8}$	$\frac{8}{9} + \frac{2}{9} =$	$\frac{10}{9} = 1\frac{1}{9}$	$\frac{9}{10} + \frac{2}{10} =$	$\frac{11}{10} = 1\frac{1}{10}$
$\frac{5}{10} - \frac{3}{10} =$	$\frac{2}{10} = \frac{1}{5}$	$\frac{18}{25} - \frac{7}{25} =$	$\frac{11}{25}$	$\frac{11}{12} - \frac{5}{12} =$	$\frac{6}{12} = \frac{1}{2}$
$2\frac{1}{5} + 1\frac{2}{5} =$	$3\frac{3}{5}$	$3\frac{4}{7} + 1\frac{5}{7} =$	$4\frac{9}{7} = 5\frac{2}{7}$	$3\frac{5}{6} + 2\frac{1}{6} =$	$5\frac{6}{6} = 6$
$5\frac{7}{12} - 3\frac{5}{12} =$	$2\frac{2}{12} = 2\frac{1}{6}$	$4\frac{1}{4} - 1\frac{3}{4} =$	$2\frac{2}{4} = 2\frac{1}{2}$	$4\frac{69}{100} - 2\frac{17}{100} =$	$2\frac{52}{100} = 2\frac{13}{25}$

29) Sarah und Michael essen Schokolade.
Gib die (weiß eingezeichnete) Menge an, die Sarah bzw. Michael bereits gegessen haben.

Sarah: $\frac{1}{3}$ Michael: $\frac{2}{5}$
Man kann nicht vergleichen.

Sarah: $\frac{5}{15}$ Michael: $\frac{6}{15}$
Michael hat mehr gegessen.

30) Mache die Brüche zuerst gleichnamig und vergleiche dann (<, =, >).

$\frac{4}{5}$	$\frac{3}{4}$	$\frac{1}{3}$	$\frac{5}{12}$	$\frac{7}{12}$	$\frac{5}{8}$	$\frac{11}{15}$	$\frac{37}{50}$
$\frac{4 \cdot 4}{5 \cdot 4}$	$\frac{3 \cdot 5}{4 \cdot 5}$	$\frac{1 \cdot 4}{3 \cdot 4}$	$\frac{5 \cdot 1}{12 \cdot 1}$	$\frac{7 \cdot 2}{12 \cdot 2}$	$\frac{5 \cdot 3}{8 \cdot 3}$	$\frac{11 \cdot 10}{15 \cdot 10}$	$\frac{37 \cdot 3}{50 \cdot 3}$
$\frac{16}{20}$ > $\frac{15}{20}$		$\frac{4}{12}$ < $\frac{5}{12}$		$\frac{14}{24}$ < $\frac{15}{24}$		$\frac{110}{150}$ < $\frac{111}{150}$	

31) Addition und Subtraktion von ungleichnamigen Brüchen.

$\frac{1}{2} + \frac{2}{3} =$	$\frac{1 \cdot 3}{2 \cdot 3} + \frac{2 \cdot 2}{3 \cdot 2} =$	$\frac{3 + 4}{6} =$	$\frac{7}{6} = 1\frac{1}{6}$	kgV (2, 3) =	6
$\frac{5}{6} - \frac{3}{5} =$	$\frac{5 \cdot 5}{6 \cdot 5} - \frac{3 \cdot 6}{5 \cdot 6} =$	$\frac{25 - 18}{30} =$	$\frac{7}{30}$	kgV (6, 5) =	30
$\frac{9}{10} + \frac{2}{5} =$	$\frac{9 \cdot 1}{10 \cdot 1} + \frac{2 \cdot 2}{5 \cdot 2} =$	$\frac{9 + 4}{10} =$	$\frac{13}{10} = 1\frac{3}{10}$	kgV (10, 5) =	10
$\frac{8}{9} - \frac{4}{27} =$	$\frac{8 \cdot 3}{9 \cdot 3} - \frac{4 \cdot 1}{27 \cdot 1} =$	$\frac{24 - 4}{27} =$	$\frac{20}{27}$	kgV (9, 27) =	27
$\frac{13}{15} + \frac{9}{10} =$	$\frac{13 \cdot 2}{15 \cdot 2} + \frac{9 \cdot 3}{10 \cdot 3} =$	$\frac{26 + 27}{30} =$	$\frac{53}{30} = 1\frac{23}{30}$	kgV (15, 10) =	30
$\frac{7}{8} - \frac{5}{6} =$	$\frac{7 \cdot 3}{8 \cdot 3} - \frac{5 \cdot 4}{6 \cdot 4} =$	$\frac{21 - 20}{24} =$	$\frac{1}{24}$	kgV (8, 6) =	24

| Name: | Bruchrechnung 7 |

32) Bestimme jeweils das kleinste gemeinsame Vielfache.

kgV (3, 5) =	kgV (3, 9) =	kgV (8, 6) =
kgV (5, 8) =	kgV (12, 4) =	kgV (15, 9) =
kgV (4, 7) =	kgV (10, 20) =	kgV (10, 8) =
kgV (9, 10) =	kgV (60, 12) =	kgV (20, 25) =

33) Addition und Subtraktion von ungleichnamigen Brüchen.

$2\frac{1}{2} + 1\frac{1}{3} =$

$3\frac{1}{4} - 1\frac{2}{5} =$

$1\frac{5}{6} + 2\frac{2}{3} =$

$3\frac{3}{4} - 2\frac{1}{12} =$

$1\frac{3}{8} + 2\frac{5}{12} =$

$4\frac{1}{4} - 2\frac{7}{10} =$

34) Addition und Subtraktion von ungleichnamigen Brüchen.

$\frac{1}{2} + \frac{3}{4} + \frac{2}{3} =$	$\frac{3}{5} + \frac{7}{10} - \frac{3}{4} =$	$\frac{7}{8} - \frac{5}{12} + \frac{1}{6} =$
$1\frac{1}{5} + \frac{7}{8} + \frac{1}{4} =$	$\frac{2}{3} - \frac{3}{10} + 1\frac{1}{2} =$	$2\frac{1}{14} - \frac{3}{4} - \frac{2}{7} =$
$2\frac{1}{2} + 1\frac{2}{3} + 2\frac{5}{6} =$	$3\frac{4}{5} + 1\frac{7}{15} - 2\frac{1}{3} =$	$3\frac{1}{2} - 1\frac{5}{8} + 2\frac{2}{3} =$

35) Rechenschlange: Addiere jedes Mal die Zahl, die im „Kopf" der Schlange steht.

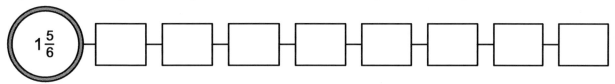

Name:	Bruchrechnung 7

32) Bestimme jeweils das kleinste gemeinsame Vielfache.

kgV (3, 5) =	15	kgV (3, 9) =	9	kgV (8, 6) =	24
kgV (5, 8) =	40	kgV (12, 4) =	12	kgV (15, 9) =	45
kgV (4, 7) =	28	kgV (10, 20) =	20	kgV (10, 8) =	40
kgV (9, 10) =	90	kgV (60, 12) =	60	kgV (20, 25) =	100

33) Addition und Subtraktion von ungleichnamigen Brüchen.

$2\frac{1}{2} + 1\frac{1}{3} =$	$\frac{5 \cdot 3}{2 \cdot 3} + \frac{4 \cdot 2}{3 \cdot 2} =$	$\frac{15 + 8}{6} =$	$\frac{23}{6} = 3\frac{5}{6}$
$3\frac{1}{4} - 1\frac{2}{5} =$	$\frac{13 \cdot 5}{4 \cdot 5} - \frac{7 \cdot 4}{5 \cdot 4} =$	$\frac{65 - 28}{20} =$	$\frac{37}{20} = 1\frac{17}{20}$
$1\frac{5}{6} + 2\frac{2}{3} =$	$\frac{11 \cdot 1}{6 \cdot 1} + \frac{8 \cdot 2}{3 \cdot 2} =$	$\frac{11 + 16}{6} =$	$\frac{27}{6} = 4\frac{3}{6} = 4\frac{1}{2}$
$3\frac{3}{4} - 2\frac{1}{12} =$	$\frac{15 \cdot 3}{4 \cdot 3} - \frac{25 \cdot 1}{12 \cdot 1} =$	$\frac{45 - 25}{12} =$	$\frac{20}{12} = 1\frac{8}{12} = 1\frac{2}{3}$
$1\frac{3}{8} + 2\frac{5}{12} =$	$\frac{11 \cdot 3}{8 \cdot 3} + \frac{29 \cdot 2}{12 \cdot 2} =$	$\frac{33 + 58}{24} =$	$\frac{91}{24} = 3\frac{19}{24}$
$4\frac{1}{4} - 2\frac{7}{10} =$	$\frac{17 \cdot 5}{4 \cdot 5} - \frac{27 \cdot 2}{10 \cdot 2} =$	$\frac{85 - 54}{20} =$	$\frac{31}{20} = 1\frac{11}{20}$

34) Addition und Subtraktion von ungleichnamigen Brüchen.

$\frac{1}{2} + \frac{3}{4} + \frac{2}{3} =$	$\frac{3}{5} + \frac{7}{10} - \frac{3}{4} =$	$\frac{7}{8} - \frac{5}{12} + \frac{1}{6} =$
$\frac{1 \cdot 6}{2 \cdot 6} + \frac{3 \cdot 3}{4 \cdot 3} + \frac{2 \cdot 4}{3 \cdot 4} =$	$\frac{3 \cdot 4}{5 \cdot 4} + \frac{7 \cdot 2}{10 \cdot 2} - \frac{3 \cdot 5}{4 \cdot 5} =$	$\frac{7 \cdot 3}{8 \cdot 3} - \frac{5 \cdot 2}{12 \cdot 2} + \frac{1 \cdot 4}{6 \cdot 4} =$
$\frac{6 + 9 + 8}{12} = \frac{23}{12} = 1\frac{11}{12}$	$\frac{12 + 14 - 15}{20} = \frac{11}{20}$	$\frac{21 - 10 + 4}{24} = \frac{15}{24} = \frac{5}{8}$
$1\frac{1}{5} + \frac{7}{8} + \frac{1}{4} =$	$\frac{2}{3} - \frac{3}{10} + 1\frac{1}{2} =$	$2\frac{1}{14} - \frac{3}{4} - \frac{2}{7} =$
$\frac{6 \cdot 8}{5 \cdot 8} + \frac{7 \cdot 5}{8 \cdot 5} + \frac{1 \cdot 10}{4 \cdot 10} =$	$\frac{2 \cdot 10}{3 \cdot 10} - \frac{3 \cdot 3}{10 \cdot 3} + \frac{3 \cdot 15}{2 \cdot 15} =$	$\frac{29 \cdot 2}{14 \cdot 2} - \frac{3 \cdot 7}{4 \cdot 7} - \frac{2 \cdot 4}{7 \cdot 4} =$
$\frac{48 + 35 + 10}{40} = \frac{93}{40} = 2\frac{13}{40}$	$\frac{20 - 9 + 45}{30} = \frac{56}{30} = 1\frac{26}{30} = 1\frac{13}{15}$	$\frac{58 - 21 - 8}{28} = \frac{29}{28} = 1\frac{1}{28}$
$2\frac{1}{2} + 1\frac{2}{3} + 2\frac{5}{6} =$	$3\frac{4}{5} + 1\frac{7}{15} - 2\frac{1}{3} =$	$3\frac{1}{2} - 1\frac{5}{8} + 2\frac{2}{3} =$
$\frac{5 \cdot 3}{2 \cdot 3} + \frac{5 \cdot 2}{3 \cdot 2} + \frac{17 \cdot 1}{6 \cdot 1} =$	$\frac{19 \cdot 3}{5 \cdot 3} + \frac{22 \cdot 1}{15 \cdot 1} - \frac{7 \cdot 5}{3 \cdot 5} =$	$\frac{7 \cdot 12}{2 \cdot 12} - \frac{13 \cdot 3}{8 \cdot 3} + \frac{8 \cdot 8}{3 \cdot 8} =$
$\frac{15 + 10 + 17}{6} = \frac{42}{6} = 7$	$\frac{57 + 22 - 35}{15} = \frac{44}{15} = 2\frac{14}{15}$	$\frac{84 - 39 + 64}{24} = \frac{109}{24} = 4\frac{13}{24}$

35) Rechenschlange: Addiere jedes Mal die Zahl, die im „Kopf" der Schlange steht.

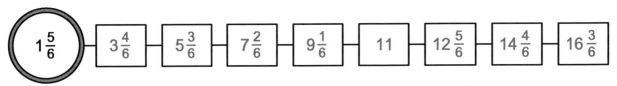

| Name: | Bruchrechnung 8 |

36) Lies jeweils die Länge der Seiten a und b (Längeneinheit: E) und die Größe der Fläche des gesamten Rechtecks ab (Flächeneinheit: E²).

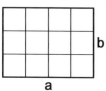 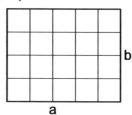 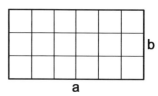

a = 4 E	b =
A =	

 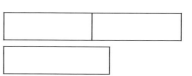

Gib die Formel für den Flächeninhalt von Rechtecken an. _____

37) Bei diesen Rechtecken ist immer nur ein Bruchteil der gesamten Fläche gefärbt.
Lies jeweils ab, welcher Bruchteil der Seite a, der Seite b, der gesamten Rechtecksfläche gefärbt ist.

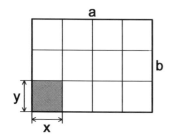 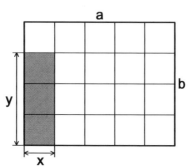 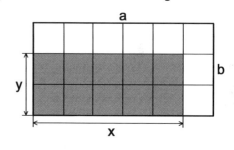

$x = \frac{1}{4} \cdot a$	y =
A =	

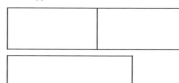 

38) Multipliziere die Brüche.
Einige Rechnungen kannst du mit den Skizzen oben kontrollieren.

$\frac{1}{5} \cdot \frac{1}{4} =$	$\frac{4}{5} \cdot \frac{1}{4} =$	$\frac{5}{7} \cdot \frac{3}{4} =$	$\frac{3}{8} \cdot \frac{3}{5} =$
$\frac{1}{6} \cdot \frac{1}{3} =$	$\frac{3}{5} \cdot \frac{3}{4} =$	$\frac{7}{5} \cdot \frac{4}{3} =$	$\frac{9}{4} \cdot \frac{3}{7} =$

39) Multipliziere die Brüche.

$\frac{1}{9} \cdot \frac{3}{10} =$	$\frac{5}{6} \cdot \frac{3}{4} =$
$\frac{7}{8} \cdot \frac{1}{3} =$	$\frac{10}{7} \cdot \frac{4}{5} =$
$\frac{11}{6} \cdot \frac{3}{5} =$	$\frac{4}{3} \cdot \frac{9}{10} =$
$\frac{5}{2} \cdot \frac{19}{4} =$	$\frac{7}{30} \cdot \frac{30}{7} =$

Name:	Bruchrechnung 8

36) Lies jeweils die Länge der Seiten a und b (Längeneinheit: E) und die Größe der Fläche des gesamten Rechtecks ab (Flächeneinheit: E²).

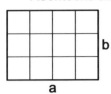 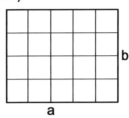 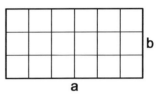

a = 4 E	b = 3 E
A = 12 E²	

a = 5 E	b = 4 E
A = 20 E²	

a = 6 E	b = 3 E
A = 18 E²	

Gib die Formel für den Flächeninhalt von Rechtecken an. $A = a \cdot b$

37) Bei diesen Rechtecken ist immer nur ein Bruchteil der gesamten Fläche gefärbt.
Lies jeweils ab, welcher Bruchteil der Seite a, der Seite b, der gesamten Rechtecksfläche gefärbt ist.

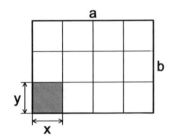 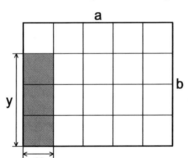 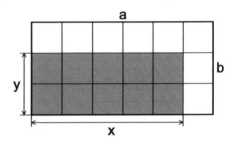

$x = \frac{1}{4} \cdot a$	$y = \frac{1}{3} \cdot b$
$A = \frac{1}{12} \cdot a \cdot b$	

$x = \frac{1}{5} \cdot a$	$y = \frac{3}{4} \cdot b$
$A = \frac{3}{20} \cdot a \cdot b$	

$x = \frac{5}{6} \cdot a$	$y = \frac{2}{3} \cdot b$
$A = \frac{10}{18} \cdot a \cdot b = \frac{5}{9} \cdot a \cdot b$	

38) Multipliziere die Brüche.
Einige Rechnungen kannst du mit den Skizzen oben kontrollieren.

$\frac{1}{5} \cdot \frac{1}{4} =$	$\frac{1}{20}$	$\frac{4}{5} \cdot \frac{1}{4} =$	$\frac{4}{20} = \frac{1}{5}$	$\frac{5}{7} \cdot \frac{3}{4} =$	$\frac{15}{28}$	$\frac{3}{8} \cdot \frac{3}{5} =$	$\frac{9}{40}$
$\frac{1}{6} \cdot \frac{1}{3} =$	$\frac{1}{18}$	$\frac{3}{5} \cdot \frac{3}{4} =$	$\frac{9}{20}$	$\frac{7}{5} \cdot \frac{4}{3} =$	$\frac{28}{15} = 1\frac{13}{15}$	$\frac{9}{4} \cdot \frac{3}{7} =$	$\frac{27}{28}$

39) Multipliziere die Brüche.

$\frac{1}{9} \cdot \frac{3}{10} =$	$\frac{1 \cdot \cancel{3}^1}{\cancel{9}_3 \cdot 10} = \frac{1}{30}$	$\frac{5}{6} \cdot \frac{3}{4} =$	$\frac{5 \cdot \cancel{3}^1}{\cancel{6}_2 \cdot 4} = \frac{5}{8}$
$\frac{7}{8} \cdot \frac{1}{3} =$	$\frac{7 \cdot 1}{8 \cdot 3} = \frac{7}{24}$	$\frac{10}{7} \cdot \frac{4}{5} =$	$\frac{^2\cancel{10} \cdot 4}{7 \cdot \cancel{5}_1} = \frac{8}{7} = 1\frac{1}{7}$
$\frac{11}{6} \cdot \frac{3}{5} =$	$\frac{11 \cdot \cancel{3}^1}{\cancel{6}_2 \cdot 5} = \frac{11}{10} = 1\frac{1}{10}$	$\frac{4}{3} \cdot \frac{9}{10} =$	$\frac{^2\cancel{4} \cdot \cancel{9}^3}{\cancel{3}_1 \cdot \cancel{10}_5} = \frac{6}{5} = 1\frac{1}{5}$
$\frac{5}{2} \cdot \frac{19}{4} =$	$\frac{5 \cdot 19}{2 \cdot 4} = \frac{95}{8} = 11\frac{7}{8}$	$\frac{7}{30} \cdot \frac{30}{7} =$	$\frac{^1\cancel{7} \cdot \cancel{30}}{\cancel{30}_1 \cdot \cancel{7}_1} = \frac{1}{1} = 1$

Name:	Bruchrechnung 9

40) Multiplikationen. Wende alle Rechenregeln richtig an.

$2\frac{2}{3} \cdot 1\frac{3}{8} =$
$5\frac{1}{4} \cdot 1\frac{1}{3} =$
$2\frac{2}{5} \cdot 1\frac{7}{8} =$
$3\frac{1}{2} \cdot 1\frac{1}{9} =$

41) Familie Mustermann verdient in einem Monat ca. 2 310 €. Davon werden ausgegeben: $\frac{1}{5}$ für Lebensmittel, $\frac{1}{4}$ für Wohnen und $\frac{1}{10}$ für Kleidung. Berechne den Rest.

A:

Gib an, wofür Familie Mustermann das restliche Geld ausgeben könnte.

---

42) a) Rechne schrittweise.   **b) Rechne möglichst einfach.**

$3\frac{3}{5} \cdot \frac{11}{8} =$	$1\frac{1}{8} \cdot 3 =$
$5 \cdot 4\frac{7}{9} =$	$\frac{7}{9} \cdot \frac{9}{7} =$
$7\frac{1}{12} \cdot 1\frac{2}{5} =$	$4\frac{5}{6} \cdot \frac{2}{2} =$

43) Schreibe die Zahlen auf einen gemeinsamen Bruchstrich und kürze – wenn möglich – vor dem Multiplizieren.

$1\frac{2}{3} \cdot 1\frac{3}{5} \cdot \frac{7}{10} =$
$3\frac{3}{7} \cdot 2\frac{4}{5} \cdot 3\frac{1}{3} =$
$2\frac{2}{9} \cdot 2\frac{4}{7} \cdot 1\frac{3}{10} =$

44) Ergänze bei den Gleichungen die fehlende Zahl.

$\square \cdot \frac{3}{5} = \frac{3}{20}$	$\frac{7}{13} \cdot \square = 1$	$7 \cdot \square = \frac{21}{8}$	$\square \cdot \frac{4}{9} = \frac{32}{9}$

Name:	Bruchrechnung 9

40) Multiplikationen. Wende alle Rechenregeln richtig an.

$2\frac{2}{3} \cdot 1\frac{3}{8} =$	$\frac{8}{3} \cdot \frac{11}{8} =$	$\frac{{}^1\cancel{8} \cdot 11}{3 \cdot \cancel{8}_1} = \frac{11}{3} = 3\frac{2}{3}$
$5\frac{1}{4} \cdot 1\frac{1}{3} =$	$\frac{21}{4} \cdot \frac{4}{3} =$	$\frac{{}^7\cancel{21} \cdot {}^1\cancel{4}}{\cancel{4}_1 \cdot \cancel{3}_1} = \frac{7}{1} = 7$
$2\frac{2}{5} \cdot 1\frac{7}{8} =$	$\frac{12}{5} \cdot \frac{15}{8} =$	$\frac{{}^3\cancel{12} \cdot {}^3\cancel{15}}{\cancel{5}_1 \cdot \cancel{8}_2} = \frac{9}{2} = 4\frac{1}{2}$
$3\frac{1}{2} \cdot 1\frac{1}{9} =$	$\frac{7}{2} \cdot \frac{10}{9} =$	$\frac{7 \cdot {}^5\cancel{10}}{\cancel{2}_1 \cdot 9} = \frac{35}{9} = 3\frac{8}{9}$

41) Familie Mustermann verdient in einem Monat ca. 2 310 €. Davon werden ausgegeben:
$\frac{1}{5}$ für Lebensmittel, $\frac{1}{4}$ für Wohnen und $\frac{1}{10}$ für Kleidung. Berechne den Rest.

$\frac{5}{5}$ ___ 2 310 $\frac{4}{4}$ ___ 2 310 $\frac{10}{10}$ ___ 2 310

$\frac{1}{5}$ ___ 2 310 : 5 = 462 $\frac{1}{4}$ ___ 2 310 : 4 = 577,50 $\frac{1}{10}$ ___ 2 310 : 10 = 231

2 310 − (462 + 577,50 + 231) =

2 310 − 1 270,50 = 1 039,50

A: Der Rest beträgt 1 039,50 €.

Gib an, wofür Familie Mustermann das restliche Geld ausgeben könnte.

Z.B: Weihnachtsgeschenke, Autokosten, Taschengeld für das Kind, ...

42) a) Rechne schrittweise.   b) Rechne möglichst einfach.

$3\frac{3}{5} \cdot \frac{11}{8} =$	$\frac{18}{5} \cdot \frac{11}{8} =$	$\frac{{}^9\cancel{18} \cdot 11}{5 \cdot \cancel{8}_4} = \frac{99}{20} = 4\frac{19}{20}$	$1\frac{1}{8} \cdot 3 = 3\frac{3}{8}$
$5 \cdot 4\frac{7}{9} =$	$\frac{5}{1} \cdot \frac{43}{9} =$	$\frac{5 \cdot 43}{1 \cdot 9} = \frac{215}{9} = 23\frac{8}{9}$	$\frac{7}{9} \cdot \frac{9}{7} = 1$
$7\frac{1}{12} \cdot 1\frac{2}{5} =$	$\frac{85}{12} \cdot \frac{7}{5} =$	$\frac{{}^{17}\cancel{85} \cdot 7}{12 \cdot \cancel{5}_1} = \frac{119}{12} = 9\frac{11}{12}$	$4\frac{5}{6} \cdot \frac{2}{2} = 4\frac{5}{6}$

43) Schreibe die Zahlen auf einen gemeinsamen Bruchstrich und kürze – wenn möglich – vor dem Multiplizieren.

$1\frac{2}{3} \cdot 1\frac{3}{5} \cdot \frac{7}{10} =$	$\frac{5}{3} \cdot \frac{8}{5} \cdot \frac{7}{10} =$	$\frac{{}^1\cancel{5} \cdot {}^4\cancel{8} \cdot 7}{3 \cdot \cancel{5}_1 \cdot \cancel{10}_5} = \frac{28}{15} = 1\frac{13}{15}$
$3\frac{3}{7} \cdot 2\frac{4}{5} \cdot 3\frac{1}{3} =$	$\frac{24}{7} \cdot \frac{14}{5} \cdot \frac{10}{3} =$	$\frac{{}^8\cancel{24} \cdot {}^2\cancel{14} \cdot {}^2\cancel{10}}{\cancel{7}_1 \cdot \cancel{5}_1 \cdot \cancel{3}_1} = \frac{32}{1} = 32$
$2\frac{2}{9} \cdot 2\frac{4}{7} \cdot 1\frac{3}{10} =$	$\frac{20}{9} \cdot \frac{18}{7} \cdot \frac{13}{10} =$	$\frac{{}^2\cancel{20} \cdot {}^2\cancel{18} \cdot 13}{\cancel{9}_1 \cdot 7 \cdot \cancel{10}_1} = \frac{52}{7} = 7\frac{3}{7}$

44) Ergänze bei den Gleichungen die fehlende Zahl.

$\frac{1}{4} \cdot \frac{3}{5} = \frac{3}{20}$	$\frac{7}{13} \cdot \frac{13}{7} = 1$	$7 \cdot \frac{3}{8} = \frac{21}{8}$	$8 \cdot \frac{4}{9} = \frac{32}{9}$

Name:	Bruchrechnung 10

45) Bilde für jede Zahl den Kehrwert.

$\frac{3}{4} \rightarrow$	$\frac{3}{5} \rightarrow$	$\frac{7}{5} \rightarrow$	$\frac{28}{15} \rightarrow$	$\frac{47}{90} \rightarrow$
$\frac{1}{6} \rightarrow$	$\frac{1}{18} \rightarrow$	$\frac{21}{5} \rightarrow$	$3 \rightarrow$	$8 \rightarrow$

46) Division von Brüchen. Wenn es möglich ist, kürze vor dem Ausrechnen.

$\frac{4}{5} : \frac{3}{10} =$	$\frac{9}{7} : \frac{4}{5} =$
$\frac{5}{2} : \frac{19}{4} =$	$\frac{14}{15} : \frac{21}{20} =$
$\frac{3}{8} : \frac{8}{3} =$	$\frac{3}{8} : \frac{3}{8} =$
$\frac{4}{3} : \frac{1}{6} =$	$\frac{5}{9} : \frac{1}{4} =$

47) $\frac{7}{10}$ Liter Fruchtsaft werden gleichmäßig auf 5 Gläser aufgeteilt. Wie viel wird in ein Glas gefüllt? Verwandle das Ergebnis in eine Dezimalzahl.

A:

48) In einer Flasche sind $\frac{7}{10}$ Liter Fruchtsaft. Wie viele $\frac{1}{8}$-l-Gläser können damit ganz gefüllt werden?

A:

49) Divisionen.

a) Rechne schrittweise.

$2\frac{1}{3} : 1\frac{3}{8} =$
$4\frac{4}{9} : \frac{8}{15} =$
$2\frac{4}{5} : 2\frac{1}{3} =$
$6 : 1\frac{1}{9} =$
$3\frac{1}{8} : 7 =$
$3\frac{1}{10} : \frac{2}{5} =$

b) Rechne im Kopf.

$5\frac{7}{9} : 5\frac{7}{9} =$
$4\frac{5}{6} : 1 =$
$3\frac{1}{8} : 5 =$
$2\frac{5}{6} : \frac{1}{6} =$
$1\frac{1}{15} : \frac{20}{20} =$
$4\frac{1}{4} : 2 =$

Name:	Bruchrechnung 10

45) Bilde für jede Zahl den Kehrwert.

$\frac{3}{4} \to \frac{4}{3}$	$\frac{3}{5} \to \frac{5}{3}$	$\frac{7}{5} \to \frac{5}{7}$	$\frac{28}{15} \to \frac{15}{28}$	$\frac{47}{90} \to \frac{90}{47}$
$\frac{1}{6} \to \frac{6}{1}$	$\frac{1}{18} \to \frac{18}{1}$	$\frac{21}{5} \to \frac{5}{21}$	$3 \to \frac{1}{3}$	$8 \to \frac{1}{8}$

46) Division von Brüchen. Wenn es möglich ist, kürze vor dem Ausrechnen.

$\frac{4}{5} : \frac{3}{10} =$	$\frac{4 \cdot {}^2\!\!\!\!/10}{{}^{}\!\!\!\!/5_1 \cdot 3} = \frac{8}{3} = 2\frac{2}{3}$	$\frac{9}{7} : \frac{4}{5} =$	$\frac{9 \cdot 5}{7 \cdot 4} = \frac{45}{28} = 1\frac{17}{28}$
$\frac{5}{2} : \frac{19}{4} =$	$\frac{5 \cdot {}^2\!\!\!\!/4}{{}^{}\!\!\!\!/2_1 \cdot 19} = \frac{10}{19}$	$\frac{14}{15} : \frac{21}{20} =$	$\frac{{}^2\!\!\!\!/14 \cdot {}^4\!\!\!\!/20}{{}^{}\!\!\!\!/15_3 \cdot {}^{}\!\!\!\!/21_3} = \frac{8}{9}$
$\frac{3}{8} : \frac{8}{3} =$	$\frac{3 \cdot 3}{8 \cdot 8} = \frac{9}{64}$	$\frac{3}{8} : \frac{3}{8} =$	$\frac{{}^1\!\!\!\!/3 \cdot {}^1\!\!\!\!/8}{{}^{}\!\!\!\!/8_1 \cdot {}^{}\!\!\!\!/3_1} = \frac{1}{1} = 1$
$\frac{4}{3} : \frac{1}{6} =$	$\frac{4 \cdot {}^2\!\!\!\!/6}{{}^{}\!\!\!\!/3_1 \cdot 1} = \frac{8}{1} = 8$	$\frac{5}{9} : \frac{1}{4} =$	$\frac{5 \cdot 4}{9 \cdot 1} = \frac{20}{9} = 2\frac{2}{9}$

47) $\frac{7}{10}$ Liter Fruchtsaft werden gleichmäßig auf 5 Gläser aufgeteilt. Wie viel wird in ein Glas gefüllt? Verwandle das Ergebnis in eine Dezimalzahl.

$\frac{7}{10} : 5 = \quad \frac{7 \cdot 1}{10 \cdot 5} = \frac{7}{50} = \frac{14}{100} = 0{,}14$

A: 0,14 l Fruchtsaft werden in ein Glas gefüllt.

48) In einer Flasche sind $\frac{7}{10}$ Liter Fruchtsaft. Wie viele $\frac{1}{8}$-l-Gläser können damit ganz gefüllt werden?

$\frac{7}{10} : \frac{1}{8} = \quad \frac{7 \cdot {}^4\!\!\!\!/8}{{}^{}\!\!\!\!/10_5 \cdot 1} = \frac{28}{5} = 5\frac{3}{5}$

A: Fünf $\frac{1}{8}$-l-Gläser können damit ganz gefüllt werden.

49) Divisionen.

a) Rechne schrittweise.

$2\frac{1}{3} : 1\frac{3}{8} =$	$\frac{7}{3} : \frac{11}{8} =$	$\frac{7 \cdot 8}{3 \cdot 11} = \frac{56}{33} = 1\frac{23}{33}$
$4\frac{4}{9} : \frac{8}{15} =$	$\frac{40}{9} : \frac{8}{15} =$	$\frac{{}^5\!\!\!\!/40 \cdot {}^5\!\!\!\!/15}{{}^{}\!\!\!\!/9_3 \cdot {}^{}\!\!\!\!/8_1} = \frac{25}{3} = 8\frac{1}{3}$
$2\frac{4}{5} : 2\frac{1}{3} =$	$\frac{14}{5} : \frac{7}{3} =$	$\frac{{}^2\!\!\!\!/14 \cdot 3}{5 \cdot {}^{}\!\!\!\!/7_1} = \frac{6}{5} = 1\frac{1}{5}$
$6 : 1\frac{1}{9} =$	$\frac{6}{1} : \frac{10}{9} =$	$\frac{{}^3\!\!\!\!/6 \cdot 9}{1 \cdot {}^{}\!\!\!\!/10_5} = \frac{27}{5} = 5\frac{2}{5}$
$3\frac{1}{8} : 7 =$	$\frac{25}{8} : \frac{7}{1} =$	$\frac{25 \cdot 1}{8 \cdot 7} = \frac{25}{56}$
$3\frac{1}{10} : \frac{2}{5} =$	$\frac{31}{10} : \frac{2}{5} =$	$\frac{31 \cdot {}^1\!\!\!\!/5}{{}_2\!\!\!\!/10 \cdot 2} = \frac{31}{4} = 7\frac{3}{4}$

b) Rechne im Kopf.

$5\frac{7}{9} : 5\frac{7}{9} =$	1
$4\frac{5}{6} : 1 =$	$4\frac{5}{6}$
$3\frac{1}{8} : 5 =$	$\frac{5}{8}$
$2\frac{5}{6} : \frac{1}{6} =$	17
$1\frac{1}{15} : \frac{20}{20} =$	$1\frac{1}{15}$
$4\frac{1}{4} : 2 =$	$2\frac{1}{8}$

Name:	Bruchrechnung 11

50) Verwandle die Dezimalzahlen in Bruchzahlen und kürze, wenn dies möglich ist.

0,4 =	0,06 =	0,007 =
0,9 =	0,29 =	0,138 =
1,5 =	7,15 =	4,900 =
13,7 =	59,75 =	24,018 =

51) Erweitere die Bruchzahlen auf Zehntel, Hundertstel oder Tausendstel und verwandle sie dann in Dezimalzahlen.

$\frac{1}{2}$	$\frac{3}{4}$	$\frac{153}{200}$
$\frac{1}{5}$	$\frac{7}{20}$	$\frac{1}{8}$
$3\frac{4}{5}$	$4\frac{19}{25}$	$2\frac{7}{8}$

52) Verwandle die Bruchzahlen durch Division in Dezimalzahlen.

$\frac{3}{4} =$ $\qquad$ $\frac{4}{9} =$ $\qquad$ $\frac{1}{6} =$

53) Verwandle die in diesen Rechnungen vorkommenden Bruchzahlen in Dezimalzahlen und vergleiche (<, =, >).

0,8 $\quad$ $\frac{9}{10}$	$\frac{7}{5}$ $\quad$ $\frac{14}{10}$	$\frac{3}{8}$ $\quad$ $\frac{2}{6}$	$4\frac{1}{2}$ $\quad$ 4,05

54) Verwandle die Dezimalzahlen in Bruchzahlen und rechne dann.

$1,5 + \frac{3}{8} =$	$2\frac{5}{8} - 0,375 =$
$0,\overline{7} - 0,7 =$	$0,\overline{3} - \frac{1}{3} =$

55) Jennifer kauft 1,863 kg Bananen, $\frac{1}{4}$ kg Erdbeeren und $1\frac{1}{2}$ kg Brot. Wie viel kg hat sie zu tragen?

A:

Name:	Bruchrechnung 11

50) Verwandle die Dezimalzahlen in Bruchzahlen und kürze, wenn dies möglich ist.

$0,4 =$	$\frac{4}{10} = \frac{2}{5}$	$0,06 =$	$\frac{6}{100} = \frac{3}{50}$	$0,007 =$	$\frac{7}{1000}$
$0,9 =$	$\frac{9}{10}$	$0,29 =$	$\frac{29}{100}$	$0,138 =$	$\frac{138}{1000} = \frac{69}{500}$
$1,5 =$	$1\frac{5}{10} = 1\frac{1}{2}$	$7,15 =$	$7\frac{15}{100} = 7\frac{3}{20}$	$4,900 =$	$4\frac{900}{1000} = 4\frac{9}{10}$
$13,7 =$	$13\frac{7}{10}$	$59,75 =$	$59\frac{75}{100} = 59\frac{3}{4}$	$24,018 =$	$24\frac{18}{1000} = 24\frac{9}{500}$

51) Erweitere die Bruchzahlen auf Zehntel, Hundertstel oder Tausendstel und verwandle sie dann in Dezimalzahlen.

$\frac{1 \cdot 5}{2 \cdot 5} = \frac{5}{10} = 0,5$	$\frac{3 \cdot 25}{4 \cdot 25} = \frac{75}{100} = 0,75$	$\frac{153 \cdot 5}{200 \cdot 5} = \frac{765}{1000} = 0,765$
$\frac{1 \cdot 2}{5 \cdot 2} = \frac{2}{10} = 0,2$	$\frac{7 \cdot 5}{20 \cdot 5} = \frac{35}{100} = 0,35$	$\frac{1 \cdot 125}{8 \cdot 125} = \frac{125}{1000} = 0,125$
$3\frac{4 \cdot 2}{5 \cdot 2} = 3\frac{8}{10} = 3,8$	$4\frac{19 \cdot 4}{25 \cdot 4} = 4\frac{76}{100} = 4,76$	$2\frac{7 \cdot 125}{8 \cdot 125} = 2\frac{875}{1000} = 2,875$

52) Verwandle die Bruchzahlen durch Division in Dezimalzahlen.

$\frac{3}{4} = 3 : 4 = 0,75$
  3 0
  2 0
  0

$\frac{4}{9} = 4 : 9 = 0,444... = 0,\overline{4}$
  4 0
  4 0
  4 0
  4 Rest

$\frac{1}{6} = 1 : 6 = 0,166... = 0,1\overline{6}$
  1 0
  4 0
  4 0
  4 Rest

53) Verwandle die in diesen Rechnungen vorkommenden Bruchzahlen in Dezimalzahlen und vergleiche (<, =, >).

0,8		$\frac{9}{10}$	$\frac{7}{5}$		$\frac{14}{10}$	$\frac{3}{8}$		$\frac{2}{6}$	$4\frac{1}{2}$		4,05
0,8	<	0,9	1,4	=	1,4	0,375	>	0,333	4,5	>	4,05

54) Verwandle die Dezimalzahlen in Bruchzahlen und rechne dann.

$1,5 + \frac{3}{8} =$	$1\frac{1}{2} + \frac{3}{8} = 1\frac{4+3}{8} = 1\frac{7}{8}$	$2\frac{5}{8} - 0,375 =$	$2\frac{5}{8} - \frac{3}{8} = 2\frac{1}{4}$
$0,\overline{7} - 0,7 =$	$\frac{7 \cdot 10}{9 \cdot 10} - \frac{7 \cdot 9}{10 \cdot 9} = \frac{70 - 63}{90} = \frac{7}{90}$	$0,\overline{3} - \frac{1}{3} =$	$\frac{3}{9} - \frac{1}{3} = \frac{1}{3} - \frac{1}{3} = 0$

55) Jennifer kauft 1,863 kg Bananen, $\frac{1}{4}$ kg Erdbeeren und $1\frac{1}{2}$ kg Brot. Wie viel kg hat sie zu tragen?

  1,863
  0,250
  1,500
  ─────
  3,613

A: Jennifer hat 3,613 kg zu tragen.

Name:	Bruchrechnung 12

56) • Ungleichnamige Bruchzahlen muss man vor dem Addieren und Subtrahieren gleichnamig machen.
• Gemischte Zahlen sind vor dem Multiplizieren und Dividieren in unechte Brüche zu verwandeln.
Manchmal werden Regeln vergessen. Wenn du erkennst, dass hier falsch gerechnet wurde, streiche diese Rechnungen deutlich durch.

$\frac{3}{4} + \frac{2}{3} = \frac{5}{7}$	$\frac{2}{5} + \frac{1}{4} = \frac{13}{20}$	$4\frac{1}{3} - 1\frac{3}{8} = 2\frac{23}{24}$	$2\frac{5}{6} + 1\frac{2}{5} = 3\frac{7}{30}$
$\frac{9}{10} - \frac{1}{6} = \frac{11}{15}$	$2\frac{4}{7} \cdot 3\frac{2}{3} = 6\frac{8}{21}$	$2\frac{2}{5} : 1\frac{1}{4} = 1\frac{23}{25}$	$6\frac{3}{10} : 2\frac{1}{2} = 3\frac{3}{5}$

57) Wende alle Rechenregeln für das Bruchrechnen richtig an.

$2\frac{1}{3} + 1\frac{3}{8} + 3\frac{1}{2} =$	$5\frac{3}{4} - 1\frac{2}{5} - 2\frac{1}{3} =$	$2\frac{1}{2} - 1\frac{3}{4} + 2\frac{4}{5} =$
$2\frac{1}{3} \cdot 1\frac{3}{8} : 3\frac{1}{2} =$	$2\frac{2}{3} \cdot 2\frac{1}{2} \cdot 1\frac{1}{5} =$	$2\frac{2}{5} : 1\frac{1}{6} : 3\frac{3}{5} =$

58) Wiederhole die „Vorrangregeln" und schreibe sie auf.

• _____
• _____
• _____

59) Beachte die Vorrangregeln und die Rechenregeln für das Bruchrechnen – arbeite sehr konzentriert.

$\frac{1}{2} + \frac{3}{5} \cdot \frac{1}{2} =$	$\left(\frac{1}{9} + \frac{5}{9}\right) \cdot \frac{3}{10} =$
$\left(\frac{9}{10} + \frac{7}{10}\right) : \left(\frac{9}{5} - \frac{2}{5}\right) =$	$\frac{8}{3} \cdot \left(\frac{5}{7} - \frac{2}{7}\right) + \frac{1}{2} =$

| Name: | Bruchrechnung 12 |

56)
- Ungleichnamige Bruchzahlen muss man vor dem Addieren und Subtrahieren gleichnamig machen.
- Gemischte Zahlen sind vor dem Multiplizieren und Dividieren in unechte Brüche zu verwandeln.

Manchmal werden Regeln vergessen. Wenn du erkennst, dass hier falsch gerechnet wurde, streiche diese Rechnungen deutlich durch.

~~$\frac{3}{4} + \frac{2}{3} = \frac{5}{7}$~~	$\frac{2}{5} + \frac{1}{4} = \frac{13}{20}$	$4\frac{1}{3} - 1\frac{3}{8} = 2\frac{23}{24}$	~~$2\frac{5}{6} + 1\frac{2}{5} = 3\frac{7}{30}$~~
$\frac{9}{10} - \frac{1}{6} = \frac{11}{15}$	~~$2\frac{4}{7} \cdot 3\frac{2}{3} = 6\frac{8}{21}$~~	$2\frac{2}{5} : 1\frac{1}{4} = 1\frac{23}{25}$	~~$6\frac{3}{10} : 2\frac{1}{2} = 3\frac{3}{5}$~~

57) Wende alle Rechenregeln für das Bruchrechnen richtig an.

$2\frac{1}{3} + 1\frac{3}{8} + 3\frac{1}{2} =$	$5\frac{3}{4} - 1\frac{2}{5} - 2\frac{1}{3} =$	$2\frac{1}{2} - 1\frac{3}{4} + 2\frac{4}{5} =$
$\frac{7 \cdot 8}{3 \cdot 8} + \frac{11 \cdot 3}{8 \cdot 3} + \frac{7 \cdot 12}{2 \cdot 12} =$	$\frac{23 \cdot 15}{4 \cdot 15} - \frac{7 \cdot 12}{5 \cdot 12} - \frac{7 \cdot 20}{3 \cdot 20} =$	$\frac{5 \cdot 10}{2 \cdot 10} - \frac{7 \cdot 5}{4 \cdot 5} + \frac{14 \cdot 4}{5 \cdot 4} =$
$\frac{56 + 33 + 84}{24} = \frac{173}{24} = 7\frac{5}{24}$	$\frac{345 - 84 - 140}{60} = \frac{121}{60} = 2\frac{1}{60}$	$\frac{50 - 35 + 56}{20} = \frac{71}{20} = 3\frac{11}{20}$
$2\frac{1}{3} \cdot 1\frac{3}{8} : 3\frac{1}{2} =$	$2\frac{2}{3} \cdot 2\frac{1}{2} \cdot 1\frac{1}{5} =$	$2\frac{2}{5} : 1\frac{1}{6} : 3\frac{3}{5} =$
$\frac{7}{3} \cdot \frac{11}{8} : \frac{7}{2} =$	$\frac{8}{3} \cdot \frac{5}{2} \cdot \frac{6}{5} =$	$\frac{12}{5} : \frac{7}{6} : \frac{18}{5} =$
$\frac{{}^1\cancel{7} \cdot 11 \cdot {}^1\cancel{2}}{3 \cdot \cancel{8}_4 \cdot \cancel{7}_1} = \frac{11}{12}$	$\frac{{}^4\cancel{8} \cdot {}^1\cancel{5} \cdot {}^2\cancel{6}}{\cancel{3}_1 \cdot \cancel{2}_1 \cdot \cancel{5}_1} = \frac{8}{1} = 8$	$\frac{{}^4\cancel{12} \cdot {}^1\cancel{6} \cdot {}^1\cancel{5}}{\cancel{5}_1 \cdot 7 \cdot \cancel{18}_{3}{}_{1}} = \frac{4}{7}$

58) Wiederhole die „Vorrangregeln" und schreibe sie auf.

- Klammerrechnung zuerst
- Punktrechnung vor Strichrechnung
- Wenn nicht anders geregelt, rechnet man von links nach rechts

59) Beachte die Vorrangregeln und die Rechenregeln für das Bruchrechnen – arbeite sehr konzentriert.

$\frac{1}{2} + \frac{3}{5} \cdot \frac{1}{2} =$	$\left(\frac{1}{9} + \frac{5}{9}\right) \cdot \frac{3}{10} =$
$\frac{1}{2} + \frac{3}{10} = \frac{5+3}{10} = \frac{8}{10} = \frac{4}{5}$	$\frac{6}{9} \cdot \frac{3}{10} = \frac{{}^1\cancel{6} \cdot {}^1\cancel{3}}{\cancel{9}_3 \cdot \cancel{10}_5} = \frac{1}{5}$
$\left(\frac{9}{10} + \frac{7}{10}\right) : \left(\frac{9}{5} - \frac{2}{5}\right) =$	$\frac{8}{3} \cdot \left(\frac{5}{7} - \frac{2}{7}\right) + \frac{1}{2} =$
$\frac{16}{10} : \frac{7}{5} = \frac{{}^8\cancel{16} \cdot {}^1\cancel{5}}{\cancel{10}_2 \cdot 7} = \frac{8}{7} = 1\frac{1}{7}$	$\frac{8}{3} \cdot \frac{3}{7} + \frac{1}{2} = \frac{8 \cdot {}^1\cancel{3}}{\cancel{3}_1 \cdot 7} + \frac{1}{2} =$
	$\frac{8 \cdot 2}{7 \cdot 2} + \frac{1 \cdot 7}{2 \cdot 7} = \frac{16 + 7}{14} = \frac{23}{14} = 1\frac{9}{14}$

| Name: | Bruchrechnung 13 |

60) Berechne den Umfang des Dreiecks mit den Seiten: $a = 4\frac{2}{3}$ cm, $b = 2\frac{1}{2}$ cm, $c = 4\frac{9}{10}$ cm.
   (Rechne mit Formel ...)

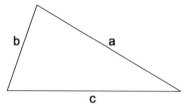

61) Berechne den Umfang und den Flächeninhalt des Quadrates mit der Seitenlänge: $a = 2\frac{3}{8}$ cm.

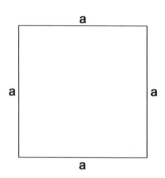

62) Rechteck: $a = 3\frac{1}{3}$ cm, $b = 2\frac{1}{4}$ cm; u = ? A = ?

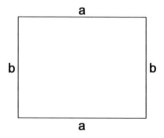

| Name: | Bruchrechnung 13 |

60) Berechne den Umfang des Dreiecks mit den Seiten: a = $4\frac{2}{3}$ cm, b = $2\frac{1}{2}$ cm, c = $4\frac{9}{10}$ cm.
    (Rechne mit Formel ...)

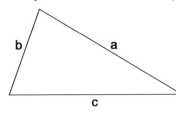

$u = a + b + c$

$u = 4\frac{2}{3} + 2\frac{1}{2} + 4\frac{9}{10}$

$u = \frac{14 \cdot 10}{3 \cdot 10} + \frac{5 \cdot 15}{2 \cdot 15} + \frac{49 \cdot 3}{10 \cdot 3} = \frac{140 + 75 + 147}{30} = \frac{362}{30} = 12\frac{2}{30} = 12\frac{1}{15}$

u ___ $12\frac{1}{15}$ cm

61) Berechne den Umfang und den Flächeninhalt des Quadrates mit der Seitenlänge: a = $2\frac{3}{8}$ cm.

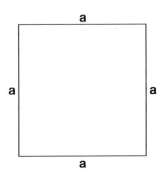

$u = a \cdot 4$

$u = 2\frac{3}{8} \cdot 4$

$u = \frac{19}{8} \cdot 4 = \frac{19 \cdot \cancel{4}^1}{\cancel{8}_2 \cdot 1} = \frac{19}{2} = 9\frac{1}{2}$

u ___ $9\frac{1}{2}$ cm

$A = a \cdot a$

$A = 2\frac{3}{8} \cdot 2\frac{3}{8}$

$A = \frac{19 \cdot 19}{8 \cdot 8} = \frac{361}{64} = 5\frac{41}{64}$

A ___ $5\frac{41}{64}$ cm²

62) Rechteck: a = $3\frac{1}{3}$ cm, b = $2\frac{1}{4}$ cm; u = ? A = ?

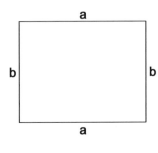

$u = a \cdot 2 + b \cdot 2$

$u = 3\frac{1}{3} \cdot 2 + 2\frac{1}{4} \cdot 2$

$u = 6\frac{2}{3} + 4\frac{1}{2} = \frac{20 \cdot 2}{3 \cdot 2} + \frac{9 \cdot 3}{2 \cdot 3} = \frac{40 + 27}{6} = \frac{67}{6} = 11\frac{1}{6}$

u ___ $11\frac{1}{6}$ cm

$A = a \cdot b$

$A = 3\frac{1}{3} \cdot 2\frac{1}{4}$

$A = \frac{10}{3} \cdot \frac{9}{4} = \frac{\cancel{10}^5 \cdot \cancel{9}^3}{\cancel{3}_1 \cdot \cancel{4}_2} = \frac{15}{2} = 7\frac{1}{2}$

A ___ $7\frac{1}{2}$ cm²

| Name: | Bruchrechnung 14 |

63) Familie Haller macht eine Wanderung. Der Hinweg dauert $3\frac{2}{3}$ Stunden. Auf dem Rückweg gehen sie zuerst $1\frac{3}{4}$ Stunden und nach einer Pause noch $1\frac{1}{2}$ Stunden. Wie lange wandern sie insgesamt?

Rechne auf zwei Arten: a) mit Bruchzahlen
b) mit Stunden und Minuten

A:

A:

↪ Werden Bruchteile von Stunden auf Sechzigstel erweitert, kann man im Zähler die Anzahl der Minuten ablesen.

64) Erweitere die Bruchzahlen, die in diesem Beispiel vorkommen, auf Sechzigstel.

65) Andrea ist $12\frac{1}{4}$ Jahre alt, Martina ist $9\frac{5}{6}$ Jahre alt. Berechne den Altersunterschied.

A:

66) Wolfgang ist $11\frac{1}{3}$ Jahre alt, Heinz ist um $5\frac{1}{6}$ Jahre jünger. Wie alt ist Heinz?

A:

67) Roman ist $12\frac{1}{2}$ Jahre alt, Sabine ist um $8\frac{7}{12}$ Jahre jünger und Thomas um $9\frac{2}{3}$ Jahre älter als Roman.

A:

↪ Werden Bruchteile von Jahren auf Zwölftel erweitert, kann man im Zähler die Anzahl der Monate ablesen.

68) Erweitere die Altersangaben dieser Kinder auf Zwölftel.

Andrea	Martina	Wolfgang	Roman	Thomas

Name:	Bruchrechnung 14

63) Familie Haller macht eine Wanderung. Der Hinweg dauert $3\frac{2}{3}$ Stunden. Auf dem Rückweg gehen sie zuerst $1\frac{3}{4}$ Stunden und nach einer Pause noch $1\frac{1}{2}$ Stunden. Wie lange wandern sie insgesamt?

Rechne auf zwei Arten: a) mit Bruchzahlen
 b) mit Stunden und Minuten

a) $3\frac{2}{3} + 1\frac{3}{4} + 1\frac{1}{2} = \frac{11 \cdot 4}{3 \cdot 4} + \frac{7 \cdot 3}{4 \cdot 3} + \frac{3 \cdot 6}{2 \cdot 6} = \frac{44 + 21 + 18}{12} = \frac{83}{12} = 6\frac{11}{12}$

A: Familie Haller wandert insgesamt $6\frac{11}{12}$ Stunden.

b) 3 h 40 min
 1 h 45 min
 1 h 30 min
 ─────────────
 5 h 115 min = 6 h 55 min

A: Familie Haller wandert insgesamt 6 Stunden 55 Minuten.

↪ Werden Bruchteile von Stunden auf Sechzigstel erweitert, kann man im Zähler die Anzahl der Minuten ablesen.

64) Erweitere die Bruchzahlen, die in diesem Beispiel vorkommen, auf Sechzigstel.

$3\frac{2 \cdot 20}{3 \cdot 20} = 3\frac{40}{60}$	$1\frac{3 \cdot 15}{4 \cdot 15} = 1\frac{45}{60}$	$1\frac{1 \cdot 30}{2 \cdot 30} = 1\frac{30}{60}$	$6\frac{11 \cdot 5}{12 \cdot 5} = 6\frac{55}{60}$

65) Andrea ist $12\frac{1}{4}$ Jahre alt, Martina ist $9\frac{5}{6}$ Jahre alt. Berechne den Altersunterschied.

$12\frac{1}{4} - 9\frac{5}{6} = \frac{49 \cdot 3}{4 \cdot 3} - \frac{59 \cdot 2}{6 \cdot 2} = \frac{147 - 118}{12} = \frac{29}{12} = 2\frac{5}{12}$

A: Andrea ist um 2 Jahre und 5 Monate älter als Martina.

66) Wolfgang ist $11\frac{1}{3}$ Jahre alt, Heinz ist um $5\frac{1}{6}$ Jahre jünger. Wie alt ist Heinz?

$11\frac{1}{3} - 5\frac{1}{6} = \frac{34 \cdot 2}{3 \cdot 2} - \frac{31 \cdot 1}{6 \cdot 1} = \frac{68 - 31}{6} = \frac{37}{6} = 6\frac{1}{6}$

A: Heinz ist 6 Jahre und 2 Monate alt.

67) Roman ist $12\frac{1}{2}$ Jahre alt, Sabine ist um $8\frac{7}{12}$ Jahre jünger und Thomas um $9\frac{2}{3}$ Jahre älter als Roman.

$12\frac{1}{2} - 8\frac{7}{12} = \frac{25 \cdot 6}{2 \cdot 6} - \frac{103 \cdot 1}{12 \cdot 1} = \frac{150 - 103}{12} = \frac{47}{12} = 3\frac{11}{12}$

$12\frac{1}{2} + 9\frac{2}{3} = \frac{25 \cdot 3}{2 \cdot 3} + \frac{29 \cdot 2}{3 \cdot 2} = \frac{75 + 58}{6} = \frac{133}{6} = 22\frac{1}{6}$

A: Sabine ist 3 Jahre und 11 Monate alt, Thomas ist 22 Jahre und 2 Monate alt.

↪ Werden Bruchteile von Jahren auf Zwölftel erweitert, kann man im Zähler die Anzahl der Monate ablesen.

68) Erweitere die Altersangaben dieser Kinder auf Zwölftel.

Andrea	Martina	Wolfgang	Roman	Thomas
$12\frac{1 \cdot 3}{4 \cdot 3} = 12\frac{3}{12}$	$9\frac{5 \cdot 2}{6 \cdot 2} = 9\frac{10}{12}$	$11\frac{1 \cdot 4}{3 \cdot 4} = 11\frac{4}{12}$	$12\frac{1 \cdot 6}{2 \cdot 6} = 12\frac{6}{12}$	$22\frac{1 \cdot 2}{6 \cdot 2} = 22\frac{2}{12}$

| Name: | Dreiecke 1 |

1) Beschrifte bei den Dreiecken die Eckpunkte, Seiten und Winkel.

a) Miss die Länge der Seiten und berechne den Umfang.

b) Miss die Größe der Winkel und berechne die Winkelsumme.

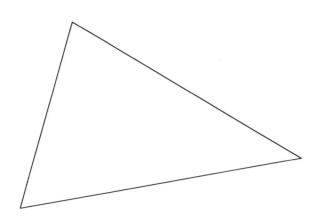
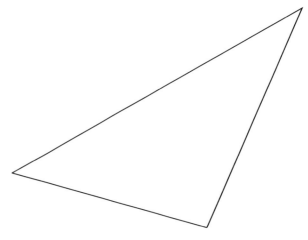

a = _____

b = _____

c = _____

a + b + c = _____

α = _____

β = _____

γ = _____

$\alpha + \beta + \gamma$ = _____

2) Zeichne die Dreiecke und beschrifte vollständig.

a) A(1/1), B(7/3), C(3/8).

b) A(0/5), B(4/0), C(6/8).

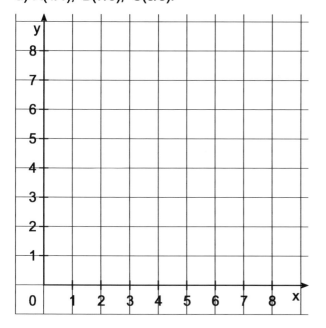
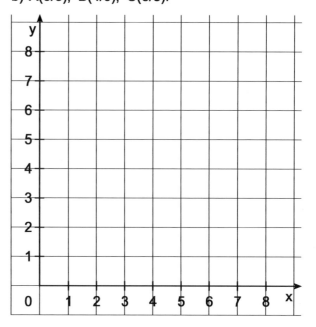

3) Berechne aus zwei gegebenen Winkeln eines Dreiecks den dritten Winkel. (Rechne im Kopf.)

α = 40°	α = 37°		α = 88,5°	α = 100,0°
β = 80°		β = 80,0°	β = 25,5°	
	γ = 25°	γ = 63,8°		γ = 60,9°

| Name: | Dreiecke 1 |

1) Beschrifte bei den Dreiecken die Eckpunkte, Seiten und Winkel.

a) Miss die Länge der Seiten und berechne den Umfang.

b) Miss die Größe der Winkel und berechne die Winkelsumme.

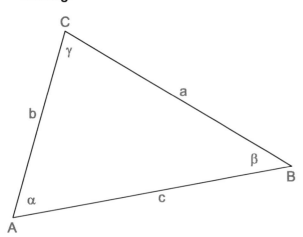
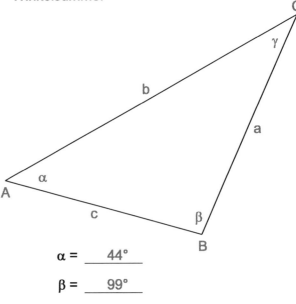

a = 74 mm
b = 53 mm
c = 80 mm
a + b + c = 207 mm

α = 44°
β = 99°
γ = 37°
α + β + γ = 180°

2) Zeichne die Dreiecke und beschrifte vollständig.

a) A(1/1), B(7/3), C(3/8).

b) A(0/5), B(4/0), C(6/8).

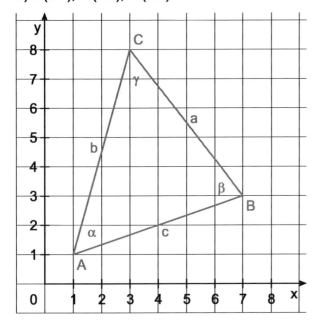
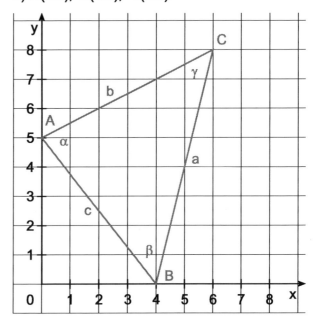

3) Berechne aus zwei gegebenen Winkeln eines Dreiecks den dritten Winkel. (Rechne im Kopf.)

α = 40°	α = 37°	α = 36,2°	α = 88,5°	α = 100,0°
β = 80°	β = 118°	β = 80,0°	β = 25,5°	β = 19,1°
γ = 60°	γ = 25°	γ = 63,8°	γ = 66,0°	γ = 60,9°

Seite 138 – Arbeitsblätter Mathematik 6/7

Name:	Dreiecke 2

4) Kreuze in der Tabelle an, wenn bei den abgebildeten Dreiecken die angegebene Eigenschaft zutrifft.

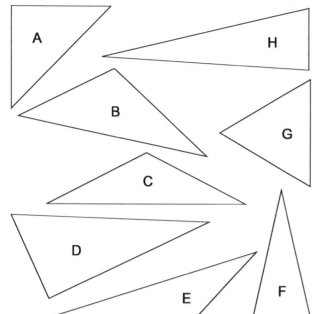

Dreieck	A	B	C	D	E	F	G	H
ungleichseitig								
gleichschenklig								
gleichseitig								
spitzwinklig								
stumpfwinklig								
rechtwinklig								

5) Zeichne – wenn es möglich ist – Dreiecke mit den angegebenen Eigenschaften und beschrifte entsprechend.

a) rechtwinklig-gleichschenkliges Dreieck
b) spitzwinklig-ungleichseitiges Dreieck
c) stumpfwinklig-gleichseitiges Dreieck

6) Berechne von den Dreiecken die fehlenden Winkel. Rechne im Kopf.

spitzwinkliges Dreieck	rechtwinkliges Dreieck	gleichschenkliges Dreieck	gleichschenkliges Dreieck	gleichseitiges Dreieck
$\alpha = 40°$	$\alpha = 37°$		$\alpha = 70°$	
$\beta = 80°$				
		$\gamma = 120°$		

7) Forme die Formel für die Winkelberechnung so um, dass der angegebene Winkel berechnet werden kann. (Schreibe auch die Umformungsschritte an.)

a) $\alpha + \beta = 90°$; $\beta = ?$
b) $\alpha + \beta + \gamma = 180°$; $\gamma = ?$
c) $2 \cdot \alpha + \gamma = 180°$; $\alpha = ?$

| Name: | Dreiecke 2 |

4) Kreuze in der Tabelle an, wenn bei den abgebildeten Dreiecken die angegebene Eigenschaft zutrifft.

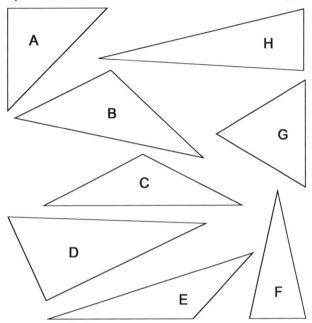

Dreieck	A	B	C	D	E	F	G	H
ungleichseitig		×		×	×			×
gleichschenklig	×		×			×		
gleichseitig							×	
spitzwinklig						×	×	×
stumpfwinklig		×	×		×			
rechtwinklig	×			×				

5) Zeichne – wenn es möglich ist – Dreiecke mit den angegebenen Eigenschaften und beschrifte entsprechend.

a) rechtwinklig-gleichschenkliges Dreieck

b) spitzwinklig-ungleichseitiges Dreieck

c) stumpfwinklig-gleichseitiges Dreieck

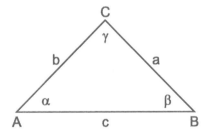 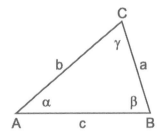

nicht möglich

6) Berechne von den Dreiecken die fehlenden Winkel. Rechne im Kopf.

spitzwinkliges Dreieck
α = 40°
β = 80°
γ = 60°

rechtwinkliges Dreieck
α = 37°
β = 53°
γ = 90°

gleichschenkliges Dreieck
α = 30°
β = 30°
γ = 120°

gleichschenkliges Dreieck
α = 70°
β = 70°
γ = 40°

gleichseitiges Dreieck
α = 60°
β = 60°
γ = 60°

7) Forme die Formel für die Winkelberechnung so um, dass der angegebene Winkel berechnet werden kann. (Schreibe auch die Umformungsschritte an.)

a) $\alpha + \beta = 90°$; $\beta = ?$

$\alpha + \beta = 90°$ $| -\alpha$

$\beta = 90° - \alpha$

b) $\alpha + \beta + \gamma = 180°$; $\gamma = ?$

$\alpha + \beta + \gamma = 180°$ $| -(\alpha + \beta)$

$\gamma = 180° - (\alpha + \beta)$

c) $2 \cdot \alpha + \gamma = 180°$; $\alpha = ?$

$2 \cdot \alpha + \gamma = 180°$ $| -\gamma$

$2 \cdot \alpha = 180° - \gamma$

$\alpha = (180° - \gamma) : 2$

Name:	Dreiecke 3

8) Miss beim gegebenen Dreieck die Längen der Seiten a, b und c und konstruiere mit genau diesen Angaben ein kongruentes Dreieck.

a =   b =   c =

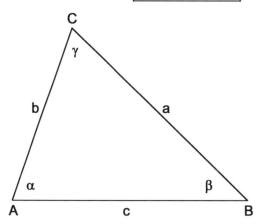

Gib den Kongruenzsatz an, der hier angewendet wurde. _____

9) Markiere in der Skizze die gegebenen Bestimmungsstücke mit grünem Buntstift. Konstruiere dann das Dreieck: a = 49 mm, b = 88 mm, c = 81 mm und beschrifte Eckpunkte, Seiten und Winkel.

Skizze:

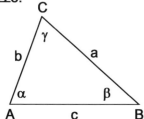

⇨ Zeichne vor jeder Konstruktion eine Skizze, beschrifte diese vollständig und markiere die gegebenen Bestimmungsstücke mit grünem Buntstift.
Von dieser Skizze lies dann den Weg für die Konstruktion ab.

10) Konstruiere das Dreieck: a = 95 mm, b = 48 mm, c = 64 mm und beschrifte vollständig.

Skizze:

Name:	Dreiecke 3

8) Miss beim gegebenen Dreieck die Längen der Seiten a, b und c und konstruiere mit genau diesen Angaben ein kongruentes Dreieck.

| a = 68 mm | b = 50 mm | c = 66 mm |

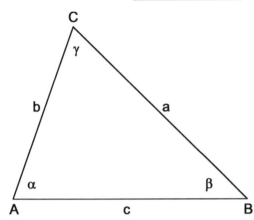
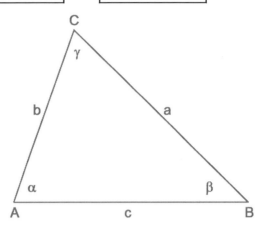

Gib den Kongruenzsatz an, der hier angewendet wurde. | SSS-Satz |

9) Markiere in der Skizze die gegebenen Bestimmungsstücke mit grünem Buntstift. Konstruiere dann das Dreieck: a = 49 mm, b = 88 mm, c = 81 mm und beschrifte Eckpunkte, Seiten und Winkel.

Skizze:

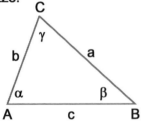
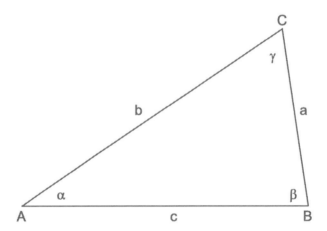

⇨ Zeichne vor jeder Konstruktion eine Skizze, beschrifte diese vollständig und markiere die gegebenen Bestimmungsstücke mit grünem Buntstift.
Von dieser Skizze lies dann den Weg für die Konstruktion ab.

10) Konstruiere das Dreieck: a = 95 mm, b = 48 mm, c = 64 mm und beschrifte vollständig.

Skizze:

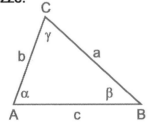
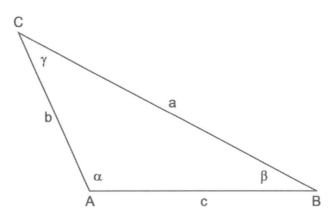

| Name: | Dreiecke 4 |

11) Miss beim gegebenen Dreieck die Längen der Seiten b und c sowie die Größe des eingeschlossenen Winkels α und konstruiere mit genau diesen Angaben ein kongruentes Dreieck.

| b = | c = | α = |

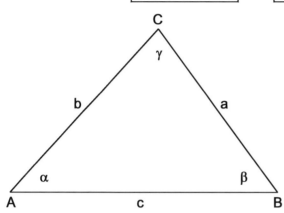

Gib den Kongruenzsatz an, der hier angewendet wurde. [ ]

12) Markiere in der Skizze die gegebenen Bestimmungsstücke mit grünem Buntstift. Konstruiere dann das Dreieck: a = 48 mm, c = 64 mm, β = 104° und beschrifte Eckpunkte, Seiten und Winkel.

Skizze:

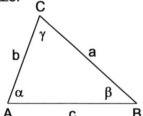

13) Konstruiere das Dreieck: a = 59 mm, b = 64 mm, γ = 92° und beschrifte vollständig.

Skizze:

Name:	Dreiecke 4

11) Miss beim gegebenen Dreieck die Längen der Seiten b und c sowie die Größe des eingeschlossenen Winkels α und konstruiere mit genau diesen Angaben ein kongruentes Dreieck.

b = 61 mm	c = 75 mm	α = 47°

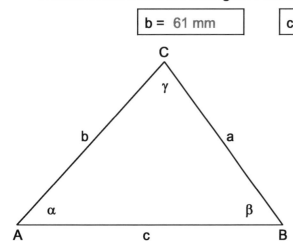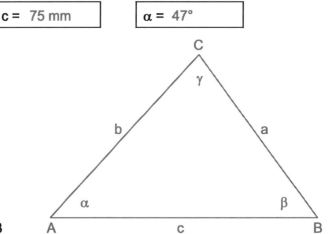

Gib den Kongruenzsatz an, der hier angewendet wurde. | SWS-Satz |

12) Markiere in der Skizze die gegebenen Bestimmungsstücke mit grünem Buntstift. Konstruiere dann das Dreieck: a = 48 mm, c = 64 mm, β = 104° und beschrifte Eckpunkte, Seiten und Winkel.

Skizze:
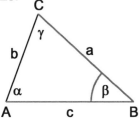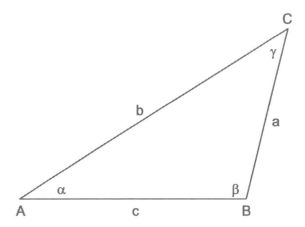

13) Konstruiere das Dreieck: a = 59 mm, b = 64 mm, γ = 92° und beschrifte vollständig.

Skizze:
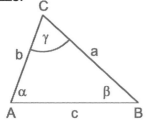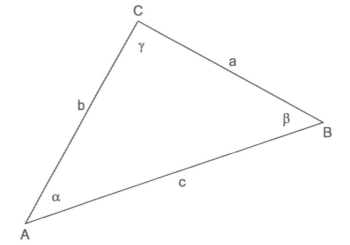

Name:	Dreiecke 5

14) Miss beim gegebenen Dreieck die Länge der Seite c sowie die Größen der beiden anliegenden Winkel α und β und konstruiere mit genau diesen Angaben ein kongruentes Dreieck.

| c = | α = | β = |

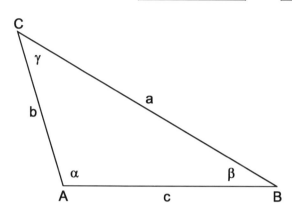

Gib den Kongruenzsatz an, der hier angewendet wurde.

15) Markiere in der Skizze die gegebenen Bestimmungsstücke mit grünem Buntstift. Konstruiere dann das Dreieck: b = 82 mm, α = 36°, γ = 78° und beschrifte Eckpunkte, Seiten und Winkel.

Skizze:

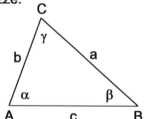

16) Konstruiere das Dreieck: a = 69 mm, β = 29°, γ = 112° und beschrifte vollständig.

Skizze:

Name:	Dreiecke 5

14) Miss beim gegebenen Dreieck die Länge der Seite c sowie die Größen der beiden anliegenden Winkel α und β und konstruiere mit genau diesen Angaben ein kongruentes Dreieck.

| c = 60 mm | α = 107° | β = 30° |

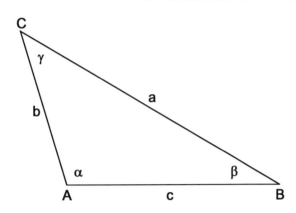
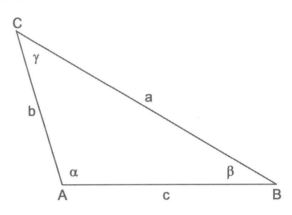

Gib den Kongruenzsatz an, der hier angewendet wurde. | WSW-Satz |

15) Markiere in der Skizze die gegebenen Bestimmungsstücke mit grünem Buntstift. Konstruiere dann das Dreieck: b = 82 mm, α = 36°, γ = 78° und beschrifte Eckpunkte, Seiten und Winkel.

Skizze:

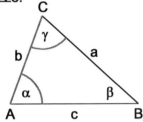
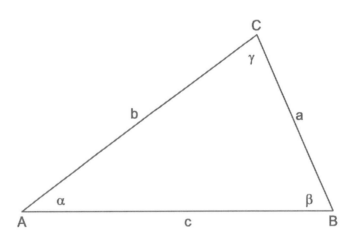

16) Konstruiere das Dreieck: a = 69 mm, β = 29°, γ = 112° und beschrifte vollständig.

Skizze:

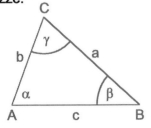
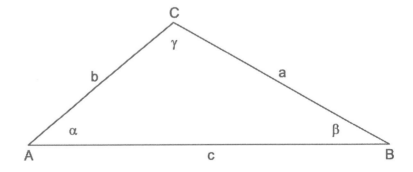

Seite 146 – Arbeitsblätter Mathematik 6/7

| Name: | Dreiecke 6 |

17) Miss beim gegebenen Dreieck die Längen der Seiten b und c sowie die Größe des Winkels β, der der längeren Seite gegenüberliegt, und konstruiere mit genau diesen Angaben ein kongruentes Dreieck.

b =   c =   β =

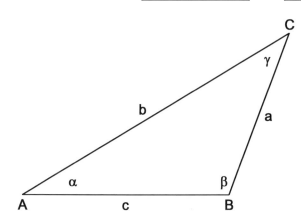

Gib den Kongruenzsatz an, der hier angewendet wurde.

18) Markiere in der Skizze die gegebenen Bestimmungsstücke mit grünem Buntstift. Konstruiere dann das Dreieck: c = 64 mm, a = 80 mm, α = 76° und beschrifte Eckpunkte, Seiten und Winkel.

Skizze:

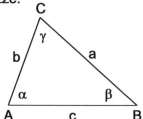

19) Konstruiere das Dreieck: a = 46 mm, c = 88 mm, γ = 94° und beschrifte vollständig.

Skizze:

| Name: | Dreiecke 6 |

17) Miss beim gegebenen Dreieck die Längen der Seiten b und c sowie die Größe des Winkels β, der der längeren Seite gegenüberliegt, und konstruiere mit genau diesen Angaben ein kongruentes Dreieck.

| b = 87 mm | c = 58 mm | β = 111° |

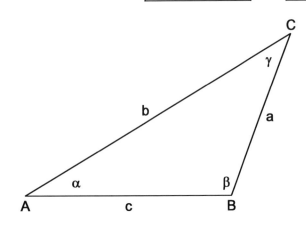 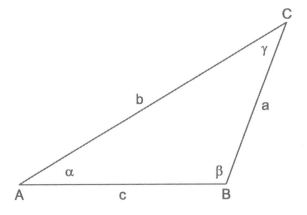

Gib den Kongruenzsatz an, der hier angewendet wurde. | SSW-Satz |

18) Markiere in der Skizze die gegebenen Bestimmungsstücke mit grünem Buntstift. Konstruiere dann das Dreieck: c = 64 mm, a = 80 mm, α = 76° und beschrifte Eckpunkte, Seiten und Winkel.

Skizze:

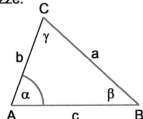

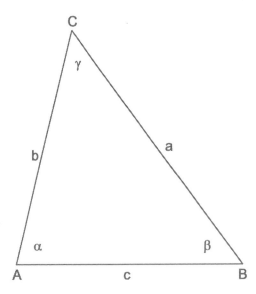

19) Konstruiere das Dreieck: a = 46 mm, c = 88 mm, γ = 94° und beschrifte vollständig.

Skizze:

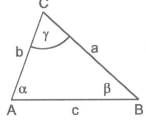

Name:	Dreiecke 7

20) Gib die Eigenschaften von gleichschenkligen Dreiecken an.

   • _____

   • • _____

21) Zeichne eine Skizze und konstruiere das gleichschenklige Dreieck (a = b) mit c = 80 mm und a = 55 mm. Berechne den Umfang.

   Skizze:

22) Zeichne eine Skizze und konstruiere das gleichschenklige Dreieck (a = b) mit a = 60 mm, $\gamma = 110°$. Zeichne die Seitenhalbierenden und den Schwerpunkt.

   Skizze:

23) Zeichne eine Skizze und konstruiere das gleichseitige Dreieck mit a = 75 mm. Zeichne die Winkelhalbierenden und den Inkreis.

   Skizze:

Name:	Dreiecke 7

20) Gib die Eigenschaften von gleichschenkligen Dreiecken an.

• Die beiden Schenkel sind gleich lang.

•• Die beiden Basiswinkel sind gleich groß.

21) Zeichne eine Skizze und konstruiere das gleichschenklige Dreieck (a = b) mit c = 80 mm und a = 55 mm. Berechne den Umfang.

Skizze:

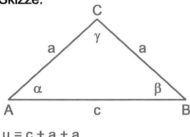

u = c + a + a

u = 80 + 55 + 55 = 190

u ___ 190 mm

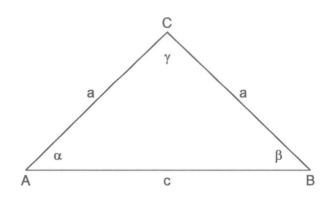

22) Zeichne eine Skizze und konstruiere das gleichschenklige Dreieck (a = b) mit a = 60 mm, γ = 110°. Zeichne die Seitenhalbierenden und den Schwerpunkt.

Skizze:

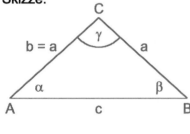

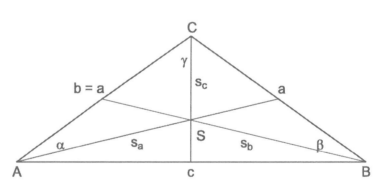

23) Zeichne eine Skizze und konstruiere das gleichseitige Dreieck mit a = 75 mm. Zeichne die Winkelhalbierenden und den Inkreis.

Skizze:

Name:	Dreiecke 8

24) Gib für die Seiten des rechtwinkligen Dreiecks (γ = 90°) die Fachausdrücke an.

   a ... _____   b ... _____   c ... _____

25) Zeichne eine Skizze und konstruiere das rechtwinklige Dreieck (γ = 90°) mit c = 70 mm und α = 35°.

   Skizze:

26) Zeichne eine Skizze und konstruiere ein rechtwinkliges Dreieck (γ = 90°) mit c = 80 mm und b = 50 mm. Verwende für die Konstruktion den Satz von Thales.

   Skizze:

27) Zeichne eine Skizze und konstruiere ein rechtwinkliges Dreieck (γ = 90°) mit a = 72 mm und b = 30 mm. Zeichne den Umkreis
   Miss die Länge von c und berechne (mit Formel) den Umfang.

   Skizze:

Name:	Dreiecke 8

24) Gib für die Seiten des rechtwinkligen Dreiecks (γ = 90°) die Fachausdrücke an.

a ... Kathete   b ... Kathete   c ... Hypotenuse

25) Zeichne eine Skizze und konstruiere das rechtwinklige Dreieck (γ = 90°) mit c = 70 mm und α = 35°.

Skizze:

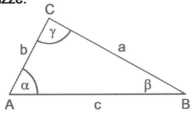 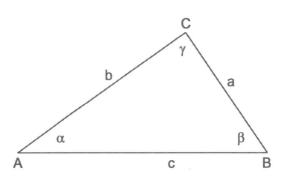

26) Zeichne eine Skizze und konstruiere ein rechtwinkliges Dreieck (γ = 90°) mit c = 80 mm und b = 50 mm. Verwende für die Konstruktion den Satz von Thales.

Skizze:

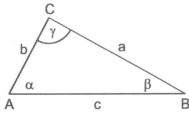 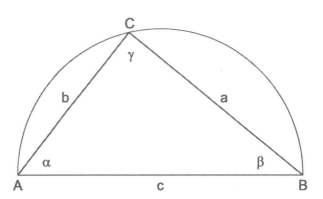

27) Zeichne eine Skizze und konstruiere ein rechtwinkliges Dreieck (γ = 90°) mit a = 72 mm und b = 30 mm. Zeichne den Umkreis
Miss die Länge von c und berechne (mit Formel) den Umfang.

Skizze:

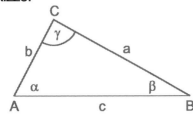 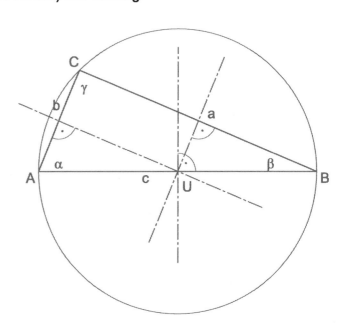

c = 78 mm

u = a + b + c

u = 72 + 30 + 78 = 180

u ___ 180 mm

| Name: | Dreiecke 9 |

28) a) Zeichne vom Punkt P den Normalabstand zur Strecke AB.

b) Verlängere die Strecke CD mit einer dünnen Linie und zeichne dann den Normalabstand des Punktes Q zu dieser Strecke.

29) Erkläre den Begriff „Höhe" im Dreieck.

_____

30) Konstruiere bei den Dreiecken jeweils die drei Höhen bzw. ihre Verlängerungen und den Höhenschnittpunkt.

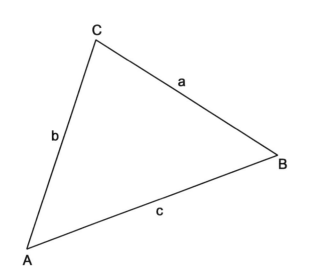
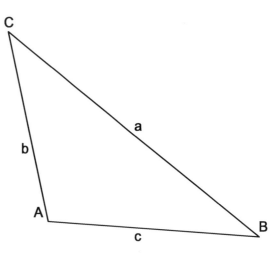
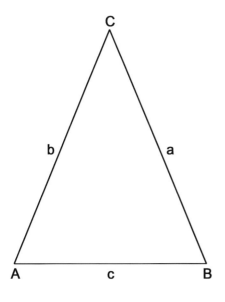
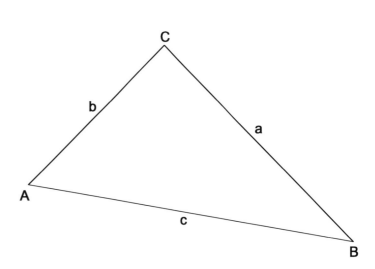

28) a) Zeichne vom Punkt P den Normalabstand zur Strecke AB.

b) Verlängere die Strecke CD mit einer dünnen Linie und zeichne dann den Normalabstand des Punktes Q zu dieser Strecke.

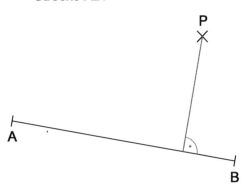
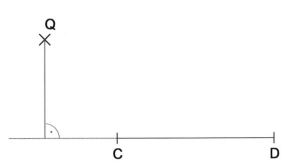

29) Erkläre den Begriff „Höhe" im Dreieck.

Die Höhe ist der Normalabstand eines Eckpunktes von der gegenüberliegenden Seite.

30) Konstruiere bei den Dreiecken jeweils die drei Höhen bzw. ihre Verlängerungen und den Höhenschnittpunkt.

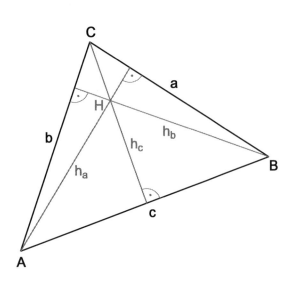
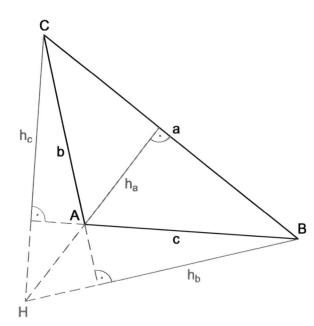
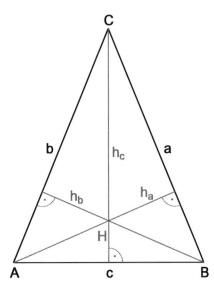
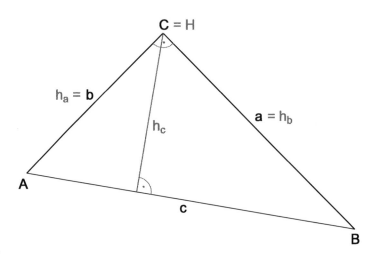

Name:	Dreiecke 10

31) Eine 5,6 m lange Leiter l wird an eine Hausmauer gelehnt. Aus Sicherheitsgründen muss die Entfernung e am Boden 1 m betragen.
Zeichne einen Plan im Maßstab 1 : 100 und lies ab, bis zu welcher Höhe h die Leiter reicht.

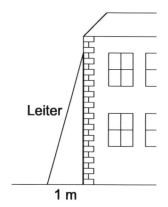

Plan	⟷	Wirklichkeit
1 cm		100 cm
		m cm

A:

32) Mit einem Messgerät soll die Höhe eines Turms vermessen werden. Das Gerät steht von der Mitte des Turms 55 m entfernt. Unter einem Winkel von 36° wird die Turmspitze gesehen. Zeichne ein Dreieck im geeigneten Maßstab und lies daraus die Höhe des Turms ab. Gib den Maßstab an.

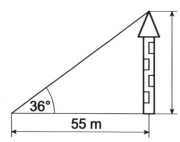

Plan	⟷	Wirklichkeit
		m mm

Maßstab

A:

33) Die Breite eines Flusses soll bestimmt werden. Von zwei Punkten A und B auf einer Seite des Ufers werden die Winkel gemessen, unter denen man einen Punkt C auf der gegenüberliegenden Seite des Flusses sieht. Zeichne einen Plan im Maßstab 1 : 250 und lies daraus die Breite f des Flusses ab.

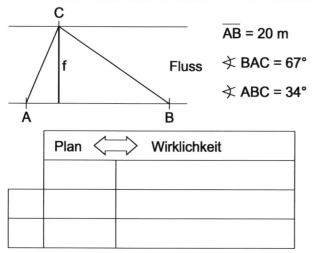

$\overline{AB}$ = 20 m

∢ BAC = 67°

∢ ABC = 34°

Plan	⟷	Wirklichkeit

A:

Name:	Dreiecke 10

31) Eine 5,6 m lange Leiter l wird an eine Hausmauer gelehnt. Aus Sicherheitsgründen muss die Entfernung e am Boden 1 m betragen.
Zeichne einen Plan im Maßstab 1 : 100 und lies ab, bis zu welcher Höhe h die Leiter reicht.

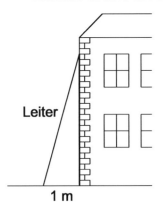

Plan	⟺	Wirklichkeit	
	1 cm		100 cm
e	1 cm	1 m =	100 cm
l	5,6 cm	5,6 m =	560 cm
h	5,5 cm	5,5 m =	550 cm

A: Die Leiter reicht bis zu einer Höhe von 5,5 m.

32) Mit einem Messgerät soll die Höhe eines Turms vermessen werden. Das Gerät steht von der Mitte des Turms 55 m entfernt. Unter einem Winkel von 36° wird die Turmspitze gesehen. Zeichne ein Dreieck im geeigneten Maßstab und lies daraus die Höhe des Turms ab. Gib den Maßstab an.

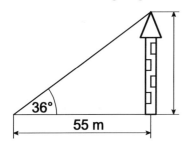

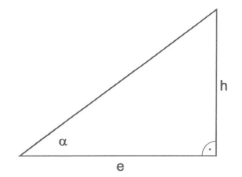

Plan	⟺	Wirklichkeit	
	1 mm		1 m = 1 000 mm
e	55 mm	55 m =	55 000 mm
h	40 mm	40 m =	40 000 mm

Maßstab 1 : 1 000

A: Der Turm ist 40 m hoch.

33) Die Breite eines Flusses soll bestimmt werden. Von zwei Punkten A und B auf einer Seite des Ufers werden die Winkel gemessen, unter denen man einen Punkt C auf der gegenüberliegenden Seite des Flusses sieht. Zeichne einen Plan im Maßstab 1 : 250 und lies daraus die Breite f des Flusses ab.

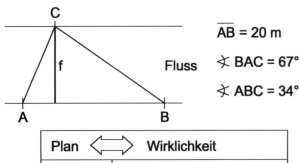

$\overline{AB}$ = 20 m

∢ BAC = 67°

∢ ABC = 34°

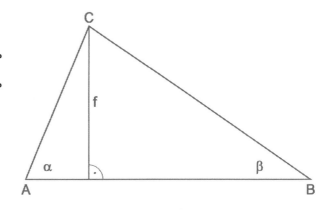

Plan	⟺	Wirklichkeit	
	1 mm		250 mm
$\overline{AB}$	80 mm	20 m =	20 000 mm
f	42 mm	10,5 m =	10 500 mm

A: Der Fluss ist 10,5 m breit.

| Name: | Zuordnungen 1 |

1) Inflation in Deutschland
Ergänze in der Tabelle bzw. im Schaubild die fehlenden Werte.

Jahr	Inflation in Prozent
1995	
1996	
1997	
1998	
1999	
2000	1,4
2001	2,0
2002	1,4
2003	1,1
2004	1,6

Quelle: Datenreport 2004

Das Wort „Inflation" ist ein Fachausdruck. Kreuze die richtige Bedeutung an.

☐ Kreditzinsen ☐ Preissteigerung ☐ Geldentwertung ☐ Warenkorb

2) Mittlere Temperatur in drei Städten im Laufe eines Jahres.
Ergänze in der Tabelle die Temperaturwerte für Berlin und zeichne die Werte für Singapur und Moskau in das Diagramm.

	Jan.	Feb.	März	April	Mai	Juni	Juli	Aug.	Sept.	Okt.	Nov.	Dez.
Berlin												
Moskau	−9°C	−8°C	−2°C	6°C	13°C	17°C	18°C	16°C	11°C	5°C	−1°C	−6°C
Singapur	26°C	27°C	28°C	28°C	28°C	28°C	28°C	27°C	27°C	27°C	27°C	27°C

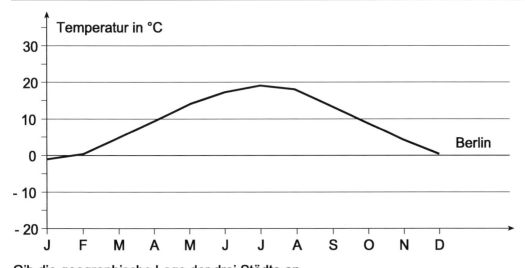

Gib die geographische Lage der drei Städte an.

Berlin		
Moskau		
Singapur		

Name:	Zuordnungen 1

1) Inflation in Deutschland
Ergänze in der Tabelle bzw. im Schaubild die fehlenden Werte.

Jahr	Inflation in Prozent
1995	1,7
1996	1,5
1997	1,9
1998	0,9
1999	0,6
2000	1,4
2001	2,0
2002	1,4
2003	1,1
2004	1,6

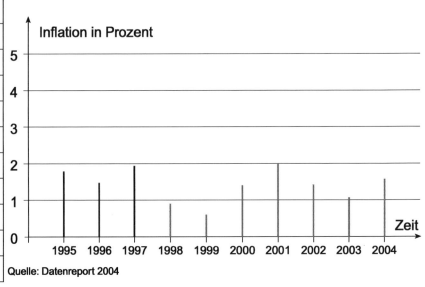

Quelle: Datenreport 2004

Das Wort „Inflation" ist ein Fachausdruck. Kreuze die richtige Bedeutung an.

☐ Kreditzinsen   ☐ Preissteigerung   ☒ Geldentwertung   ☐ Warenkorb

2) Mittlere Temperatur in drei Städten im Laufe eines Jahres.
Ergänze in der Tabelle die Temperaturwerte für Berlin und zeichne die Werte für Singapur und Moskau in das Diagramm.

	Jan.	Feb.	März	April	Mai	Juni	Juli	Aug.	Sept.	Okt.	Nov.	Dez.
Berlin	−1°C	0°C	4°C	9°C	14°C	17°C	19°C	18°C	14°C	9°C	5°C	1°C
Moskau	−9°C	−8°C	−2°C	6°C	13°C	17°C	18°C	16°C	11°C	5°C	−1°C	−6°C
Singapur	26°C	27°C	28°C	28°C	28°C	28°C	28°C	27°C	27°C	27°C	27°C	27°C

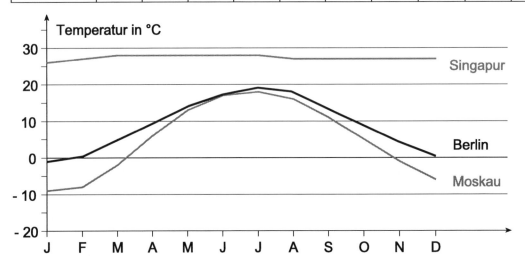

Gib die geographische Lage der drei Städte an.

Berlin	13° östliche Länge	52° nördliche Breite
Moskau	38° östliche Länge	56° nördliche Breite
Singapur	104° östliche Länge	1° nördliche Breite

| Name: | Zuordnungen 2 |

3) Ein Plastikball kostet 5 €.
Füll die Tabelle aus (schreibe auch den Rechengang an) und zeichne den Graphen in das Schaubild.

Tabelle

Anzahl der Bälle	Preis
1	
2	
3	
4	
x	

Schaubild

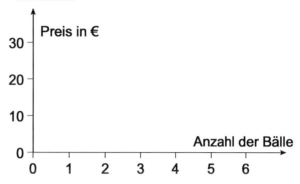

↪ Bei Schlussrechnungen schreibe immer den Rechengang an.

4) Ein Basketball hat eine Masse von 600 Gramm. Berechne die Masse von 2, 3, 4, 5 Basketbällen. Gib die Formel für die Berechnung der Masse von x Basketbällen an.

1 B ___ 600 g

2 B ___ 600 g · 2 =

3 B ___

4 B ___

5 B ___

x B ___

5) Eine Eintrittskarte für ein Fußballspiel kostet 3,27 €. Berechne den Preis für 24 Eintrittskarten.

A:

6) Florian, ein Handballspieler, trainiert täglich im Mittel 2 ½ Stunden. Berechne, wie lange Florian in 7 Tagen trainiert.

A:

7) Christine spielt sehr oft Tennis. In einem Jahr wurde ihr Schläger 14-mal neu bespannt. Eine Bespannung für ihren Tennisschläger kostet 20,75 €. Berechne die Gesamtkosten.

A:

| Name: | Zuordnungen 2 |

3) Ein Plastikball kostet 5 €.
Füll die Tabelle aus (schreibe auch den Rechengang an) und zeichne den Graphen in das Schaubild.

Tabelle   Schaubild

Anzahl der Bälle	Preis
1	5 €
2	5 € · 2 = 10 €
3	5 € · 3 = 15 €
4	5 € · 4 = 20 €
x	5 € · x

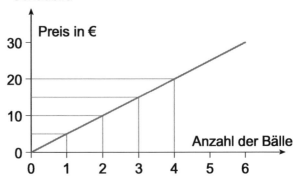

↪ Bei Schlussrechnungen schreibe immer den Rechengang an.

4) Ein Basketball hat eine Masse von 600 Gramm. Berechne die Masse von 2, 3, 4, 5 Basketbällen. Gib die Formel für die Berechnung der Masse von x Basketbällen an.

1 B ___ 600 g

2 B ___ 600 g · 2 = 1 200 g

3 B ___ 600 g · 3 = 1 800 g

4 B ___ 600 g · 4 = 2 400 g

5 B ___ 600 g · 5 = 3 000 g

| x B ___ 600 g · x |

5) Eine Eintrittskarte für ein Fußballspiel kostet 3,27 €. Berechne den Preis für 24 Eintrittskarten.

1 E ___ 3,27 €

24 E ___ 3,27 € · 24 = 78,48 €

A: 24 Eintrittskarten kosten 78,48 €.

```
3,27 · 24
 654
1308
 78,48
```

6) Florian, ein Handballspieler, trainiert täglich im Mittel 2 ½ Stunden. Berechne, wie lange Florian in 7 Tagen trainiert.

1 d ___ 2,5 h

7 d ___ 2,5 h · 7 = 17,5 h

A: In 7 Tagen trainiert Florian 17,5 Stunden.

7) Christine spielt sehr oft Tennis. In einem Jahr wurde ihr Schläger 14-mal neu bespannt. Eine Bespannung für ihren Tennisschläger kostet 20,75 €. Berechne die Gesamtkosten.

1 B ___ 20,75 €

14 B ___ 20,75 € · 14 = 290,50 €

A: Für 14 Bespannungen bezahlte Christine 290,50 €.

```
20,75 · 14
 8300
 290,50
```

Name:	Zuordnungen 3

8) Familie Spangl kauft für ihren PKW vier neue Reifen und bezahlt dafür 430 €. Berechne den Preis für einen Reifen.

A:

9) Frau Karner kauft einen neuen PKW für 17 320 €. Welchen Betrag sollte sie in jedem Jahr sparen, wenn sie nach 8 Jahren wieder ein neues, gleichwertiges Auto kaufen will? (Ein gleichwertiges Auto wird in acht Jahren voraussichtlich teurer sein, aber wenn das Geld auf der Bank gespart wird, kommen Zinsen dazu.)

A:

10) Herr Walser notiert sich alle Ausgaben für seinen PKW. In einem Jahr betrugen die Kosten für Benzin, Wartung, Steuer und Versicherung insgesamt 2 197,80 €. Berechne die mittleren Kosten pro Monat.

NR:

A:

11) Familie Huber fährt mit dem Auto von Ulm nach Saarbrücken. Ihr PKW verbraucht auf dieser 300 km langen Strecke 25,2 l Benzin. Berechne den mittleren Benzinverbrauch für 100 km.

A:

12) Frau Moser fährt auf der Autobahn mit einer mittleren Geschwindigkeit von 120 km/h. Wie weit fährt sie in einer halben Stunde, in einer viertel Stunde, in einer Minute, in einer Sekunde? Füll die Tabelle aus und zeichne ein Schaubild.

Tabelle   Schaubild

Zeit	Weg

Name:	Zuordnungen 3

8) Familie Spangl kauft für ihren PKW vier neue Reifen und bezahlt dafür 430 €. Berechne den Preis für einen Reifen.

    4 R ___ 430 €

    1 R ___ 430 € : 4 = 107,50 €

A: 1 Reifen kostet 107,50 €.

9) Frau Karner kauft einen neuen PKW für 17 320 €. Welchen Betrag sollte sie in jedem Jahr sparen, wenn sie nach 8 Jahren wieder ein neues, gleichwertiges Auto kaufen will? (Ein gleichwertiges Auto wird in acht Jahren voraussichtlich teurer sein, aber wenn das Geld auf der Bank gespart wird, kommen Zinsen dazu.)

    8 Jahre ___ 17 320 €

    1 Jahr ___ 17 320 € : 8 = 2 165 €

A: Frau Karner sollte in jedem Jahr 2 165 € sparen.

10) Herr Walser notiert sich alle Ausgaben für seinen PKW. In einem Jahr betrugen die Kosten für Benzin, Wartung, Steuer und Versicherung insgesamt 2 197,80 €. Berechne die mittleren Kosten pro Monat.

    12 Monate ___ 2 197,80 €

    1 Monat ___ 2 197,80 € : 12 = 183,15 €

NR: 2 1 9 7,8 0 : 1 2 = 1 8 3,1 5
       9 9
         3 7
           1 8
            6 0
              0

A: Die mittleren Kosten pro Monat betrugen 183,15 €.

11) Familie Huber fährt mit dem Auto von Ulm nach Saarbrücken. Ihr PKW verbraucht auf dieser 300 km langen Strecke 25,2 l Benzin. Berechne den mittleren Benzinverbrauch für 100 km.

    300 km ___ 25,2 l

    100 km ___ 25,2 l : 3 = 8,4 l

A: Der mittlere Benzinverbrauch für 100 km beträgt 8,4 l.

12) Frau Moser fährt auf der Autobahn mit einer mittleren Geschwindigkeit von 120 km/h. Wie weit fährt sie in einer halben Stunde, in einer viertel Stunde, in einer Minute, in einer Sekunde? Füll die Tabelle aus und zeichne ein Schaubild.

Tabelle

Zeit	Weg
1 h	120 km
$\frac{1}{2}$ h	120 km : 2 = 60 km
$\frac{1}{4}$ h	120 km : 4 = 30 km
1 min = $\frac{1}{60}$ h	120 km : 60 = 2 km
1 s = $\frac{1}{3600}$ h	120 km : 3600 = 0,033 km

Schaubild

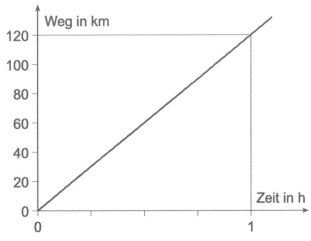

Name:	Zuordnungen 4

13) 5 Bleistifte kosten 1,60 €. Wie viel kosten 3 Bleistifte?

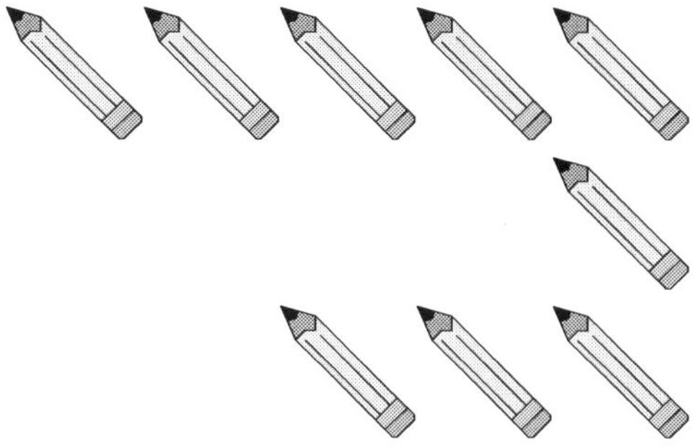

5 B ___

1 B ___

3 B ___

A:

⇨ Bei Schlussrechnungen von einer Mehrheit auf eine andere Mehrheit runde nur das Endergebnis.
⇨ Geldbeträge runde auf zwei Dezimalen.

14) Eine Packung mit 100 Klarsichthüllen kostet 5,08 €. Wie viel kosten 18 Klarsichthüllen?

A:

15) Eine Packung mit 12 tiefgekühlten Kartoffelklößen kostet 2,91 €. Wie viel kosten 7 Kartoffelklöße?

A:

16) 1,5 kg Äpfel kosten 1,38 €. Wie viel kosten 0,93 kg Äpfel?

A:

17) 0,7 l Johannisbeersaft kosten 1,33 €. Wie viel kosten 0,2 l Johannisbeersaft?

A:

Name:	Zuordnungen 4

13) 5 Bleistifte kosten 1,60 €. Wie viel kosten 3 Bleistifte?

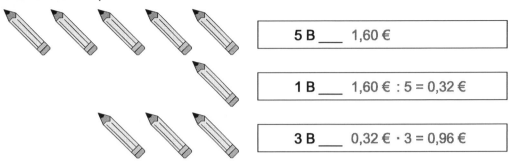

5 B ___ 1,60 €
1 B ___ 1,60 € : 5 = 0,32 €
3 B ___ 0,32 € · 3 = 0,96 €

A: 3 Bleistifte kosten 0,96 €.

⇨ Bei Schlussrechnungen von einer Mehrheit auf eine andere Mehrheit runde nur das Endergebnis.
⇨ Geldbeträge runde auf zwei Dezimalen.

14) Eine Packung mit 100 Klarsichthüllen kostet 5,08 €. Wie viel kosten 18 Klarsichthüllen?

100 K ___ 5,08 €
  1 K ___ 5,08 € : 100 = 0,0508 €
18 K ___ 0,0508 € · 18 = 0,91 €

$$0,0508 \cdot 18$$
$$\underline{4\;0\;6\;4}$$
$$0,9\;1\;4\;4 \approx 0,9\;1$$

A: 18 Klarsichthüllen kosten 0,91 €.

15) Eine Packung mit 12 tiefgekühlten Kartoffelklößen kostet 2,91 €. Wie viel kosten 7 Kartoffelklöße?

12 M ___ 2,91 €
  1 M ___ 2,91 € : 12 = 0,2425 €
  7 M ___ 0,2425 € · 7 = 1,6975 € ≈ 1,70 €

2,9 1 : 1 2 = 0,2 4 2 5
2 9
  5 1
    3 0
      6 0
        0

A: 7 Kartoffelklöße kosten 1,70 €.

16) 1,5 kg Äpfel kosten 1,38 €. Wie viel kosten 0,93 kg Äpfel?

1,5 kg ___ 1,38 €
  1 kg ___ 1,38 € : 1,5 = 0,92 €
0,93 kg ___ 0,92 € · 0,93 = 0,86 €

1,3 8 : 1,5 = |· 1 0
1 3,8 : 1 5 = 0,9 2
1 3 8
  0 3 0
      0

0,9 2 · 0,9 3
8 2 8
2 7 6
─────
0,8 5 5 6 ≈ 0,8 6

A: 0,93 kg Äpfel kosten 0,86 €.

17) 0,7 l Johannisbeersaft kosten 1,33 €. Wie viel kosten 0,2 l Johannisbeersaft?

0,7 l ___ 1,33 €
0,1 l ___ 1,33 € : 7 = 0,19 €
0,2 l ___ 0,19 € · 2 = 0,38 €

1,3 3 : 7 = 0,1 9
1 3
  6 3
    0

A: 0,2 l Johannisbeersaft kosten 0,38 €.

Name:	Zuordnungen 5

18) 5 Kinder brauchen zum Aufräumen der Klasse 15 Minuten. Wie lange würden 3 Kinder dafür brauchen?

5 K ___

1 K ___

3 K ___

A:

19) a) Acht Arbeiter in einem Betrieb brauchen 6 Tage, um einen Auftrag zu erledigen. Wie lange würde es dauern, wären nur 4, 2, 1 Arbeiter beschäftigt?

Anzahl der Arbeiter	Anzahl der Tage
8 A	
4 A	
2 A	
1 A	

b) An einer Großbaustelle sind 5 Baumaschinen im Einsatz, die Arbeit soll in 12 Tagen beendet sein. Wie lange würde es dauern, wäre nur eine Baumaschine bzw. wären 2, 3, 4 oder 10 Baumaschinen im Einsatz?

20) Um an einer Autobahnbaustelle den Beton anzuliefern, müssen 3 Betonmisch-LKW je 10 Stunden lang im Einsatz sein.

a) Wie lange würde es dauern, wären 4, 5, 6, 8 oder 300 Betonmisch-LKW eingesetzt?

b) Wie viele Betonmisch-LKW müssten eingesetzt werden, damit die Arbeit in 1, 2, 3 Stunden beendet wäre?

18) 5 Kinder brauchen zum Aufräumen der Klasse 15 Minuten. Wie lange würden 3 Kinder dafür brauchen?

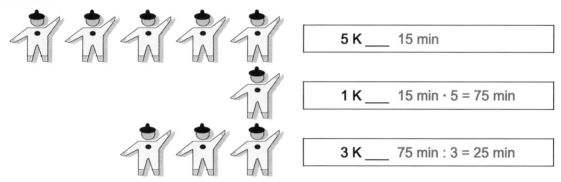

| 5 K ___ 15 min |
| 1 K ___ 15 min · 5 = 75 min |
| 3 K ___ 75 min : 3 = 25 min |

A: 3 Kinder würden zum Aufräumen der Klasse 25 Minuten brauchen.

19) a) Acht Arbeiter in einem Betrieb brauchen 6 Tage, um einen Auftrag zu erledigen. Wie lange würde es dauern, wären nur 4, 2, 1 Arbeiter beschäftigt?

Anzahl der Arbeiter	Anzahl der Tage
8 A	6 d
4 A	6 d · 2 = 12 d
2 A	6 d · 4 = 24 d
1 A	6 d · 8 = 48 d

b) An einer Großbaustelle sind 5 Baumaschinen im Einsatz, die Arbeit soll in 12 Tagen beendet sein. Wie lange würde es dauern, wäre nur eine Baumaschine bzw. wären 2, 3, 4 oder 10 Baumaschinen im Einsatz?

Anzahl der Baumaschinen	Anzahl der Tage
5 B	12 d
1 B	12 d · 5 = 60 d
2 B	60 d : 2 = 30 d
3 B	60 d : 3 = 20 d
4 B	60 d : 4 = 15 d
10 B	60 d : 10 = 6 d

20) Um an einer Autobahnbaustelle den Beton anzuliefern, müssen 3 Betonmisch-LKW je 10 Stunden lang im Einsatz sein.

a) Wie lange würde es dauern, wären 4, 5, 6, 8 oder 300 Betonmisch-LKW eingesetzt?

Anzahl der Betonmisch-LKW	Anzahl der Stunden
3 LKW	10 h
1 LKW	10 h · 3 = 30 h
4 LKW	30 h : 4 = 7,5 h
5 LKW	30 h : 5 = 6 h
6 LKW	30 h : 6 = 5 h
8 LKW	30 h : 8 = 3,75 h
300 LKW	Stau!

b) Wie viele Betonmisch-LKW müssten eingesetzt werden, damit die Arbeit in 1, 2, 3 Stunden beendet wäre?

Anzahl der Stunden	Anzahl der Betonmisch-LKW
10 h	3 LKW
1 h	3 LKW · 10 = 30 LKW
2 h	30 LKW : 2 = 15 LKW
3 h	30 LKW : 3 = 10 LKW

| Name: | Zuordnungen 6 |

21) Schreibe, wenn dies sinnvoll ist, jeweils „mehr" bzw. „weniger" in das Kästchen, und kreuze dann an, wenn die Zuordnung direkt proportional oder indirekt proportional ist.

	direkt proportional	indirekt proportional
Mehr Äpfel kosten ☐ Geld.	☐	☐
Wenn man mit weniger Geschwindigkeit geht, braucht man für dieselbe Strecke ☐ Zeit.	☐	☐
Weniger Schafe brauchen für dieselbe Zeit ☐ Futter.	☐	☐
Für weniger Geld bekommt man ☐ Packungen Chips.	☐	☐
Wenn man mehr Eier kocht, dauert das ☐ Zeit.	☐	☐
Mehr Kühe kommen mit derselben Futtermenge ☐ Tage aus.	☐	☐
Weniger Kinder brauchen für dieselbe Wanderung ☐ Zeit.	☐	☐

22) a) 1 m² Wandfliesen kostet 25,40 €. Wie viel kosten 6,2 m²?

b) 1 m² Bodenfliesen kostet 21,50 €. Wie viele m² bekommt man für 116,10 €?

A:

A:

23) Für das Verlegen von 16,2 m² Wandfliesen im Bad hat Familie Koller 777,60 € bezahlt. Wie viel wird das Verlegen von 6,6 m² Wandfliesen im WC kosten?

A:

24) Um in einer großen Wohnhausanlage alle Fenster zu tauschen, werden 5 Arbeiter 72 Tage beschäftigt sein. In wie vielen Tagen wäre diese Arbeit erledigt, würde man 9 Arbeiter dafür einsetzen?

A:

| Name: | Zuordnungen 6 |

21) Schreibe, wenn dies sinnvoll ist, jeweils „mehr" bzw. „weniger" in das Kästchen, und kreuze dann an, wenn die Zuordnung direkt proportional oder indirekt proportional ist.

	direkt proportional	indirekt proportional
Mehr Äpfel kosten [mehr] Geld.	☒	☐
Wenn man mit weniger Geschwindigkeit geht, braucht man für dieselbe Strecke [mehr] Zeit.	☐	☒
Weniger Schafe brauchen für dieselbe Zeit [weniger] Futter.	☒	☐
Für weniger Geld bekommt man [weniger] Packungen Chips.	☒	☐
Wenn man mehr Eier kocht, dauert das [ ] Zeit.	☐	☐
Mehr Kühe kommen mit derselben Futtermenge [weniger] Tage aus.	☐	☒
Weniger Kinder brauchen für dieselbe Wanderung [ ] Zeit.	☐	☐

22) a) 1 m² Wandfliesen kostet 25,40 €.
Wie viel kosten 6,2 m²?

1 m² ___ 25,40 €

6,2 m² ___ 25,40 € · 6,2 = 157,48 €

NR: 2 5,4 0 · 6, 2
    1 5 2 4 0
       5 0 8 0
    1 5 7,4 8 0

A: 6,2 m² Wandfliesen kosten 157,48 €.

b) 1 m² Bodenfliesen kostet 21,50 €.
Wie viele m² bekommt man für 116,10 €?

21,50 € ___ 1 m²

116,10 € ___ 116,10 € : 21,50 € → 5,4 m²

NR: 1 1 6,1 0 : 2 1,5 0 = | · 1 0 0
    1 1 6 1 0 : 2 1 5 0 = 5,4
       8 6 0 0
       0 0 0

A: Für 116,10 € bekommt man 5,4 m² Bodenfliesen.

23) Für das Verlegen von 16,2 m² Wandfliesen im Bad hat Familie Koller 777,60 € bezahlt. Wie viel wird das Verlegen von 6,6 m² Wandfliesen im WC kosten?

16,2 m² ___ 777,60 €

1 m² ___ 777,60 € : 16,2 = 48 €

6,6 m² ___ 48 € · 6,6 = 316,80 €

7 7 7,6 0 : 1 6,2 = | · 1 0
7 7 7 6 : 1 6 2 = 4 8
1 2 9 6
   0 0 0

  4 8 · 6,6
  2 8 8
  2 8 8
 3 1 6,8

A: Das Verlegen von 6,6 m² Fliesen wird 316,80 € kosten.

24) Um in einer großen Wohnhausanlage alle Fenster zu tauschen, werden 5 Arbeiter 72 Tage beschäftigt sein. In wie vielen Tagen wäre diese Arbeit erledigt, würde man 9 Arbeiter dafür einsetzen?

5 A ___ 72 d

1 A ___ 72 d · 5 = 360 d

9 A ___ 360 d : 9 = 40 d

A: In 40 Tagen wäre diese Arbeit erledigt.

Name:	Zuordnungen 7

25) Eine Firma hat 9 Fensterputzer beschäftigt, diese würden 6 Stunden brauchen, um die für diesen Tag geplante Arbeit zu erledigen. Ein Fensterputzer ist erkrankt, wie lange dauert nun die Arbeit?

A:

26) In einem Betrieb werden 800 Packungen mit je 375 g Cornflakes gefüllt.
   a) Welche Menge Cornflakes wird abgefüllt?
   b) Wie viele 500-g-Packungen hätte man mit dieser Menge füllen können?

A:

A:

27) Aus 1 kg Mehl erhält man 27 Semmeln.
   a) Wie viele Semmeln erhält man aus 500 kg Mehl?
   b) Wie viel Mehl braucht man für die Herstellung von 1 000 Semmeln?

A:

A:

28) Diese Schlussrechnungen kannst du im Kopf lösen.
   a) Ein Arbeiter verdient in einer Woche mit 40 Arbeitsstunden 320 €.
      Für zwei Überstunden bekommt der Arbeiter zusätzlich ☐ .
   b) 8 Arbeiter brauchen zur Schneeräumung 5 Stunden.
      10 Arbeiter würden dafür ☐ brauchen.
   c) Mit 3 Lastkraftwagen können an einem Tag 90 m³ Bauschutt abtransportiert werden.
      Mit 4 Lastkraftwagen könnten in derselben Zeit ☐ abtransportiert werden.
   d) Eine Blumenbinderin macht 8 Sträuße mit je 9 Nelken.
      Mit der gleichen Menge Nelken könnte sie 6 Sträuße mit je ☐ binden.
   e) Für einen Strauß mit 5 Rosen werden 5,50 € bezahlt.
      Ein Strauß mit 9 Rosen derselben Art wird ☐ kosten.
   f) Für 1 kg Landbrot braucht man 550 g Mehl.
      Für 1000 kg Landbrot braucht man ☐ Mehl.
   g) Für 10 kg Roggenbrot braucht man 1 kg Sauerteig.
      Für 500 kg Roggenbrot braucht man ☐ Sauerteig.

| Name: | Zuordnungen 7 |

25) Eine Firma hat 9 Fensterputzer beschäftigt, diese würden 6 Stunden brauchen, um die für diesen Tag geplante Arbeit zu erledigen. Ein Fensterputzer ist erkrankt, wie lange dauert nun die Arbeit?

    9 F ___ 6 h   5 4 : 8 = 6, 7 5 $\frac{75}{100} = \frac{3}{4}$

    1 F ___ 6 h · 9 = 54 h   6 0

    8 F ___ 54 h : 8 = 6,75 h   4 0 $\frac{3 \cdot 15}{4 \cdot 15} = \frac{45}{60}$

                                           0

    A: Die Arbeit dauert nun 6 Stunden 45 Minuten.

26) In einem Betrieb werden 800 Packungen mit je 375 g Cornflakes gefüllt.

    a) Welche Menge Cornflakes wird abgefüllt?   **b)** Wie viele 500-g-Packungen hätte man mit dieser Menge füllen können?

        1 P ___ 375 g   500 g ___ 1 P

        800 P ___ 375 g · 800 = 300 000 g   300 000 g ___ 300 000 g : 500 g → 600 P

         3 7 5 · 8 0 0   3 0 0 0 0 0 : 5 0 0 = |: 1 0 0
         ―――――――
         3 0 0 0 0 0   3 0 0 0 : 5 = 6 0 0

    A: 300 kg Cornflakes werden abgefüllt.   A: 600 Packungen hätte man mit je 500 g füllen können.

27) Aus 1 kg Mehl erhält man 27 Semmeln.

    a) Wie viele Semmeln erhält man aus 500 kg Mehl?   **b)** Wie viel Mehl braucht man für die Herstellung von 1 000 Semmeln?

        1 kg M ___ 27 Se   27 Se ___ 1 kg M

        500 kg M ___ 27 Se · 500 = 13 500 Se   1 000 Se ___ 1 000 Se : 27 Se → 37 kg M

         2 7 · 5 0 0   1 0 0 0 : 2 7 = 3 7
         ―――――
         1 3 5 0 0   1 9 0

                                                       0 1 Rest

    A: Aus 500 kg Mehl erhält man 13 500 Semmeln.   A: Für 1000 Semmeln braucht man 37 kg Mehl.

28) Diese Schlussrechnungen kannst du im Kopf lösen.

    a) Ein Arbeiter verdient in einer Woche mit 40 Arbeitsstunden 320 €. Für zwei Überstunden bekommt der Arbeiter zusätzlich [16 €].

    b) 8 Arbeiter brauchen zur Schneeräumung 5 Stunden. 10 Arbeiter würden dafür [4 Stunden] brauchen.

    c) Mit 3 Lastkraftwagen können an einem Tag 90 m³ Bauschutt abtransportiert werden. Mit 4 Lastkraftwagen könnten in derselben Zeit [120 m³] abtransportiert werden.

    d) Eine Blumenbinderin macht 8 Sträuße mit je 9 Nelken. Mit der gleichen Menge Nelken könnte sie 6 Sträuße mit je [12 Nelken] binden.

    e) Für einen Strauß mit 5 Rosen werden 5,50 € bezahlt. Ein Strauß mit 9 Rosen derselben Art wird [9,90 €] kosten.

    f) Für 1 kg Landbrot braucht man 550 g Mehl. Für 1000 kg Landbrot braucht man [550 kg] Mehl.

    g) Für 10 kg Roggenbrot braucht man 1 kg Sauerteig. Für 500 kg Roggenbrot braucht man [50 kg] Sauerteig.

| Name: | Zuordnungen 8 |

29) Lies aus dem Diagramm die Fahrzeit ab und gib an, um welches Fahrzeug es sich handeln könnte.

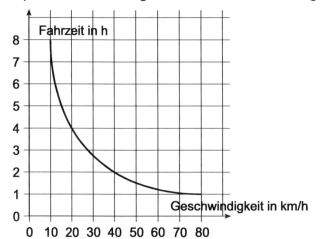

Geschwindigkeit	Zeit
10 km/h	
20 km/h	
...	
40 km/h	
50 km/h	
...	
80 km/h	

30) Herr Hartmann fährt auf der Autobahn mit einer mittleren Geschwindigkeit von 95 km/h. Wie weit kommt er in 3 ½ Stunden?

A:

31) Frau Hauser fährt Freunde besuchen, sie fährt mit dem Auto mit einer mittleren Geschwindigkeit von 60 km/h und ist in 9 Minuten am Ziel. Einige Tage später fährt sie dieselbe Strecke mit dem Rad mit einer mittleren Geschwindigkeit von 18 km/h.
   a) Wie lange wird Frau Hauser mit dem Rad bis zu ihren Freunden fahren?
   b) Wie schnell müsste Frau Hauser mit dem Rad fahren, um in 27 min am Ziel zu sein?

A: A:

32) Lies aus dem Zeit-Weg-Diagramm ab.

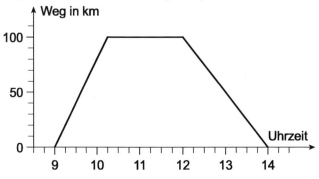

Abfahrt:

Geschwindigkeit bei der Hinfahrt:

Dauer des Aufenthalts:

Geschwindigkeit bei der Rückfahrt:

Ankunft:

| Name: | Zuordnungen 8 |

29) Lies aus dem Diagramm die Fahrzeit ab und gib an, um welches Fahrzeug es sich handeln könnte.

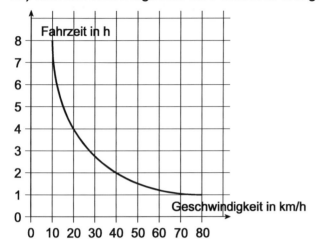

Geschwindigkeit	Zeit	
10 km/h	8 h	Traktor
20 km/h	4 h	Fahrrad
...	...	
40 km/h	2 h	Moped
50 km/h	1,6 h	LKW
...	...	
80 km/h	1 h	PKW

30) Herr Hartmann fährt auf der Autobahn mit einer mittleren Geschwindigkeit von 95 km/h. Wie weit kommt er in 3 ½ Stunden?

$\qquad$ 1 h $\qquad$ 95 km

$\qquad$ 3,5 h $\qquad$ 95 km · 3,5 = 332,5 km

```
  9 5 · 3,5
  ─────────
  2 8 5
    4 7 5
  ─────────
  3 3 2,5
```

A: In 3 ½ Stunden fährt Herr Hartmann 332,5 km.

31) Frau Hauser fährt Freunde besuchen, sie fährt mit dem Auto mit einer mittleren Geschwindigkeit von 60 km/h und ist in 9 Minuten am Ziel. Einige Tage später fährt sie dieselbe Strecke mit dem Rad mit einer mittleren Geschwindigkeit von 18 km/h.

a) Wie lange wird Frau Hauser mit dem Rad bis zu ihren Freunden fahren?

60 km/h ___ 9 min

1 km/h ___ 9 min · 60 = 540 min

18 km/h ___ 540 min : 18 = 30 min

```
5 4 0 : 1 8 = 3 0
    0 0
      0
```

A: Frau Hauser wird 30 Minuten fahren.

b) Wie schnell müsste Frau Hauser mit dem Rad fahren, um in 27 min am Ziel zu sein?

30 min ___ 18 km/h

1 min ___ 18 km/h · 30 = 540 km/h

27 min ___ 540 km/h : 27 = 20 km/h

A: Frau Hauser müsste 20 km/h fahren.

32) Lies aus dem Zeit-Weg-Diagramm ab.

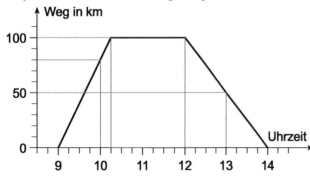

Abfahrt:	9 Uhr
Geschwindigkeit bei der Hinfahrt:	80 km/h
Dauer des Aufenthalts:	$1\frac{3}{4}$ Stunden
Geschwindigkeit bei der Rückfahrt:	50 km/h
Ankunft:	14 Uhr

| Name: | Zuordnungen 9 |

33) Bonboniere 9 €, Doppelpackung 15 €

Ein Preisschild im Supermarkt.
Berechne den Preis für 1, 2, 3, 4, 5, 6, 7 Bonbonieren und zeichne das Schaubild.

Anzahl	Preis

34) Ein Buntstift kostet 0,28 €. Eine Packung mit einem Dutzend Buntstiften (12 Stück) kostet im selben Geschäft 2,45 €. Um wie viel sind 12 einzelne Buntstifte teurer als die Packung?

A:

Mario braucht nur einen grünen und einen blauen Buntstift.
Soll er die Packung mit dem Dutzend Buntstiften kaufen?

35) Monika braucht für die Schule Klarsichthüllen und studiert deshalb die Preise im Papiergeschäft.

| 20 St. Klarsichthüllen 1,45 € | 50 St. Klarsichthüllen 2,90 € | 100 St. Klarsichthüllen 5,08 € |

a) Berechne den Preis für 100 Klarsichthüllen und für 1 Klarsichthülle für alle drei Packungsgrößen.

b) Karin braucht im Laufe eines Schuljahres 100 Klarsichthüllen, kauft aber immer nur Packungen mit je 20 Stück. Wie viel hätte Karin beim Kauf zweier Packungen mit je 50 Stück bzw. einer Packung mit 100 Stück gespart?

A: A:

| Name: | Zuordnungen 9 |

33) **Bonboniere** 9 € Doppelpackung 15 €

Ein Preisschild im Supermarkt.
Berechne den Preis für 1, 2, 3, 4, 5, 6, 7 Bonbonieren und zeichne das Schaubild.

Anzahl	Preis
1	9 €
2	15 €
3	24 €
4	30 €
5	39 €
6	45 €
7	54 €

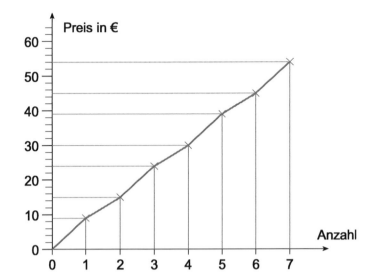

34) Ein Buntstift kostet 0,28 €. Eine Packung mit einem Dutzend Buntstiften (12 Stück) kostet im selben Geschäft 2,45 €. Um wie viel sind 12 einzelne Buntstifte teurer als die Packung?

```
1 B ___ 0,28 €                    0,28 · 12         3,36
12 B ___ 0,28 € · 12 = 3,36 €        56            -2,45
                                    ———           ———
                                    3,36           0,91
```

A: 12 einzelne Buntstifte sind um 0,91 € teurer als eine Packung mit 12 Stück.

Mario braucht nur einen grünen und einen blauen Buntstift.
Soll er die Packung mit dem Dutzend Buntstiften kaufen? | nein |

35) Monika braucht für die Schule Klarsichthüllen und studiert deshalb die Preise im Papiergeschäft.

| 20 St. Klarsichthüllen 1,45 € | 50 St. Klarsichthüllen 2,90 € | 100 St. Klarsichthüllen 5,08 € |

a) Berechne den Preis für 100 Klarsichthüllen und für 1 Klarsichthülle für alle drei Packungsgrößen.

```
20 K ___ 1,45 €              50 K ___ 2,90 €
100 K ___ 1,45 € · 5 = 7,25 € 100 K ___ 2,90 € · 2 = 5,80 €   100 K ___ 5,08 €
1 K ___ 0,07 €               1 K ___ 0,06 €                   1 K ___ 0,05 €
```

b) Karin braucht im Laufe eines Schuljahres 100 Klarsichthüllen, kauft aber immer nur Packungen mit je 20 Stück. Wie viel hätte Karin beim Kauf zweier Packungen mit je 50 Stück bzw. einer Packung mit 100 Stück gespart?

```
  7,25              7,25
- 5,80            - 5,08
  ————             ————
  1,45              2,17
```

A: Beim Kauf zweier Packungen mit je 50 Stück hätte Karin 1,45 € gespart.

A: Beim Kauf einer Packung mit 100 Stück hätte Karin 2,17 € gespart.

| Name: | Vierecke 1 |

1) a) Zeichne die fehlenden Diagonalen ein.
   b) Benenne die dargestellten Vierecke.

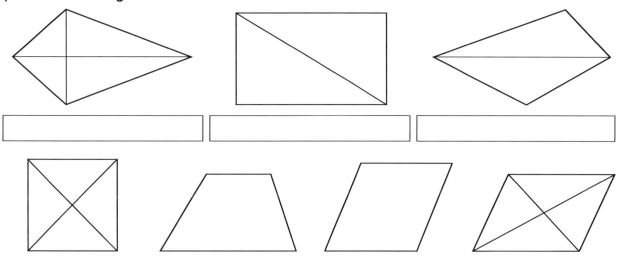

2) a) Benenne die dargestellten Vierecke.
   b) Zieh bei den Vierecken parallele Seiten mit Buntstift nach. Wenn ein Viereck zwei Paar parallele Seiten hat, verwende zwei verschiedene Farben.

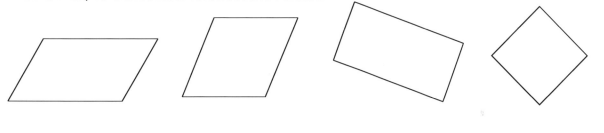

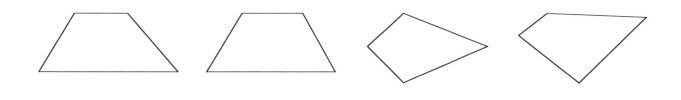

3) a) Winkel, deren Schenkel paarweise parallel sind, bezeichnet man als ☐

   b) Gib, wenn dies ohne Messen möglich ist, die Größe der fehlenden Winkel an und benenne die Vierecke.

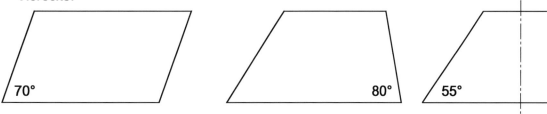

Name:	Vierecke 1

1) a) Zeichne die fehlenden Diagonalen ein.
   b) Benenne die dargestellten Vierecke.

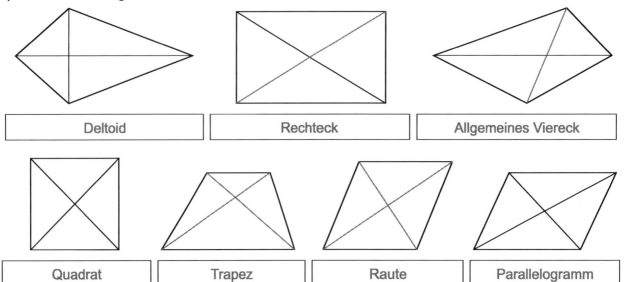

2) a) Benenne die dargestellten Vierecke.
   b) Zieh bei den Vierecken parallele Seiten mit Buntstift nach. Wenn ein Viereck zwei Paar parallele Seiten hat, verwende zwei verschiedene Farben.

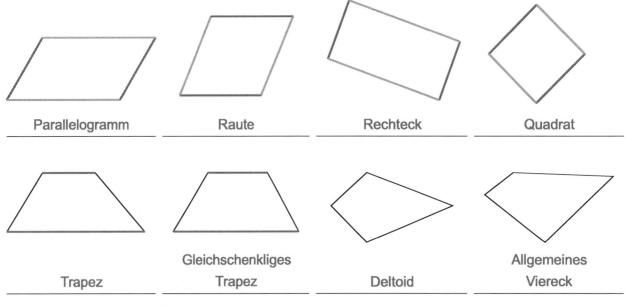

3) a) Winkel, deren Schenkel paarweise parallel sind, bezeichnet man als Parallelwinkel.

   b) Gib, wenn dies ohne Messen möglich ist, die Größe der fehlenden Winkel an und benenne die Vierecke.

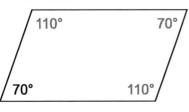 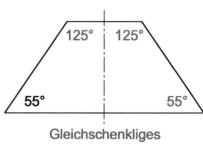

| Name: | Viereck 2 |

4) Zeichne bei den dargestellten Vierecken alle Symmetrieachsen ein.

 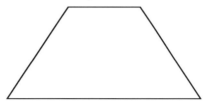 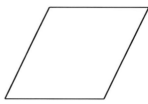

 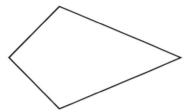 

5) Spiegle jeweils den Streckenzug an der Geraden g und benenne die dadurch entstandene Figur.

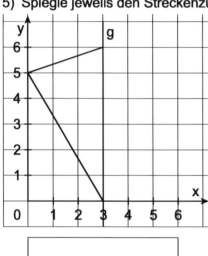 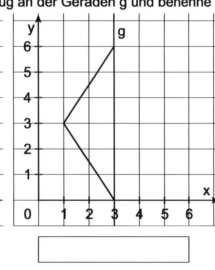 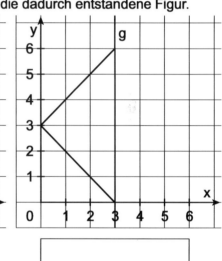

6) Zeichne die Diagonalen, benenne die Vierecke und beschrifte die Seiten und Diagonalen. Für gleich lange Seiten bzw. Diagonalen verwende jeweils denselben Buchstaben.

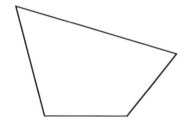 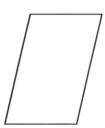 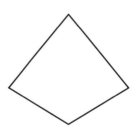

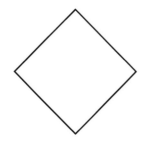  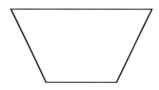

| Name: | Vierecke 2 |

4) Zeichne bei den dargestellten Vierecken alle Symmetrieachsen ein.

 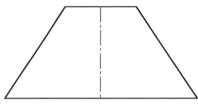 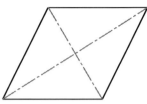

 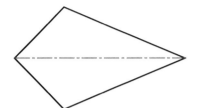 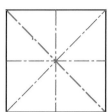

5) Spiegle jeweils den Streckenzug an der Geraden g und benenne die dadurch entstandene Figur.

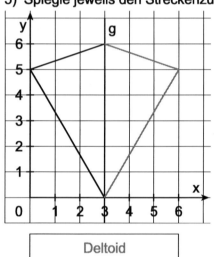 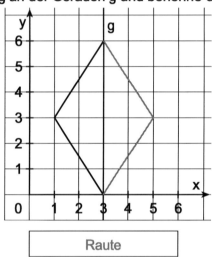 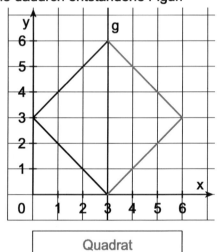

Deltoid   Raute   Quadrat

6) Zeichne die Diagonalen, benenne die Vierecke und beschrifte die Seiten und Diagonalen. Für gleich lange Seiten bzw. Diagonalen verwende jeweils denselben Buchstaben.

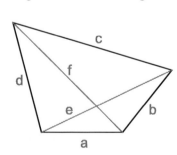

Allgemeines Viereck

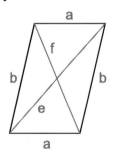

Parallelogramm

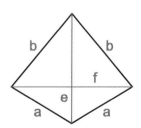

Deltoid

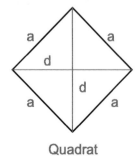

Quadrat

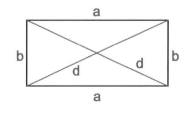

Rechteck

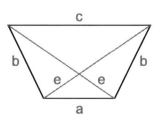

Gleichschenkliges Trapez

Name:	Vierecke 3

7) Kreuze an, wenn die folgende Eigenschaft zutrifft.
   a) Die gegenüberliegenden Seiten sind gleich lang.

   | 1 | 2 | 3 | 4 | 5 | 6 | 7 | 8 |

   b) Zumindest zwei Seiten sind parallel.

   | 1 | 2 | 3 | 4 | 5 | 6 | 7 | 8 |

   c) Zwei nebeneinanderliegende Winkel ergänzen immer auf 180°.

   | 1 | 2 | 3 | 4 | 5 | 6 | 7 | 8 |

   d) Die Diagonalen stehen aufeinander normal.

   | 1 | 2 | 3 | 4 | 5 | 6 | 7 | 8 |

8) Gib an, ob die Behauptungen richtig sind (ja / nein).

a)	Das Quadrat ist ein besonderes Rechteck.	
b)	Das Rechteck ist ein besonderes Quadrat.	
c)	Die Raute ist ein besonderes Parallelogramm.	
d)	Das Parallelogramm ist eine besondere Raute.	
e)	Das Quadrat ist eine besondere Raute.	
f)	Das Quadrat ist ein besonderes Deltoid.	

9) Gestalte symmetrische Muster, verwende dabei Vierecke.

10) Gestalte geometrische Muster, verwende dabei Vierecke.

Name:	Vierecke 3

7) Kreuze an, wenn die folgende Eigenschaft zutrifft.
   a) Die gegenüberliegenden Seiten sind gleich lang.

☒1   2   ☒3   4   ☒5   6   ☒7   8

b) Zumindest zwei Seiten sind parallel.

☒1   2   ☒3   ☒4   ☒5   ☒6   ☒7   8

c) Zwei nebeneinanderliegende Winkel ergänzen immer auf 180°.

☒1   2   ☒3   4   ☒5   6   ☒7   8

d) Die Diagonalen stehen aufeinander normal.

    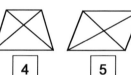

1   ☒2   ☒3   4   5   6   ☒7   8

8) Gib an, ob die Behauptungen richtig sind (ja / nein).

a)	Das Quadrat ist ein besonderes Rechteck.	ja
b)	Das Rechteck ist ein besonderes Quadrat.	nein
c)	Die Raute ist ein besonderes Parallelogramm.	ja
d)	Das Parallelogramm ist eine besondere Raute.	nein
e)	Das Quadrat ist eine besondere Raute.	ja
f)	Das Quadrat ist ein besonderes Deltoid.	ja

9) Gestalte symmetrische Muster, verwende dabei Vierecke.

  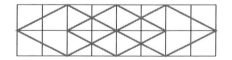

10) Gestalte geometrische Muster, verwende dabei Vierecke.

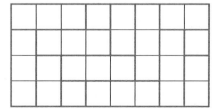 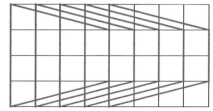 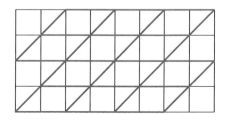

| Name: | Viereck 4 |

11) Konstruiere das Viereck ABCD: A(0/2), B(7/0), C(9/5), D(1/4).
    Gib die Größe sowie die Art der Winkel an und berechne die Winkelsumme.

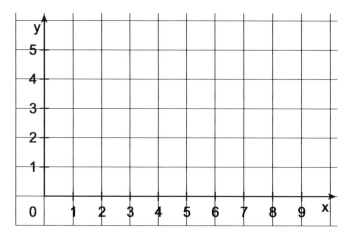

α = _____ _____

β = _____ _____

γ = _____ _____

δ = _____ _____

12) Gib die Formel für die Winkelsumme von Vierecken an und berechne dann die fehlenden Winkel.
    Formel: _____

a)	b)	c)	d)	e)
α = 70°		α = 172°	α = 91,5°	α = 30,9°
β = 130°	β = 92°	β = 135°		β = 89,7°
γ = 100°	γ = 97°		γ = 38,2°	γ = 177,3°
δ =	δ = 126°	δ = 30°	δ = 105,5°	

13) Zeichne die gegebenen Bestimmungsstücke in der Skizze grün ein und konstruiere das allgemeine Viereck: a = 61 mm, b = 57 mm, d = 28 mm, α = 90°, β = 125°.

Skizze:

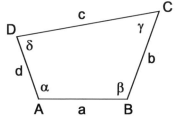

14) Forme die Formel für die Winkelsumme so um, dass der gesuchte Winkel berechnet werden kann.

   a) Gegeben: β, γ, δ; α = ?   b) Gegeben: α, γ, δ; β = ?

Name:	Viereck 4

11) Konstruiere das Viereck ABCD: A(0/2), B(7/0), C(9/5), D(1/4).
Gib die Größe sowie die Art der Winkel an und berechne die Winkelsumme.

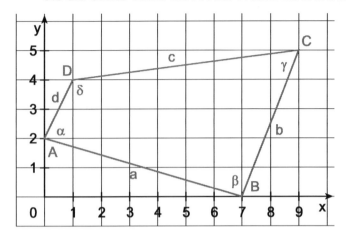

α = 79°   spitzer Winkel   (α ≈ 79,38°)
β = 96°   stumpfer Winkel (α ≈ 95,86°)
γ = 61°   spitzer Winkel   (α ≈ 61,07°)
δ = 124° stumpfer Winkel (α ≈ 123,69°)
    360°

12) Gib die Formel für die Winkelsumme von Vierecken an und berechne dann die fehlenden Winkel.

Formel: $\alpha + \beta + \gamma + \delta = 360°$

	a)		b)		c)		d)		e)
α =	70°	α =	45°	α =	172°	α =	91,5°	α =	30,9°
β =	130°	β =	92°	β =	135°	β =	124,8°	β =	89,7°
γ =	100°	γ =	97°	γ =	23°	γ =	38,2°	γ =	177,3°
δ =	60°	δ =	126°	δ =	30°	δ =	105,5°	δ =	62,1°

13) Zeichne die gegebenen Bestimmungsstücke in der Skizze grün ein und konstruiere das allgemeine Viereck: a = 61 mm, b = 57 mm, d = 28 mm, α = 90°, β = 125°.

Skizze:

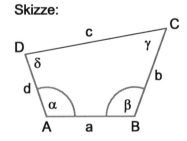
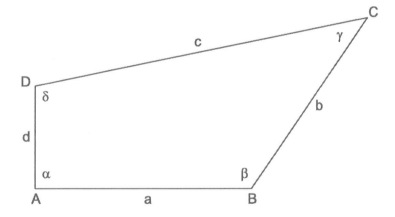

14) Forme die Formel für die Winkelsumme so um, dass der gesuchte Winkel berechnet werden kann.

a) Gegeben: β, γ, δ; α = ?

$\alpha + \beta + \gamma + \delta = 360 \quad | - (\beta + \gamma + \delta)$

$\alpha = 360 - (\beta + \gamma + \delta)$

b) Gegeben: α, γ, δ; β = ?

$\alpha + \beta + \gamma + \delta = 360 \quad | - (\alpha + \gamma + \delta)$

$\beta = 360 - (\alpha + \gamma + \delta)$

| Name: | Vierecke 5 |

15) Gib alle vier Winkel der Parallelogramme an.

a)	b)	c)	d)
α = 70°			
	β = 135°		
		γ = 121,5°	
			δ = 15,3°

16) Zeichne die gegebenen Bestimmungsstücke in der Skizze grün ein und konstruiere das Parallelogramm: a = 7 cm, b = 4 cm 7 mm, β = 130°.

Skizze:

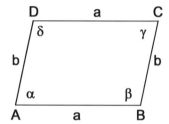

17) Zeichne eine Skizze und konstruiere das Parallelogramm: a = 80 mm, b = 41 mm, f = 97 mm.

18) Zeichne drei Parallelogramme: a = 30 mm, b = 36 mm, α_1 = 60°, α_2 = 50°, α_3 = 40° und gib jeweils die Länge der Höhe h_a an.

| h_a = | h_a = | h_a = |

| Name: | Vierecke 5 |

15) Gib alle vier Winkel der Parallelogramme an.

a)		b)		c)		d)	
$\alpha =$	70°	$\alpha =$	45°	$\alpha =$	121,5°	$\alpha =$	164,7°
$\beta =$	110°	$\beta =$	135°	$\beta =$	58,5°	$\beta =$	15,3°
$\gamma =$	70°	$\gamma =$	45°	$\gamma =$	121,5°	$\gamma =$	164,7°
$\delta =$	110°	$\delta =$	135°	$\delta =$	58,5°	$\delta =$	15,3°

16) Zeichne die gegebenen Bestimmungsstücke in der Skizze grün ein und konstruiere das Parallelogramm: a = 7 cm, b = 4 cm 7 mm, β = 130°.

Skizze:

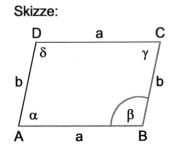 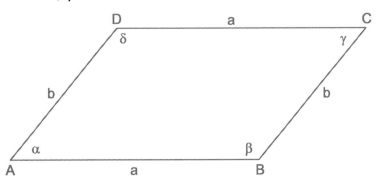

17) Zeichne eine Skizze und konstruiere das Parallelogramm: a = 80 mm, b = 41 mm, f = 97 mm.

Skizze:

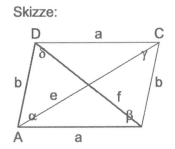 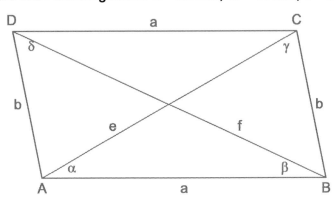

18) Zeichne drei Parallelogramme: a = 30 mm, b = 36 mm, $\alpha_1 = 60°$, $\alpha_2 = 50°$, $\alpha_3 = 40°$ und gib jeweils die Länge der Höhe h_a an.

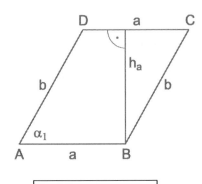 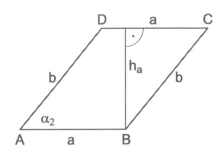 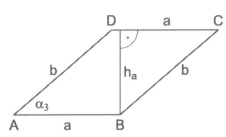

| $h_a =$ 31,2 mm | $h_a =$ 27,6 mm | $h_a =$ 23,1 mm |

| Name: | Viereck 6 |

19) Zeichne die gegebenen Bestimmungsstücke in der Skizze grün ein und konstruiere die Raute: a = 55 mm, α = 68°. Zeichne die Diagonalen ein und gib deren Längen an.

Skizze:

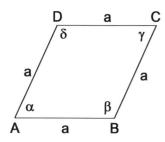

e =

f =

20) Zeichne eine Skizze und konstruiere die Raute: a = 54 mm, α = 157°.
Gib die Länge der Höhe und die Größe des Winkels β an.

h =   β =

21) Konstruiere jeweils den Inkreis.

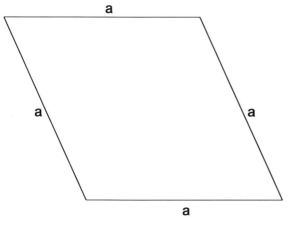
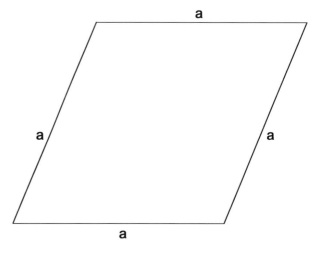

Der Inkreismittelpunkt ist _____

22) Für die Raute gilt: α + β = 180°.
Forme diese Formel so um, dass der gesuchte Winkel ausgerechnet werden kann.

a) α = ?   b) β = ?

| Name: | Vierecke 6 |

19) Zeichne die gegebenen Bestimmungsstücke in der Skizze grün ein und konstruiere die Raute: a = 55 mm, α = 68°. Zeichne die Diagonalen ein und gib deren Längen an.

Skizze:

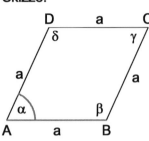
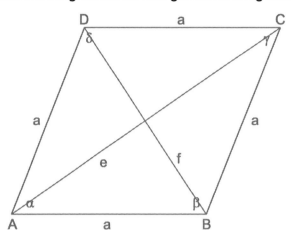

e = 91,2 mm

f = 61,5 mm

20) Zeichne eine Skizze und konstruiere die Raute: a = 54 mm, α = 157°.
Gib die Länge der Höhe und die Größe des Winkels β an.

Skizze:

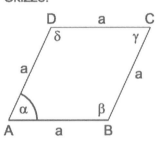
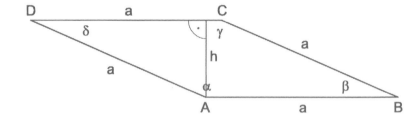

h = 21,1 mm   β = 23°

21) Konstruiere jeweils den Inkreis.

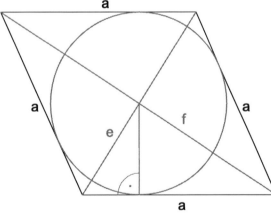

Der Inkreismittelpunkt ist   der Schnittpunkt der Diagonalen bzw. Winkelhalbierenden

22) Für die Raute gilt: α + β = 180°.
Forme diese Formel so um, dass der gesuchte Winkel ausgerechnet werden kann.

a) α = ?   α + β = 180 | − β

α = 180 − β

b) β = ?   α + β = 180 | − α

β = 180 − α

Name:	Viereck 7

23) Zeichne den Umkreis und – wenn möglich – den Inkreis.

24) Zeichne eine Skizze und konstruiere das Rechteck: a = 60 mm, d = 75 mm.

25) Zeichne eine Skizze und konstruiere das Quadrat: d = 74 mm. Gib die Länge der Seite a an und berechne den Umfang und den Flächeninhalt. (Rechne mit Formel.)

Name:	Vierecke 7

23) Zeichne den Umkreis und – wenn möglich – den Inkreis.

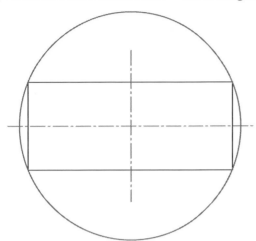 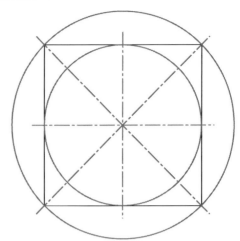

24) Zeichne eine Skizze und konstruiere das Rechteck: a = 60 mm, d = 75 mm.

Skizze:

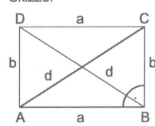 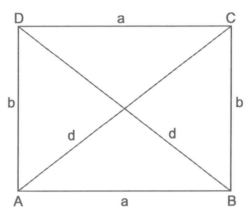

25) Zeichne eine Skizze und konstruiere das Quadrat: d = 74 mm. Gib die Länge der Seite a an und berechne den Umfang und den Flächeninhalt. (Rechne mit Formel.)

Skizze:

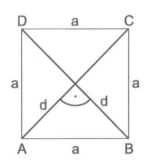 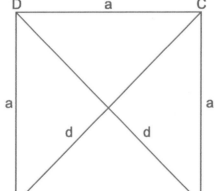   a ≈ 52,3 mm ≈ 52 mm

u = a · 4	A = a · a	NR: 5 2 · 5 2
u = 52 · 4	A = 52 · 52	2 6 0
u = 208	A = 2 704	1 0 4
u ___ 208 mm	A ___ 2 704 mm²	2 7 0 4

| Name: | Vierecke 8 |

26) Konstruiere das Trapez ABCD: A(0/1), B(9/1), C(8/5), D(3/5).
    Gib die Größe der Winkel an und berechne die Winkelsumme.

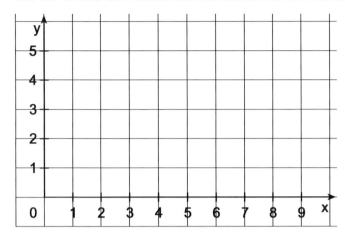

α = _____

β = _____

γ = _____

δ = _____

27) Zeichne eine Skizze und konstruiere das Trapez: a = 78 mm, b = 39 mm, α = 58°, β = 75°.

28) a) Konstruiere die Mittelsenkrechten und zeichne den Umkreis.
    b) Gib den Namen der Figur an.
    c) Miss die Längen der Seiten ab, berechne den Umfang und gib die Formeln an.
    d) Miss die Größen der Winkel ab und berechne die Winkelsumme.

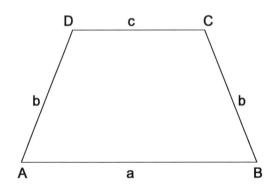

a = _____   α = _____

b = _____   β = _____

c = _____   γ = _____

d = _____   δ = _____

Formeln: _____

_____

29) Gib für das gleichschenklige Trapez die Formeln für die Berechnung der fehlenden Winkel an, wenn α gegeben ist.

_____   _____   _____

26) Konstruiere das Trapez ABCD: A(0/1), B(9/1), C(8/5), D(3/5).
    Gib die Größe der Winkel an und berechne die Winkelsumme.

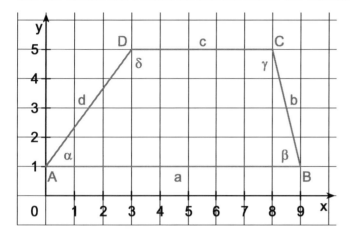

α = _53°_

β = _76°_

γ = _104°_

δ = _127°_

360°

27) Zeichne eine Skizze und konstruiere das Trapez: a = 78 mm, b = 39 mm, α = 58°, β = 75°.

Skizze:

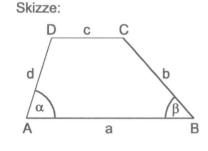
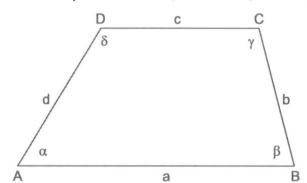

28) a) Konstruiere die Mittelsenkrechten und zeichne den Umkreis.
    b) Gib den Namen der Figur an.
    c) Miss die Längen der Seiten ab, berechne den Umfang und gib die Formeln an.
    d) Miss die Größen der Winkel ab und berechne die Winkelsumme.

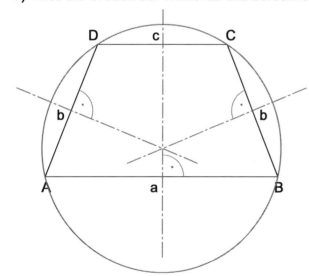

Gleichschenkliges Trapez	
a = _66 mm_	α = _68°_
b = _39 mm_	β = _68°_
c = _37 mm_	γ = _112°_
d = _39 mm_	δ = _112°_
181 mm	360°

Formeln: _u = a + b + c + b_

_u = a + 2 · b + c_

29) Gib für das gleichschenklige Trapez die Formeln für die Berechnung der fehlenden Winkel an, wenn α gegeben ist.

_β = α_   _γ = 180 − α_   _δ = 180 − α_

Name: Vierecke 9

30) a) Konstruiere die Winkelhalbierenden und zeichne den Inkreis.

b) Spiegle das Dreieck ABC an der Geraden, die durch die Punkte A und C gegeben ist, und gib den Namen der dadurch entstandenen Figur an.

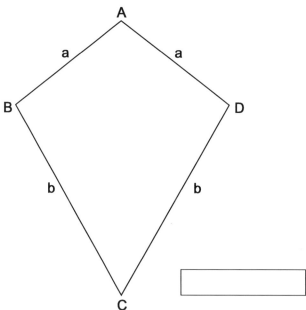
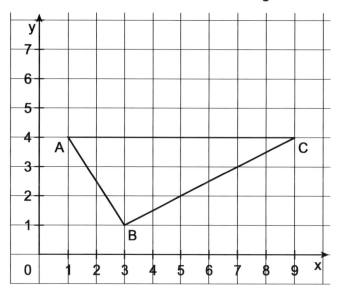

31) Zeichne die gegebenen Bestimmungsstücke in der Skizze grün ein und konstruiere das Deltoid liegend: a = 24 mm, b = 51 mm, e = 65 mm.

Skizze:

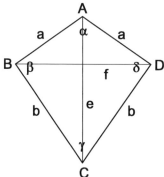

32) Zeichne eine Skizze und konstruiere das Deltoid: a = 35 mm, b = 51 mm, f = 59 mm. Gib Formeln für die Berechnung des Umfanges an.

Formeln: _____

_____

| Name: | Vierecke 9 |

30)
a) Konstruiere die Winkelhalbierenden und zeichne den Inkreis.

b) Spiegle das Dreieck ABC an der Geraden, die durch die Punkte A und C gegeben ist, und gib den Namen der dadurch entstandenen Figur an.

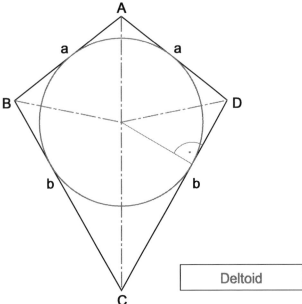

Deltoid

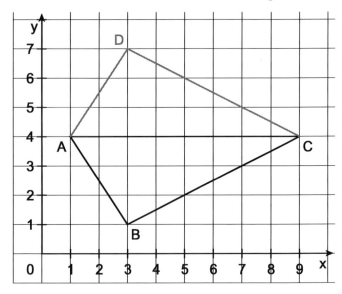

31) Zeichne die gegebenen Bestimmungsstücke in der Skizze grün ein und konstruiere das Deltoid liegend: a = 24 mm, b = 51 mm, e = 65 mm.

Skizze:

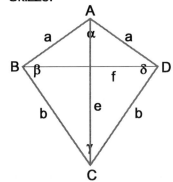

32) Zeichne eine Skizze und konstruiere das Deltoid: a = 35 mm, b = 51 mm, f = 59 mm. Gib Formeln für die Berechnung des Umfanges an.

Skizze:

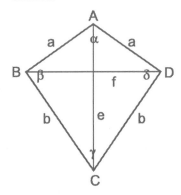

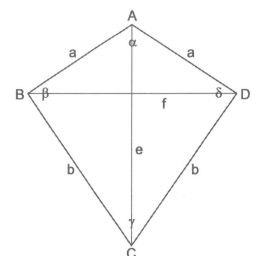

Formeln: $u = a + b + b + a$

$u = 2 \cdot a + 2 \cdot b$

Name:	Prozentrechnung 1

1) Um beim Test die Note „Gut" zu erhalten, müsste Karin mindestens $\frac{5}{6}$ der insgesamt 24 Punkte erreichen. Wie viele Punkte sind das?

A:

2) Berechne den Bruchteil im Kopf.

$\frac{1}{2}$ von 40 Punkten =	$\frac{1}{5}$ von 50 Punkten =
$\frac{1}{4}$ von 40 Punkten =	$\frac{3}{5}$ von 50 Punkten =
$\frac{3}{4}$ von 40 Punkten =	$\frac{1}{10}$ von 50 Punkten =
$\frac{1}{8}$ von 40 Punkten =	$\frac{3}{10}$ von 50 Punkten =
$\frac{7}{8}$ von 40 Punkten =	$\frac{9}{10}$ von 50 Punkten =

3) Sonja erreichte bei einem Test 16 Punkte, das sind $\frac{4}{5}$ der möglichen Punkte. Berechne die Gesamtzahl der möglichen Punkte.

A:

4) Berechne die Gesamtzahl G der möglichen Punkte.

$\frac{1}{2}$ sind 12 Punkte; G =	$\frac{1}{4}$ sind 8 Punkte;
$\frac{3}{5}$ sind 24 Punkte;	$\frac{5}{6}$ sind 30 Punkte;
$\frac{7}{8}$ sind 42 Punkte;	$\frac{4}{5}$ sind 16 Punkte;
$\frac{9}{10}$ sind 45 Punkte;	$\frac{7}{10}$ sind 42 Punkte;

5) Thomas erreicht bei einem Test 18 Punkte von 30 möglichen Punkten. Gib an, welcher Bruchteil das ist. (Kürze, wenn das möglich ist.)

A:

6) Schreibe als Bruchteil an und kürze, wenn dies möglich ist.

39 Punkte von 40 Punkten =	43 Punkte von 50 Punkten =
25 Punkte von 40 Punkten =	40 Punkte von 50 Punkten =
10 Punkte von 40 Punkten =	2 Punkte von 50 Punkten =
36 Punkte von 40 Punkten =	32 Punkte von 40 Punkten =

© Brigg Verlag Friedberg

Name:	Prozentrechnung 1

1) Um beim Test die Note „Gut" zu erhalten, müsste Karin mindestens $\frac{5}{6}$ der insgesamt 24 Punkte erreichen. Wie viele Punkte sind das?

$\frac{6}{6}$ _____ 24 P $\frac{1}{6}$ _____ 24 P : 6 = 4 P $\frac{5}{6}$ _____ 4 P · 5 = 20 P

A: Um die Note „Gut" zu erhalten, müsste Karin 20 Punkte erreichen.

2) Berechne den Bruchteil im Kopf.

$\frac{1}{2}$ von 40 Punkten =	20 Punkte		$\frac{1}{5}$ von 50 Punkten =	10 Punkte
$\frac{1}{4}$ von 40 Punkten =	10 Punkte		$\frac{3}{5}$ von 50 Punkten =	30 Punkte
$\frac{3}{4}$ von 40 Punkten =	30 Punkte		$\frac{1}{10}$ von 50 Punkten =	5 Punkte
$\frac{1}{8}$ von 40 Punkten =	5 Punkte		$\frac{3}{10}$ von 50 Punkten =	15 Punkte
$\frac{7}{8}$ von 40 Punkten =	35 Punkte		$\frac{9}{10}$ von 50 Punkten =	45 Punkte

3) Sonja erreichte bei einem Test 16 Punkte, das sind $\frac{4}{5}$ der möglichen Punkte. Berechne die Gesamtzahl der möglichen Punkte.

$\frac{4}{5}$ _____ 16 P $\frac{1}{5}$ _____ 16 P : 4 = 4 P $\frac{5}{5}$ _____ 4 P · 5 = 20 P

A: Bei diesem Test gab es insgesamt 20 Punkte.

4) Berechne die Gesamtzahl G der möglichen Punkte.

$\frac{1}{2}$ sind 12 Punkte;	G = 24 Punkte		$\frac{1}{4}$ sind 8 Punkte;	G = 32 Punkte
$\frac{3}{5}$ sind 24 Punkte;	G = 40 Punkte		$\frac{5}{6}$ sind 30 Punkte;	G = 36 Punkte
$\frac{7}{8}$ sind 42 Punkte;	G = 48 Punkte		$\frac{4}{5}$ sind 16 Punkte;	G = 20 Punkte
$\frac{9}{10}$ sind 45 Punkte;	G = 50 Punkte		$\frac{7}{10}$ sind 42 Punkte;	G = 60 Punkte

5) Thomas erreicht bei einem Test 18 Punkte von 30 möglichen Punkten. Gib an, welcher Bruchteil das ist. (Kürze, wenn das möglich ist.)

18 P von 30 P ⇒ $\frac{18}{30} = \frac{3}{5}$

A: Thomas erreicht $\frac{3}{5}$ von 30 möglichen Punkten.

6) Schreibe als Bruchteil an und kürze, wenn dies möglich ist.

39 Punkte von 40 Punkten =	$\frac{39}{40}$		43 Punkte von 50 Punkten =	$\frac{43}{50}$
25 Punkte von 40 Punkten =	$\frac{25}{40} = \frac{5}{8}$		40 Punkte von 50 Punkten =	$\frac{40}{50} = \frac{4}{5}$
10 Punkte von 40 Punkten =	$\frac{10}{40} = \frac{1}{4}$		2 Punkte von 50 Punkten =	$\frac{2}{50} = \frac{1}{25}$
36 Punkte von 40 Punkten =	$\frac{36}{40} = \frac{9}{10}$		32 Punkte von 40 Punkten =	$\frac{32}{40} = \frac{4}{5}$

| Name: | Prozentrechnung 2 |

7) Erweitere auf Hundertstel. (Schreibe die Erweiterungszahl in den Zähler und in den Nenner.)

$\frac{1}{2}$	$\frac{1}{10}$	$\frac{1}{5}$	$\frac{24}{20}$
$\frac{1}{4}$	$\frac{7}{10}$	$\frac{4}{5}$	$\frac{6}{25}$
$\frac{3}{4}$	$\frac{9}{10}$	$\frac{3}{20}$	$\frac{19}{25}$
$\frac{5}{4}$	$\frac{17}{10}$	$\frac{17}{20}$	$\frac{50}{25}$

8) Verwandle die Bruchzahlen in Dezimalzahlen und umgekehrt.

$\frac{1}{10} =$	$\frac{3}{100} =$	$\frac{7}{1000} =$	$\frac{13}{10} =$
$\frac{6}{10} =$	$\frac{74}{100} =$	$\frac{285}{1000} =$	$\frac{125}{100} =$
0,2	0,05	0,004	3,7
0,8	0,67	0,091	4,621

9) Ergänze die Tabelle.

$\frac{1}{100}$	0,01	1 %
	0,16	
		72 %
$\frac{101}{100}$		

	0,04	
		29 %
$\frac{85}{100}$		
	1,05	

		9 %
$\frac{57}{100}$		
	0,91	
		120 %

10) Gib auf drei Arten den gefärbten Teil der Gesamtfläche an: Bruchzahl / Dezimalzahl / Prozentangabe.

$\frac{1}{2}$ = 0,5 = 50 %

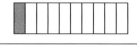   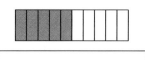

   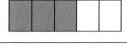 

Name:	Prozentrechnung 2

7) Erweitere auf Hundertstel. (Schreibe die Erweiterungszahl in den Zähler und in den Nenner.)

$\frac{1\cdot 50}{2\cdot 50}=\frac{50}{100}$	$\frac{1\cdot 10}{10\cdot 10}=\frac{10}{100}$	$\frac{1\cdot 20}{5\cdot 20}=\frac{20}{100}$	$\frac{24\cdot 5}{20\cdot 5}=\frac{120}{100}$
$\frac{1\cdot 25}{4\cdot 25}=\frac{25}{100}$	$\frac{7\cdot 10}{10\cdot 10}=\frac{70}{100}$	$\frac{4\cdot 20}{5\cdot 20}=\frac{80}{100}$	$\frac{6\cdot 4}{25\cdot 4}=\frac{24}{100}$
$\frac{3\cdot 25}{4\cdot 25}=\frac{75}{100}$	$\frac{9\cdot 10}{10\cdot 10}=\frac{90}{100}$	$\frac{3\cdot 5}{20\cdot 5}=\frac{15}{100}$	$\frac{19\cdot 4}{25\cdot 4}=\frac{76}{100}$
$\frac{5\cdot 25}{4\cdot 25}=\frac{125}{100}$	$\frac{17\cdot 10}{10\cdot 10}=\frac{170}{100}$	$\frac{17\cdot 5}{20\cdot 5}=\frac{85}{100}$	$\frac{50\cdot 4}{25\cdot 4}=\frac{200}{100}$

8) Verwandle die Bruchzahlen in Dezimalzahlen und umgekehrt.

$\frac{1}{10}=$	0,1	$\frac{3}{100}=$	0,03	$\frac{7}{1000}=$	0,007	$\frac{13}{10}=$	1,3
$\frac{6}{10}=$	0,6	$\frac{74}{100}=$	0,74	$\frac{285}{1000}=$	0,285	$\frac{125}{100}=$	1,25
$\frac{2}{10}=$	0,2	$\frac{5}{100}=$	0,05	$\frac{4}{1000}=$	0,004	$\frac{37}{10}=$	3,7
$\frac{8}{10}=$	0,8	$\frac{67}{100}=$	0,67	$\frac{91}{1000}=$	0,091	$\frac{4621}{1000}=$	4,621

9) Ergänze die Tabelle.

$\frac{1}{100}$	0,01	1 %	$\frac{4}{100}$	0,04	4 %	$\frac{9}{100}$	0,09	9 %
$\frac{16}{100}$	0,16	16 %	$\frac{29}{100}$	0,29	29 %	$\frac{57}{100}$	0,57	57 %
$\frac{72}{100}$	0,72	72 %	$\frac{85}{100}$	0,85	85 %	$\frac{91}{100}$	0,91	91 %
$\frac{101}{100}$	1,01	101 %	$\frac{105}{100}$	1,05	105 %	$\frac{120}{100}$	1,20	120 %

10) Gib auf drei Arten den gefärbten Teil der Gesamtfläche an: Bruchzahl / Dezimalzahl / Prozentangabe.

  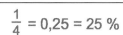 

$\frac{1}{2}=0,5=50\,\%$ $\frac{1}{4}=0,25=25\,\%$ $\frac{3}{4}=0,75=75\,\%$ $\frac{1}{8}=0,125=12,5\,\%$

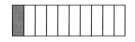  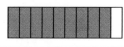 

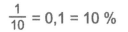 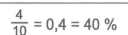 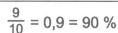

$\frac{1}{10}=0,1=10\,\%$ $\frac{4}{10}=0,4=40\,\%$ $\frac{9}{10}=0,9=90\,\%$ $\frac{5}{10}=0,5=50\,\%$

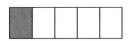   

$\frac{1}{5}=0,2=20\,\%$ $\frac{2}{5}=0,4=40\,\%$ $\frac{3}{5}=0,6=60\,\%$ $\frac{4}{5}=0,8=80\,\%$

Name:	Prozentrechnung 3

11) Lies von jedem Prozentstreifen die Größe der einzelnen Prozentsätze ab.

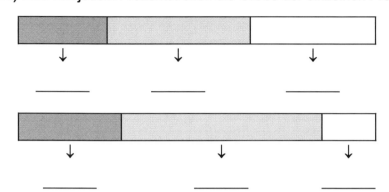

12) Ergänze die fehlende Bruchzahl oder den Prozentsatz.
    Bemale dann die Fläche, die den angegebenen Bruchteil / Prozentsatz darstellt, mit Buntstift.

 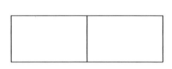 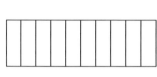

$\frac{1}{4} = 25\%$ $\frac{1}{2} =$ $= 75\%$ $\frac{1}{10} =$

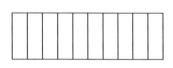 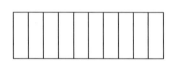 

$= 30\%$ $= 50\%$ $\frac{7}{10} =$ $= 20\%$

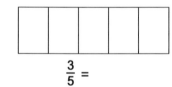

$\frac{3}{5} =$ $= 27\%$

13) Stelle die angegebenen Prozentsätze im Prozentstreifen dar, beschrifte entsprechend und lies den Wert für die Variable ab.

   a) $22\% + 37\% + x = 100\%$

   $x =$

   b) $49\% + 25\% + y = 100\%$

   $y =$

   c) $32\% + 35\% + z = 100\%$

   $z =$

11) Lies von jedem Prozentstreifen die Größe der einzelnen Prozentsätze ab.

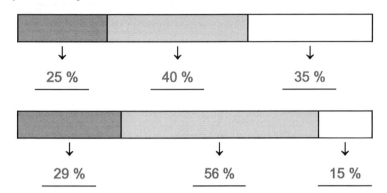

12) Ergänze die fehlende Bruchzahl oder den Prozentsatz.
    Bemale dann die Fläche, die den angegebenen Bruchteil / Prozentsatz darstellt, mit Buntstift.

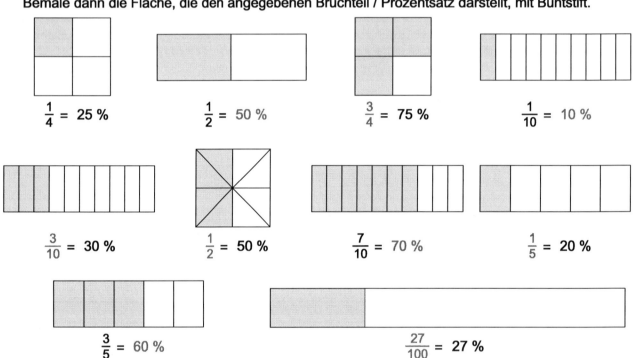

13) Stelle die angegebenen Prozentsätze im Prozentstreifen dar, beschrifte entsprechend und lies den Wert für die Variable ab.

a) 22 % + 37 % + x = 100 %

x = 41 %

b) 49 % + 25 % + y = 100 %

y = 26 %

c) 32 % + 35 % + z = 100 %

z = 33 %

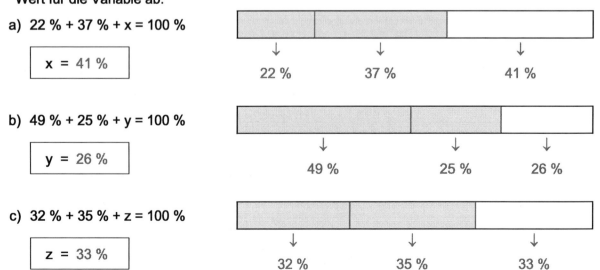

Name:	Prozentrechnung 4

14) Berechne den Prozentwert. (Rechne im Kopf.)

1 % von 150 € sind	1 % von 718 € sind	1 % von 1 000 € sind
3 % von 150 € sind	10 % von 718 € sind	4,5 % von 1 000 € sind
10 % von 80 m sind	10 % von 600 m sind	10 % von 1 220 m sind
5 % von 80 m sind	30 % von 600 m sind	15 % von 1 220 m sind
50 % von 428 g sind	25 % von 600 g sind	20 % von 280 g sind
25 % von 428 g sind	75 % von 600 g sind	60 % von 280 g sind

15) Berechne den Grundwert.

7,60 € sind 1 % von	23 € sind 1 % von	15,20 € sind 1 % von
95 € sind 10 % von	8,40 € sind 10 % von	310 € sind 10 % von
50 m sind 20 % von	15 m sind 3 % von	84 m sind 50 % von
400 m sind 40 % von	21 m sind 7 % von	10 m sind 25 % von
20 g sind 10 % von	8 g sind 50 % von	60 g sind 2 % von
20 g sind 40 % von	8 g sind 10 % von	60 g sind 300 % von

16) Berechne den Prozentsatz.

30 € von 60 € sind	4 € von 40 € sind	18 € von 90 € sind
30 € von 100 € sind	4 € von 8 € sind	18 € von 72 € sind
9,80 m von 980 m sind	250 m von 500 m sind	24 m von 240 m sind
20 m von 1 000 m sind	50 m von 200 m sind	18 m von 600 m sind
4 g von 400 g sind	80 g von 400 g sind	800 g von 400 g sind
40 g von 400 g sind	240 g von 400 g sind	16 g von 400 g sind

17) Schreibe von den Texten die Kurzangabe und umgekehrt.

Text	Kurzangabe		
Wie viel € sind 12 % von 4 000 €?	G =	p % =	W =
16 % sind 280 €. Wie viele € sind 100 %?			
Wie viel % sind 36 € von 150 €?			
Wie viel € sind 2,5 % von 10 000 €?			
Wie viel % sind 4 000 € von 2 000 €?			
35 % sind 700 €. Wie viele € sind 100 %?			
	G = 780 €	p % = 95 %	W = ?
	G = ?	p % = 5 %	W = 820 €
	G = 80 €	p % = ?	W = 4 €

Name:	Prozentrechnung 4

14) Berechne den Prozentwert. (Rechne im Kopf.)

1 % von 150 € sind	1,50 €	1 % von 718 € sind	7,18 €	1 % von 1 000 € sind	10 €
3 % von 150 € sind	4,50 €	10 % von 718 € sind	71,80 €	4,5 % von 1 000 € sind	45 €
10 % von 80 m sind	8 m	10 % von 600 m sind	60 m	10 % von 1 220 m sind	122 m
5 % von 80 m sind	4 m	30 % von 600 m sind	180 m	15 % von 1 220 m sind	183 m
50 % von 428 g sind	214 g	25 % von 600 g sind	150 g	20 % von 280 g sind	56 g
25 % von 428 g sind	107 g	75 % von 600 g sind	450 g	60 % von 280 g sind	168 g

15) Berechne den Grundwert.

7,60 € sind 1 % von	760 €	23 € sind 1 % von	2 300 €	15,20 € sind 1 % von	1 520 €
95 € sind 10 % von	950 €	8,40 € sind 10 % von	84 €	310 € sind 10 % von	3 100 €
50 m sind 20 % von	250 m	15 m sind 3 % von	500 m	84 m sind 50 % von	168 m
400 m sind 40 % von	1 000 m	21 m sind 7 % von	300 m	10 m sind 25 % von	40 m
20 g sind 10 % von	200 g	8 g sind 50 % von	16 g	60 g sind 2 % von	3 000 g
20 g sind 40 % von	50 g	8 g sind 10 % von	80 g	60 g sind 300 % von	20 g

16) Berechne den Prozentsatz.

30 € von 60 € sind	50 %	4 € von 40 € sind	10 %	18 € von 90 € sind	20 %
30 € von 100 € sind	30 %	4 € von 8 € sind	50 %	18 € von 72 € sind	25 %
9,80 m von 980 m sind	1 %	250 m von 500 m sind	50 %	24 m von 240 m sind	10 %
20 m von 1 000 m sind	2 %	50 m von 200 m sind	25 %	18 m von 600 m sind	3 %
4 g von 400 g sind	1 %	80 g von 400 g sind	20 %	800 g von 400 g sind	200 %
40 g von 400 g sind	10 %	240 g von 400 g sind	60 %	16 g von 400 g sind	4 %

17) Schreibe von den Texten die Kurzangabe und umgekehrt.

Text	Kurzangabe		
Wie viel € sind 12 % von 4 000 €?	G = 4 000 €	p % = 12 %	W = ?
16 % sind 280 €. Wie viele € sind 100 %?	G = ?	p % = 16 %	W = 280 €
Wie viel % sind 36 € von 150 €?	G = 150 €	p % = ?	W = 36 €
Wie viel € sind 2,5 % von 10 000 €?	G = 10 000 €	p % = 2,5 %	W = ?
Wie viel % sind 4 000 € von 2 000 €?	G = 2 000 €	p % = ?	W = 4 000 €
35 % sind 700 €. Wie viele € sind 100 %?	G = ?	p % = 35 %	W = 700 €
Wie viel € sind 95 % von 780 €?	G = 780 €	p % = 95 %	W = ?
5 % sind 820 €. Wie viele € sind 100 %?	G = ?	p % = 5 %	W = 820 €
Wie viel % sind 4 € von 80 €?	G = 80 €	p % = ?	W = 4 €

Name:	Prozentrechnung 5

18) Grundaufgaben der Prozentrechnung.
   a) Schreibe eine Kurzangabe.
   b) Rechne mit Formel ... ev. Umformung ... Zahlen einsetzen ...

Wie viel € sind 18 % von 380 €?	15 % sind 42,60 €. Wie viel € sind 100 %?	Wie viel % sind 344 € von 800 €?

Wie viel m sind 65 % von 325 m?	85 % sind 68 m. Wie viel m sind 100 %?	Wie viel % sind 336 m von 960 m?

Wie viel g sind 0,8 % von 525 g?	120 % sind 39 g. Wie viel g sind 100 %?	Wie viel % sind 25 g von 62,5 g?

19) Ergänze die Tabelle.

Grundwert	150 €	1 400 €			1 000 g	500 m	
Prozentsatz	20 %		12,5 %	37,9 %			3 %
Prozentwert		350 €	20 g		350 m		27 m

Name:	Prozentrechnung 5

18) Grundaufgaben der Prozentrechnung.
   a) Schreibe eine Kurzangabe.
   b) Rechne mit Formel ... ev. Umformung ... Zahlen einsetzen ...

Wie viel € sind 18 % von 380 €?	15 % sind 42,60 €. Wie viel € sind 100 %?	Wie viel % sind 344 € von 800 €?
G = 380 €, p % = 18 %; W = ?	p % = 15 %, W = 42,60 €; G = ?	G = 800 €, W = 344 €; p % = ?
$W = G \cdot \frac{p}{100}$	$W = G \cdot \frac{p}{100}$	$W = G \cdot \frac{p}{100}$
$W = 380 \cdot 0{,}18$	$G \cdot \frac{p}{100} = W \mid : \frac{p}{100}$	$G \cdot \frac{p}{100} = W \mid : G$
$W = 68{,}4$	$G = W : \frac{p}{100}$	$\frac{p}{100} = W : G$
W ___ 68,40 €	$G = 42{,}6 : 0{,}15$	$\frac{p}{100} = 344 : 800$
	$G = 284$	$\frac{p}{100} = 0{,}43$
	G ___ 284 €	p % ___ 43 %

Wie viel m sind 65 % von 325 m?	85 % sind 68 m. Wie viel m sind 100 %?	Wie viel % sind 336 m von 960 m?
G = 325 m, p % = 65 %; A = ?	p % = 85 %, W = 68 m; G = ?	G = 960 m, W = 336 m; p % = ?
$W = G \cdot \frac{p}{100}$	$W = G \cdot \frac{p}{100}$	$W = G \cdot \frac{p}{100}$
$W = 325 \cdot 0{,}65$	$G \cdot \frac{p}{100} = W \mid : \frac{p}{100}$	$G \cdot \frac{p}{100} = W \mid : G$
$W = 211{,}25$	$G = W : \frac{p}{100}$	$\frac{p}{100} = W : G$
W ___ 211,25 m	$G = 68 : 0{,}85$	$\frac{p}{100} = 336 : 960$
	$G = 80$	$\frac{p}{100} = 0{,}35$
	G ___ 80 m	p % ___ 35 %

Wie viel g sind 0,8 % von 525 g?	120 % sind 39 g. Wie viel g sind 100 %?	Wie viel % sind 25 g von 62,5 g?
G = 525 g, p % = 0,8 %; W = ?	p % = 120 %, W = 39 g; G = ?	G = 62,5 g, W = 25 g; p % = ?
$W = G \cdot \frac{p}{100}$	$W = G \cdot \frac{p}{100}$	$W = G \cdot \frac{p}{100}$
$W = 525 \cdot 0{,}008$	$G \cdot \frac{p}{100} = W \mid : \frac{p}{100}$	$G \cdot \frac{p}{100} = W \mid : G$
$W = 4{,}2$	$G = W : \frac{p}{100}$	$\frac{p}{100} = W : G$
W ___ 4,2 g	$G = 39 : 1{,}20$	$\frac{p}{100} = 25 : 62{,}5$
	$G = 32{,}5$	$\frac{p}{100} = 0{,}4$
	G ___ 32,5 g	p % ___ 40 %

19) Ergänze die Tabelle.

Grundwert	150 €	1 400 €	160 g	1 000 g	500 m	900 m
Prozentsatz	20 %	25 %	12,5 %	37,9 %	70 %	3 %
Prozentwert	30 €	350 €	20 g	379 g	350 m	27 m

Name:	Prozentrechnung 6

↪ Schreibe bei Textaufgaben mit Prozentrechnungen immer eine Kurzangabe.
   Rechne mit Formel ... ev. Umformung ... Zahlen einsetzen ...

20) Stefan bekommt je Monat 12,50 € Taschengeld. Er ist sehr sparsam und hat im letzten Monat ca. 45 % gespart. Wie viel € hat Stefan im letzten Monat gespart?

   Kurzangabe:

   A:

21) Maria möchte 6,30 € sparen, das sind 35 % ihres Taschengeldes. Wie viel Taschengeld bekommt Maria?

   Kurzangabe:

   A:

22) Jasmin hat bei einer Bank 140 € auf ein Sparbuch gelegt. Sie hebt 53,20 € ab.
   Wie viel % ihres Sparguthabens hebt Jasmin ab?

   Kurzangabe:

   A:

23) Christopher möchte von seinem Taschengeld 25 % für Spielsachen ausgeben, 38 % für Schulsachen und den Rest auf ein Sparbuch legen.

   Zeichne einen Prozentstreifen (Rechteck: l = 10 cm, b = 1 cm) und beschrifte mit den Bezeichnungen der Angabe. Lies dann ab, wie groß der „Rest" ist.

   Sparbuch: _____

Name:	Prozentrechnung 6

↪ Schreibe bei Textaufgaben mit Prozentrechnungen immer eine Kurzangabe.
  Rechne mit Formel ... ev. Umformung ... Zahlen einsetzen ...

20) Stefan bekommt je Monat 12,50 € Taschengeld. Er ist sehr sparsam und hat im letzten Monat ca. 45 % gespart. Wie viel € hat Stefan im letzten Monat gespart?

Kurzangabe: $G = 12{,}50$ €, $p\% = 45\%$; $W = ?$

$W = G \cdot \frac{p}{100}$

$W = 12{,}50 \cdot 0{,}45$

$W = 5{,}63$

$W \underline{\quad} 5{,}63$ €

NR: $12{,}50 \cdot 0{,}45$
$\underline{}$
5000
6250
$\underline{}$
$5{,}6250 \approx 5{,}63$

A: Stefan hat im letzten Monat 5,63 € gespart.

21) Maria möchte 6,30 € sparen, das sind 35 % ihres Taschengeldes. Wie viel Taschengeld bekommt Maria?

Kurzangabe: $W = 6{,}30$ €, $p\% = 35\%$; $G = ?$

$W = G \cdot \frac{p}{100}$

$G \cdot \frac{p}{100} = W \quad |: \frac{p}{100}$

$G = W : \frac{p}{100}$

$G = 6{,}30 : 0{,}35$

$G = 18$

$G \underline{\quad} 18$ €

NR: $6{,}30 : 0{,}35 = |\cdot 100$
$630 : 35 = 18$
280
00

A: Maria bekommt 18 € Taschengeld.

22) Jasmin hat bei einer Bank 140 € auf ein Sparbuch gelegt. Sie hebt 53,20 € ab. Wie viel % ihres Sparguthabens hebt Jasmin ab?

Kurzangabe: $G = 140$ €, $W = 53{,}20$ €; $p\% = ?$

$W = G \cdot \frac{p}{100}$

$G \cdot \frac{p}{100} = W \quad |: G$

$\frac{p}{100} = W : G$

$\frac{p}{100} = 53{,}20 : 140$

$\frac{p}{100} = 0{,}38$

$p\% \underline{\quad} 38\%$

NR: $53{,}20 : 140 = 0{,}38$
532
1120
00

A: Jasmin hebt 38 % ihres Sparguthabens ab.

23) Christopher möchte von seinem Taschengeld 25 % für Spielsachen ausgeben, 38 % für Schulsachen und den Rest auf ein Sparbuch legen.

Zeichne einen Prozentstreifen (Rechteck: l = 10 cm, b = 1 cm) und beschrifte mit den Bezeichnungen der Angabe. Lies dann ab, wie groß der „Rest" ist.

Spiele	Schulsachen	Sparbuch

Sparbuch: __37%__

| Name: | Prozentrechnung 7 |

24) Eine Schule besuchen 280 Schüler/-innen. Rund 56 % davon sind Knaben, der Rest sind Mädchen. Wie viele Knaben und wie viele Mädchen besuchen die Schule?

Kurzangabe:

A:

25) Von den 52 Schüler(inne)n der zweiten Klassen können 48 Kinder gut schwimmen. Wie viel % sind das?

Kurzangabe:

A:

26) 144 Schüler/-innen, das sind 32 % aller Schüler/-innen einer Schule, bezeichnen Fernsehen als ihre Lieblingsbeschäftigung. Wie viele Schüler/-innen besuchen diese Schule?

Kurzangabe:

A:

27) Das Wahlergebnis der Klassensprecher/-innenwahl der 2b mit den Kandidat(inn)en A, B und C ist in einem Prozentstreifen veranschaulicht.
Lies vom Prozentstreifen ab, wie viel % der Stimmen auf die einzelnen Kandidat(inn)en entfallen.
In der 2b haben 25 Schüler/-innen gewählt. Wie viele Stimmen bekam jeder Kandidat / jede Kandidatin?

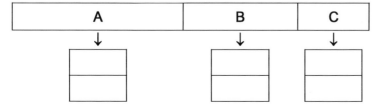

Name:	Prozentrechnung 7

24) Eine Schule besuchen 280 Schüler/-innen. Rund 56 % davon sind Knaben, der Rest sind Mädchen. Wie viele Knaben und wie viele Mädchen besuchen die Schule?

Kurzangabe: G = 280 Schüler/-innen, p % = 56 %; W = ?

$W = G \cdot \frac{p}{100}$

$W = 280 \cdot 0{,}56$

$W = 156{,}80$

W ___ 157 Knaben

NR: 280 · 0,56
     ───────────
     1 4 0 0
       1 6 8 0
     ───────────
     1 5 6,8 0 ≈ 1 5 7

280 − 157 = 123

A: 157 Knaben und 123 Mädchen besuchen die Schule.

25) Von den 52 Schüler(inne)n der zweiten Klassen können 48 Kinder gut schwimmen. Wie viel % sind das?

Kurzangabe: G = 52 Schüler/-innen, W = 48 Schüler/-innen; p % = ?

$W = G \cdot \frac{p}{100}$

$G \cdot \frac{p}{100} = W \quad |:G$

$\frac{p}{100} = W : G$

$\frac{p}{100} = 48 : 52$

$\frac{p}{100} = 0{,}923\ldots$

p % ___ 92,3 %

NR: 4 8 : 5 2 = 0,9 2 3
     4 8 0
       1 2 0
         1 6 0
           0 4 Rest

A: 92,3 % der Schüler/-innen der zweiten Klassen können gut schwimmen.

26) 144 Schüler/-innen, das sind 32 % aller Schüler/-innen einer Schule, bezeichnen Fernsehen als ihre Lieblingsbeschäftigung. Wie viele Schüler/-innen besuchen diese Schule?

Kurzangabe: W = 144 Schüler/-innen, p % = 32 %; G = ?

$W = G \cdot \frac{p}{100}$

$G \cdot \frac{p}{100} = W \quad |:\frac{p}{100}$

$G = W : \frac{p}{100}$

$G = 144 : 0{,}32$

$G = 450$

G ___ 450 Schüler/-innen

NR: 1 4 4 : 0,3 2 = | · 1 0 0
     ─────────────
     1 4 4 0 0 : 3 2 = 4 5 0
       1 6 0
         0 0 0
             0

A: 450 Schüler/-innen besuchen diese Schule.

27) Das Wahlergebnis der Klassensprecher/-innenwahl der 2b mit den Kandidat(inn)en A, B und C ist in einem Prozentstreifen veranschaulicht.
Lies vom Prozentstreifen ab, wie viel % der Stimmen auf die einzelnen Kandidat(inn)en entfallen.
In der 2b haben 25 Schüler/-innen gewählt. Wie viele Stimmen bekam jeder Kandidat / jede Kandidatin?

A	B	C
↓	↓	↓
48 %	32 %	20 %
12	8	5

Name:	Prozentrechnung 8

Brutto – 100 %	
gleich Netto plus	Tara

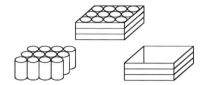

28) Viele Waren können nur mit Verpackung transportiert werden.

Kurzangabe:

Brutto		2 500 kg
Netto	84 %	
Tara		

29) Bei einer Banane muss man auch die Schale kaufen.

Kurzangabe:

Brutto		175 g
Netto		
Tara		56 g

30) Für Verpackungen werden Rohstoffe und Energie verbraucht.

Kurzangabe:

Brutto		
Netto	35 %	360,5 g
Tara		

31) Manche Verpackungen können wieder verwertet werden.

Kurzangabe:

Brutto		
Netto		500 g
Tara		125 g

© Brigg Verlag Friedberg

| Name: | Prozentrechnung 8 |

Brutto – 100 %

gleich Netto plus Tara

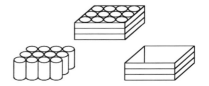

28) Viele Waren können nur mit Verpackung transportiert werden.

Kurzangabe: G = 2 500 kg, p % = 84 %; W = ?

Brutto	100 %	2 500 kg
Netto	84 %	2 100 kg
Tara	16 %	400 kg

$W = G \cdot \frac{p}{100}$

$W = 2\,500 \cdot 0{,}84$

$W = 2\,100$

```
2 5 0 0 · 0,8 4
  2 0 0 0 0
    1 0 0 0 0
  ─────────────
    2 1 0 0,0 0
```

29) Bei einer Banane muss man auch die Schale kaufen.

Kurzangabe: G = 175 g, W = 56 g; p % = ?

Brutto	100 %	175 g
Netto	68 %	119 g
Tara	32 %	56 g

$W = G \cdot \frac{p}{100}$

$G \cdot \frac{p}{100} = W \quad |:G$

$\frac{p}{100} = W : G$

$\frac{p}{100} = 56 : 175$

$\frac{p}{100} = 0{,}32 \quad p\% = 32\%$

```
5 6 : 1 7 5 = 0,3 2
5 6 0
  3 5 0
    0 0
```

30) Für Verpackungen werden Rohstoffe und Energie verbraucht.

Kurzangabe: W = 360,5 g, p % = 35 %; G = ?

Brutto	100 %	1030,0 g
Netto	35 %	360,5 g
Tara	65 %	669,5 g

$W = G \cdot \frac{p}{100}$

$G \cdot \frac{p}{100} = W \quad |:\frac{p}{100}$

$G = W : \frac{p}{100}$

$G = 360{,}5 : 0{,}35$

$G = 1\,030$

```
3 6 0,5 : 0,3 5 = | · 1 0 0
─────────────────
3 6 0 5 0 : 3 5 = 1 0 3 0
  1 0
  1 0 5
      0 0
        0
```

31) Manche Verpackungen können wieder verwertet werden.

Kurzangabe: G = 625 g, W = 500 g; p % = ?

Brutto	100 %	625 g
Netto	80 %	500 g
Tara	20 %	125 g

$W = G \cdot \frac{p}{100}$

$G \cdot \frac{p}{100} = W \quad |:G$

$\frac{p}{100} = W : G$

$\frac{p}{100} = 500 : 625$

$\frac{p}{100} = 0{,}80 \quad p\% = 80\%$

```
5 0 0 : 6 2 5 = 0,8
5 0 0 0
  0 0 0
```

| Name: | Prozentrechnung 9 |

Ursprünglicher Preis – 100 %

minus Ermäßigung

gleich Ausverkaufspreis

32) Martin überlegt, ob er die Tennisschuhe nun kaufen soll.

Kurzangabe:

Ursprünglicher Preis		71,20 €
Ermäßigung	45 %	
Ausverkaufspreis		

33) Manchmal wird im Ausverkauf Unnötiges gekauft, nur weil es billiger ist.

Kurzangabe:

Ursprünglicher Preis	100 %	
Ermäßigung	30 %	
Ausverkaufspreis		171,50 €

34) Ein Tintenstrahldrucker, der ursprünglich 289 € gekostet hatte, wird als Sonderangebot um 15 % verbilligt angeboten.
Berechne, wie viel € die Ermäßigung beträgt und wie viel der Drucker im Sonderangebot kostet.
Bemale im zweiten Prozentstreifen jenen Anteil, der dem Preis des Sonderangebotes entspricht.

Kurzangabe:

Ursprünglicher Preis

35) Berechne die Ausverkaufspreise. Rechne im Kopf.

| Fußballschuhe | Computer | Zirkel | Schultasche |

© Brigg Verlag Friedberg   Arbeitsblätter Mathematik 6/7 – Seite 209

| Name: | Prozentrechnung 9 |

Ursprünglicher Preis – 100 %

minus Ermäßigung

gleich Ausverkaufspreis

32) Martin überlegt, ob er die Tennisschuhe nun kaufen soll.

Kurzangabe: $G = 71{,}20\ \text{€},\ p\ \% = 45\ \%;\ W = ?$

Ursprünglicher Preis	100 %	71,20 €
Ermäßigung	45 %	32,04 €
Ausverkaufspreis	55 %	39,16 €

$W = G \cdot \frac{p}{100}$

$W = 71{,}20 \cdot 0{,}45$

$W = 32{,}04$

33) Manchmal wird im Ausverkauf Unnötiges gekauft, nur weil es billiger ist.

Kurzangabe: $W = 171{,}50\ \text{€},\ p\ \% = 70\ \%;\ W = ?$

Ursprünglicher Preis	100 %	245,00 €
Ermäßigung	30 %	73,50 €
Ausverkaufspreis	70 %	171,50 €

$W = G \cdot \frac{p}{100}$

$G \cdot \frac{p}{100} = W\ \ |: \frac{p}{100}$

$G = W : \frac{p}{100}$

$G = 171{,}50 : 0{,}70$

$G = 245$

34) Ein Tintenstrahldrucker, der ursprünglich 289 € gekostet hatte, wird als Sonderangebot um 15 % verbilligt angeboten.
Berechne, wie viel € die Ermäßigung beträgt und wie viel der Drucker im Sonderangebot kostet.
Bemale im zweiten Prozentstreifen jenen Anteil, der dem Preis des Sonderangebotes entspricht.

Kurzangabe: $G = 289\ \text{€},\ p\ \% = 15\ \%;\ W = ?$

Ursprünglicher Preis	100 %	289,00 €
Ermäßigung	15 %	43,35 €
Sonderangebot	85 %	245,65 €

$W = G \cdot \frac{p}{100}$

$W = 289 \cdot 0{,}15$

$W = 43{,}35$

Ursprünglicher Preis

Sonderangebot

35) Berechne die Ausverkaufspreise. Rechne im Kopf.

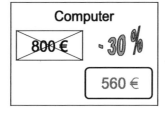
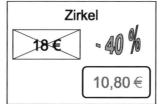
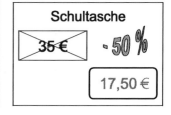

| Name: | Prozentrechnung 10 |

Ursprünglicher Preis – 100 %

plus Preiserhöhung

gleich neuer Preis

36) Preise richten sich nach Angebot und Nachfrage.

Kurzangabe:

Ursprünglicher Preis		735,00 €
Preiserhöhung	2,7 %	
Neuer Preis		

37) Mit Preisen kann der Verbrauch gesteuert werden.

Kurzangabe:

Ursprünglicher Preis		13,50 €
Preiserhöhung		
Neuer Preis		15,66 €

38) Die Preisentwicklung kann langjährig beobachtet werden.

1975 kostete ein Taschenrechner 120 €; ein Taschenrechner derselben Marke mit denselben Funktionen kostete im Jahr 2000 nur noch 15 €. (Die Preise sind gerundet.)

1975 kostete ein Gasspeicherofen 1 670 €; im Jahr 2000 kostete ein Gasspeicherofen derselben Firma bzw. Qualität 3 340 €. (Die Preise sind gerundet.)

Berechne für beide Geräte die prozentuelle Veränderung des Preises in diesen 25 Jahren und stelle diese im Streifendiagramm dar.

1975	TR
2000	

1975	Gasspeicherofen
2000	

| Name: | Prozentrechnung 10 |

Ursprünglicher Preis – 100 %

plus Preiserhöhung

gleich neuer Preis

36) Preise richten sich nach Angebot und Nachfrage.

Kurzangabe: G = 735 €, p % = 2,7 %; W = ?

Ursprünglicher Preis	100,0 %	735,00 €
Preiserhöhung	2,7 %	19,85 €
Neuer Preis	102,7 %	754,85 €

$W = G \cdot \frac{p}{100}$

$W = 735 \cdot 0{,}027$

$W = 19{,}845$

37) Mit Preisen kann der Verbrauch gesteuert werden.

Kurzangabe: G = 13,50 €, W = 15,66 €; p % = ?

Ursprünglicher Preis	100 %	13,50 €
Preiserhöhung	16 %	2,16 €
Neuer Preis	116 %	15,66 €

$W = G \cdot \frac{p}{100}$

$G \cdot \frac{p}{100} = W \quad |:G$

$\frac{p}{100} = W : G$

$\frac{p}{100} = 15{,}66 : 13{,}50$

$\frac{p}{100} = 1{,}16 \quad p\% = 116\%$

38) Die Preisentwicklung kann langjährig beobachtet werden.

1975 kostete ein Taschenrechner 120 €; ein Taschenrechner derselben Marke mit denselben Funktionen kostete im Jahr 2000 nur noch 15 €. (Die Preise sind gerundet.)

1975 kostete ein Gasspeicherofen 1 670 €; im Jahr 2000 kostete ein Gasspeicherofen derselben Firma bzw. Qualität 3 340 €. (Die Preise sind gerundet.)

Berechne für beide Geräte die prozentuelle Veränderung des Preises in diesen 25 Jahren und stelle diese im Streifendiagramm dar.

Taschenrechner

Ursprünglicher Preis	100,0 %	120 €
Preisverminderung	87,5 %	105 €
Neuer Preis	12,5 %	15 €

Gasspeicherofen

Ursprünglicher Preis	100 %	1 670 €
Preiserhöhung	100 %	1 670 €
Neuer Preis	200 %	3 340 €

| 1975 | TR |
| 2000 | TR |

| 1975 | Gasspeicherofen |
| 2000 | Gasspeicherofen |

| Name: | Prozentrechnung 11 |

39) Die meisten dieser Aufgaben kannst du im Kopf lösen. Wenn es nötig ist, mache dir Notizen.

a) Bei einer Schularbeit gab es 40 Punkte zu erreichen. Markus hat 30 Punkte geschafft. Wie viel Prozent sind das?

Bei einer Schularbeit gab es 60 Punkte zu erreichen. Christian hat 65 % der Punkte geschafft. Wie viele Punkte sind das?

Bei einer Schularbeit gibt es 55 Punkte zu erreichen. Dominik möchte mindestens 80 % der Punkte schaffen. Wie viele Punkte wären das?

b) Sabine hat für den Geographietest 1 Stunde gelernt. Monika hat um 10 % länger gelernt. Wie viele Stunden und Minuten hat Monika gelernt?

Peter hat für die Mathematikschularbeit 2 ½ Stunden gelernt. Gerhard hat 4 Stunden gelernt. Um wie viel % hat Gerhard länger gelernt?

Elfriede wollte in einer Stunde mit ihrer Aufgabe fertig sein. In einer halben Stunde schaffte sie gerade 40 %. Wie lange wird sie insgesamt brauchen?

c) Barbara bekommt monatlich 20 € Taschengeld. In diesem Monat gab sie bereits 70 % davon aus. Wie viel % hat sie noch und wie viel € sind das?

Astrid bekommt monatlich 40 € Taschengeld, 18 € hat sie bereits ausgegeben. Wie viel % sind das?

Patrik gab in diesem Monat bereits 10,50 € aus, das sind 30 % seines monatlichen Taschengeldes. Wie viel € bekommt Patrik monatlich?

d) Michaels Schulweg ist 800 m lang, der Schulweg von Andrea ist genau 1 km lang. Um wie viel % ist Andreas Schulweg länger als der von Michael?

Michaels Schulweg ist 800 m lang, der Schulweg von Andrea ist genau 1 km lang. Um wie viel % ist Michaels Schulweg kürzer als der von Andrea?

Michaels Schulweg ist 800 m lang, der Schulweg von Marianne ist um 120 % länger als der Schulweg von Michael. Wie lang ist Mariannes Schulweg?

Michaels Schulweg ist 800 m lang, der Schulweg von Regina beträgt 120 % des Schulweges von Michael. Wie lang ist Reginas Schulweg?

40) Mehrere Antwortmöglichkeiten sind vorgegeben – denke sehr genau, mache dir Notizen und kreuze dann jeweils die richtige Antwort an.

450 Kinder besuchen eine Hauptschule. 40 % aller Schülerinnen und Schüler spielen gerne Fußball. 20 % der Fußballspieler/-innen trainieren auch gerne Handball. Wie viele sind das?

☐ 54 Kinder ☐ 90 Kinder ☐ 36 Kinder

Eine Schultasche kostete 40 €. Der Preis wurde um 10 % erhöht und ein paar Wochen später um 10 % vermindert. Wie viel kostet sie nun?

☐ 40 € ☐ 39,60 € ☐ 48 €

Vor zwei Jahren bekam Michaela 20 € Taschengeld. Vor einem Jahr wurde es um 15 % erhöht. Wie viel Taschengeld wird Michaela bekommen, wenn es jetzt wieder um 15 % erhöht wird?

☐ 26,45 € ☐ 26 € ☐ 20 €

| Name: | Prozentrechnung 11 |

39) Die meisten dieser Aufgaben kannst du im Kopf lösen. Wenn es nötig ist, mache dir Notizen.

a) Bei einer Schularbeit gab es 40 Punkte zu erreichen. Markus hat 30 Punkte geschafft. Wie viel Prozent sind das?   **75 %**

Bei einer Schularbeit gab es 60 Punkte zu erreichen. Christian hat 65 % der Punkte geschafft. Wie viele Punkte sind das?   **39 Punkte**

Bei einer Schularbeit gibt es 55 Punkte zu erreichen. Dominik möchte mindestens 80 % der Punkte schaffen. Wie viele Punkte wären das?   **44 Punkte**

b) Sabine hat für den Geographietest 1 Stunde gelernt. Monika hat um 10 % länger gelernt. Wie viele Stunden und Minuten hat Monika gelernt?   **1 h 6 min**

Peter hat für die Mathematikschularbeit 2 ½ Stunden gelernt. Gerhard hat 4 Stunden gelernt. Um wie viel % hat Gerhard länger gelernt?   **60 %**

Elfriede wollte in einer Stunde mit ihrer Aufgabe fertig sein. In einer halben Stunde schaffte sie gerade 40 %. Wie lange wird sie insgesamt brauchen?   **1 h 15 min**

c) Barbara bekommt monatlich 20 € Taschengeld. In diesem Monat gab sie bereits 70 % davon aus. Wie viel % hat sie noch und wie viel € sind das?   **30 % ... 6 €**

Astrid bekommt monatlich 40 € Taschengeld, 18 € hat sie bereits ausgegeben. Wie viel % sind das?   **45 %**

Patrik gab in diesem Monat bereits 10,50 € aus, das sind 30 % seines monatlichen Taschengeldes. Wie viel € bekommt Patrik monatlich?   **35 €**

d) Michaels Schulweg ist 800 m lang, der Schulweg von Andrea ist genau 1 km lang. Um wie viel % ist Andreas Schulweg länger als der von Michael?   **25 %**

Michaels Schulweg ist 800 m lang, der Schulweg von Andrea ist genau 1 km lang. Um wie viel % ist Michaels Schulweg kürzer als der von Andrea?   **20 %**

Michaels Schulweg ist 800 m lang, der Schulweg von Marianne ist um 120 % länger als der Schulweg von Michael. Wie lang ist Mariannes Schulweg?   **1 760 m**

Michaels Schulweg ist 800 m lang, der Schulweg von Regina beträgt 120 % des Schulweges von Michael. Wie lang ist Reginas Schulweg?   **960 m**

40) Mehrere Antwortmöglichkeiten sind vorgegeben – denke sehr genau, mache dir Notizen und kreuze dann jeweils die richtige Antwort an.

450 Kinder besuchen eine Hauptschule. 40 % aller Schülerinnen und Schüler spielen gerne Fußball. 20 % der Fußballspieler/-innen trainieren auch gerne Handball. Wie viele sind das?
- [ ] 54 Kinder
- [ ] 90 Kinder
- [x] 36 Kinder

Eine Schultasche kostete 40 €. Der Preis wurde um 10 % erhöht und ein paar Wochen später um 10 % vermindert. Wie viel kostet sie nun?
- [ ] 40 €
- [x] 39,60 €
- [ ] 48 €

Vor zwei Jahren bekam Michaela 20 € Taschengeld. Vor einem Jahr wurde es um 15 % erhöht. Wie viel Taschengeld wird Michaela bekommen, wenn es jetzt wieder um 15 % erhöht wird?
- [x] 26,45 €
- [ ] 26 €
- [ ] 20 €

| Name: | Flächenberechnungen 1 |

1) Bestimme von den Rechtecken und Quadraten den Flächeninhalt (Flächeneinheit E^2).

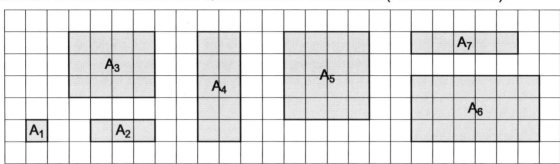

$A_1 =$ _____ $A_2 =$ _____ $A_3 =$ _____ $A_4 =$ _____ $A_5 =$ _____ $A_6 =$ _____ $A_7 =$ _____

2) Gib die Formeln für die Flächeninhalte der Rechtecke und Quadrate an.

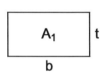 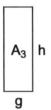 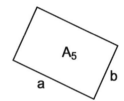

$A_1 =$ _____ $A_2 =$ _____ $A_3 =$ _____ $A_4 =$ _____ $A_5 =$ _____

3) Zeichne eine Skizze und berechne den Flächeninhalt des Rechtecks mit den Seiten a = 19,5 m und b = 12 m. (Rechne mit Formel ...)

4) Zeichne eine Skizze und berechne den Flächeninhalt des Quadrates mit der Seitenlänge a = 4,7 m. (Rechne mit Formel ...)

5) Berechne jeweils den Flächeninhalt der aus Rechtecken zusammengesetzten Figuren. (Maße in m.) Rechne im Kopf, schreibe aber die Zwischenergebnisse an.

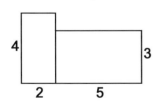 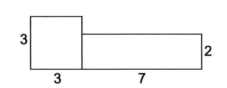 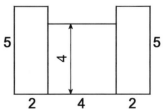

A = _____   A = _____   A = _____

A ___ _____   A ___ _____   A ___ _____

© Brigg Verlag Friedberg

| Name: | Flächenberechnungen 1 |

1) Bestimme von den Rechtecken und Quadraten den Flächeninhalt (Flächeneinheit E^2).

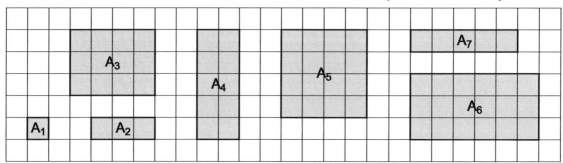

A_1 = __1 E^2__ A_2 = __3 E^2__ A_3 = __12 E^2__ A_4 = __10 E^2__ A_5 = __16 E^2__ A_6 = __18 E^2__ A_7 = __5 E^2__

2) Gib die Formeln für die Flächeninhalte der Rechtecke und Quadrate an.

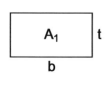 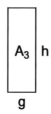 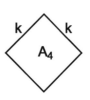 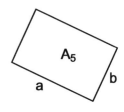

A_1 = __$b \cdot t$__ A_2 = __$a \cdot a$__ A_3 = __$g \cdot h$__ A_4 = __$k \cdot k$__ A_5 = __$a \cdot b$__

3) Zeichne eine Skizze und berechne den Flächeninhalt des Rechtecks mit den Seiten a = 19,5 m und b = 12 m. (Rechne mit Formel ...)

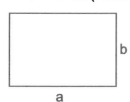

$A = a \cdot b$ NR: 1 9,5 · 1 2

$A = 19,5 \cdot 12$ 3 9 0

$A = 234$ 2 3 4,0

A ___ 234 m^2

4) Zeichne eine Skizze und berechne den Flächeninhalt des Quadrates mit der Seitenlänge a = 4,7 m. (Rechne mit Formel ...)

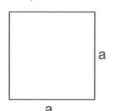

$A = a \cdot a$ NR: 4,7 · 4,7

$A = 4,7 \cdot 4,7$ 1 8 8

$A = 22,09$ 3 2 9

A ___ 22,09 m^2 2 2,0 9

5) Berechne jeweils den Flächeninhalt der aus Rechtecken zusammengesetzten Figuren. (Maße in m.) Rechne im Kopf, schreibe aber die Zwischenergebnisse an.

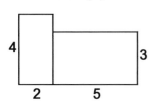 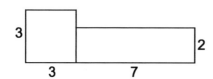 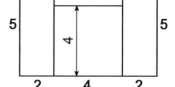

A = __8 + 15__ A = __9 + 14__ A = __10 + 16 + 10__

A ___ 23 m^2 A ___ 23 m^2 A ___ 36 m^2

Name:	Flächenberechnungen 2

6) Bemale die Dreiecke mit Buntstift (drücke nicht fest auf) und bestimme dann den Flächeninhalt (Flächeneinheit E²).

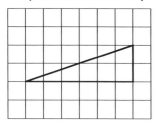 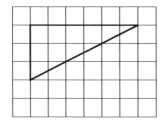 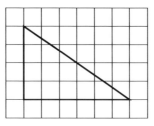 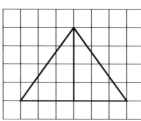

A = _____   A = _____   A = _____   A = _____

7) Gib die Formeln für die Flächeninhalte der rechtwinkligen Dreiecke an.

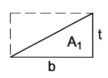 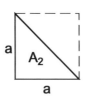 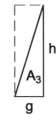  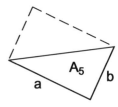

A_1 = _____ A_2 = _____ A_3 = _____ A_4 = _____ A_5 = _____

8) Berechne jeweils den Flächeninhalt des rechtwinkligen Dreiecks, die Katheten sind gegeben.
   (Formel ... Zahlen einsetzen ... Rechnung, wenn möglich vorher kürzen ... Kurzantwort)
   a) a = 26 cm, b = 9 cm   b) a = 8,5 cm, b = 20 cm

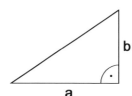

9) Konstruiere ein Quadrat mit der Seitenlänge a = 42 mm und ein rechtwinkliges Dreieck, das halb so groß wie das Quadrat ist.
   Berechne von beiden Figuren den Flächeninhalt.

Name:	Flächenberechnungen 2

6) Bemale die Dreiecke mit Buntstift (drücke nicht fest auf) und bestimme dann den Flächeninhalt (Flächeneinheit E^2).

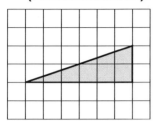 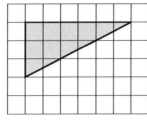 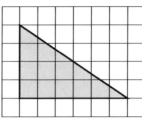 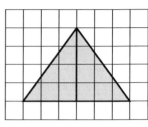

A = __6 E^2__ A = __9 E^2__ A = __12 E^2__ A = __12 E^2__

7) Gib die Formeln für die Flächeninhalte der rechtwinkligen Dreiecke an.

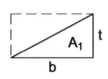 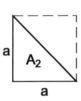  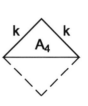 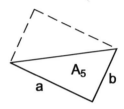

$A_1 = \frac{b \cdot t}{2}$ $A_2 = \frac{a \cdot a}{2}$ $A_3 = \frac{g \cdot h}{2}$ $A_4 = \frac{k \cdot k}{2}$ $A_5 = \frac{a \cdot b}{2}$

8) Berechne jeweils den Flächeninhalt des rechtwinkligen Dreiecks, die Katheten sind gegeben.
(Formel ... Zahlen einsetzen ... Rechnung, wenn möglich vorher kürzen ... Kurzantwort)

a) a = 26 cm, b = 9 cm

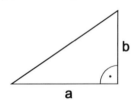

$A = \frac{a \cdot b}{2}$

$A = \frac{\cancel{26} \cdot 9 \cdot 13}{\cancel{2} \cdot 1}$

A = 117

A ___ 117 cm^2

b) a = 8,5 cm, b = 20 cm

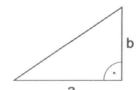

$A = \frac{a \cdot b}{2}$

$A = \frac{8,5 \cdot \cancel{20} \cdot 10}{\cancel{2} \cdot 1}$

A = 85

A ___ 85 cm^2

9) Konstruiere ein Quadrat mit der Seitenlänge a = 42 mm und ein rechtwinkliges Dreieck, das halb so groß wie das Quadrat ist.
Berechne von beiden Figuren den Flächeninhalt.

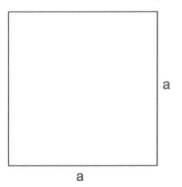 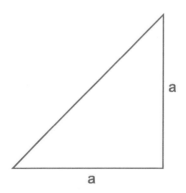

A = a · a

A = 42 · 42 = 1764

A ___ 1764 mm^2

$A = \frac{a \cdot a}{2}$

$A = \frac{42 \cdot \cancel{42} \cdot 21}{\cancel{2} \cdot 1} = 882$

A ___ 882 mm^2

Name:	Flächenberechnungen 3

10) Zeichne in den Raster Figuren, die halb so groß wie das gefärbte Rechteck sind.

11) Bemale die Figuren mit Buntstift und lies die Größe der Flächeninhalte ab (Flächeneinheit E^2).

 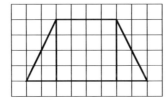 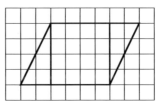 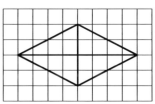

A = _____ A = _____ A = _____ A = _____

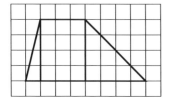  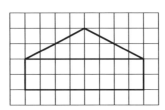 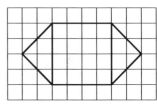

A = _____ A = _____ A = _____ A = _____

12) Berechne die Flächeninhalte der aus Rechtecken und rechtwinkligen Dreiecken zusammengesetzten Figuren. (Maße in m.) Rechne im Kopf, schreibe die Zwischenergebnisse an.

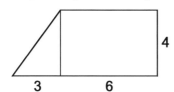 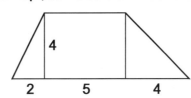 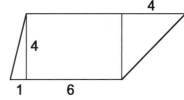

A = _____ A = _____ A = _____

A ___ _____ A ___ _____ A ___ _____

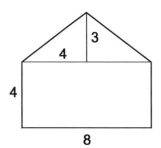 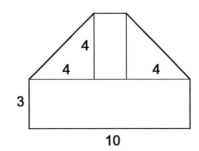 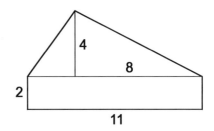

A = _____ A = _____ A = _____

A ___ _____ A ___ _____ A ___ _____

| Name: | Flächenberechnungen 3 |

10) Zeichne in den Raster Figuren, die halb so groß wie das gefärbte Rechteck sind.

11) Bemale die Figuren mit Buntstift und lies die Größe der Flächeninhalte ab (Flächeneinheit E^2).

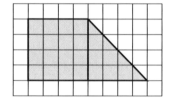
A = __24 E^2__

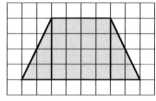
A = __24 E^2__

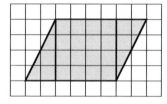
A = __24 E^2__

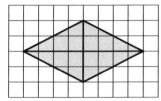
A = __16 E^2__

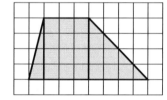
A = __22 E^2__

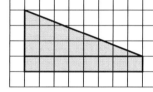
A = __20 E^2__

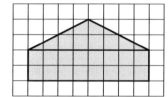
A = __24 E^2__

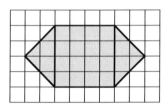
A = __24 E^2__

12) Berechne die Flächeninhalte der aus Rechtecken und rechtwinkligen Dreiecken zusammengesetzten Figuren. (Maße in m.) Rechne im Kopf, schreibe die Zwischenergebnisse an.

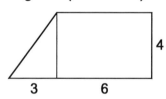
A = __6 + 24__

A ___ __30 m^2__

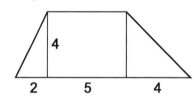
A = __4 + 20 + 8__

A ___ __32 m^2__

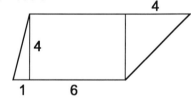
A = __2 + 24 + 8__

A ___ __34 m^2__

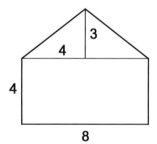
A = __32 + 12__

A ___ __44 m^2__

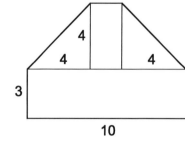
A = __30 + 8 + 8 + 8__

A ___ __54 m^2__

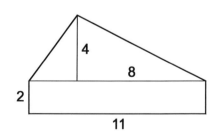
A = __22 + 6 + 16__

A ___ __44 m^2__

| Name: | Flächenberechnungen 4 |

13) Berechne jeweils den Flächeninhalt. (Maße in m.)

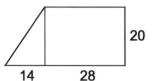

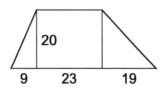

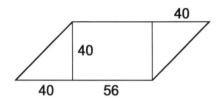

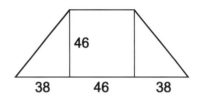

14) Familie Arthaber kauft ein Grundstück, das die Form eines rechtwinkligen Dreiecks hat (a = 45 m, b = 60 m).
   a) Zeichne von diesem Grundstück einen Plan im Maßstab 1 : 1000.
   b) Lies aus dem Plan die Länge der dritten Dreiecksseite ab.
   c) Berechne, wie viel laufende Meter Zaun benötigt werden.
   d) Berechne den Kaufpreis, wenn für 1 m² 56,60 € zu bezahlen sind.

	Plan ⟵ :1000	Wirklichkeit
a		
b		

c) A:

d) A:

Name:	Flächenberechnungen 4

13) Berechne jeweils den Flächeninhalt. (Maße in m.)

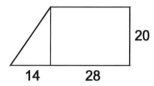

$A = \frac{14 \cdot 20 \cdot 10}{2 \cdot 1} + 28 \cdot 20$

$A = 140 + 560 = 700$

A ___ 700 m²

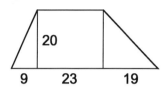

$A = \frac{9 \cdot 20 \cdot 10}{2 \cdot 1} + 23 \cdot 20 + \frac{19 \cdot 20 \cdot 10}{2 \cdot 1}$

$A = 90 + 460 + 190 = 740$

A ___ 740 m²

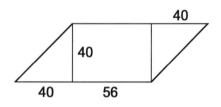

$A = \frac{40 \cdot 40 \cdot 20}{2 \cdot 1} + 56 \cdot 40 + \frac{40 \cdot 40 \cdot 20}{2 \cdot 1}$

$A = 800 + 2\,240 + 800 = 3\,840$

A ___ 3 840 m²

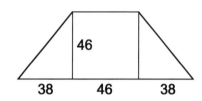

$A = \frac{38 \cdot 46 \cdot 23}{2 \cdot 1} + 46 \cdot 46 + \frac{38 \cdot 46 \cdot 23}{2 \cdot 1}$

$A = 874 + 2\,116 + 874 = 3\,864$

A ___ 3 864 m²

14) Familie Arthaber kauft ein Grundstück, das die Form eines rechtwinkligen Dreiecks hat (a = 45 m, b = 60 m).
   a) Zeichne von diesem Grundstück einen Plan im Maßstab 1 : 1000.
   b) Lies aus dem Plan die Länge der dritten Dreiecksseite ab.
   c) Berechne, wie viel laufende Meter Zaun benötigt werden.
   d) Berechne den Kaufpreis, wenn für 1 m² 56,60 € zu bezahlen sind.

Plan	:1000	Wirklichkeit
	1 mm	1000 mm
a	45 mm	45 m = 45 000 mm
b	60 mm	60 m = 60 000 mm

c = 75 m

u = a + b + c

u = 45 + 60 + 75 = 180

u ___ 180 m

$A = \frac{a \cdot b}{2}$

$A = \frac{45 \cdot 60 \cdot 30}{2 \cdot 1} = 1\,350$

A ___ 1 350 m²

```
  1 3 5 0 · 5 6,6 0
      6 7 5 0
      8 1 0 0
    8 1 0 0 0
  ─────────────
    7 6 4 1 0,0 0
```

1 m² ___ 56,60 €

1 350 m² ___ 56,60 € · 1 350 = 76 410 €

c) A: 180 laufende Meter Zaun werden benötigt.

d) A: Der Kaufpreis beträgt 76 410 €.

| Name: | Flächenberechnungen 5 |

15) Gib für die zusammengesetzten Flächen jeweils eine Formel für den Flächeninhalt an und vereinfache, wenn dies möglich ist.

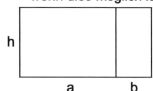

A = _____

A = _____

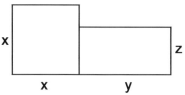

A = _____

A = _____

A = _____

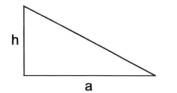

A = _____

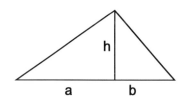

A = _____

A = _____

A = _____

A = _____

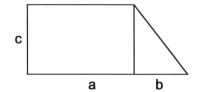

A = _____

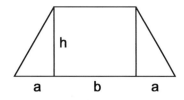

A = _____

A = _____

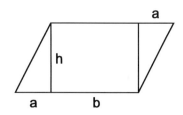

A = _____

A = _____

A = _____

16) Formeln für Flächeninhalte sind gegeben. Zeichne Skizzen von passenden Figuren und beschrifte sorgfältig.

$A = b \cdot t$ $A = \dfrac{g \cdot h}{2}$ $A = \dfrac{a \cdot b}{2} \cdot 3$

$A = \dfrac{x \cdot z}{2} + y \cdot z$ $A = \dfrac{r \cdot t}{2} + \dfrac{s \cdot t}{2}$ $A = \dfrac{x \cdot h}{2} + y \cdot h + \dfrac{z \cdot h}{2}$

| Name: | Flächenberechnungen 5 |

15) Gib für die zusammengesetzten Flächen jeweils eine Formel für den Flächeninhalt an und vereinfache, wenn dies möglich ist.

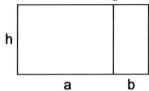 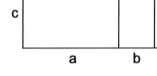 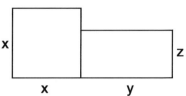

$A = a \cdot h + b \cdot h$ $A = a \cdot c + b \cdot c + b \cdot c$ $A = x \cdot x + y \cdot z$

$A = (a + b) \cdot h$ $A = (a + 2 \cdot b) \cdot c$

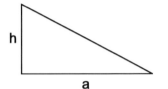 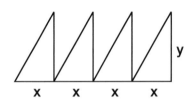 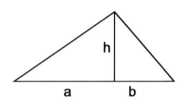

$A = \dfrac{a \cdot h}{2}$ $A = \dfrac{x \cdot y}{2} \cdot 4$ $A = \dfrac{a \cdot h}{2} + \dfrac{b \cdot h}{2}$

 $A = x \cdot y \cdot 2$ $A = \dfrac{(a + b) \cdot h}{2}$

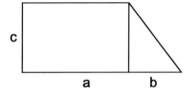 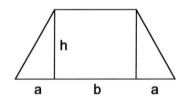 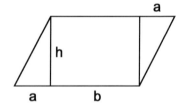

$A = a \cdot c + \dfrac{b \cdot c}{2}$ $A = \dfrac{a \cdot h}{2} + b \cdot h + \dfrac{a \cdot h}{2}$ $A = \dfrac{a \cdot h}{2} + b \cdot h + \dfrac{a \cdot h}{2}$

 $A = a \cdot h + b \cdot h$ $A = a \cdot h + b \cdot h$

 $A = (a + b) \cdot h$ $A = (a + b) \cdot h$

16) Formeln für Flächeninhalte sind gegeben. Zeichne Skizzen von passenden Figuren und beschrifte sorgfältig.

$A = b \cdot t$ $A = \dfrac{g \cdot h}{2}$ $A = \dfrac{a \cdot b}{2} \cdot 3$

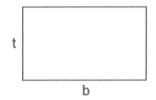  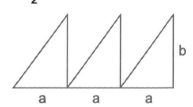

$A = \dfrac{x \cdot z}{2} + y \cdot z$ $A = \dfrac{r \cdot t}{2} + \dfrac{s \cdot t}{2}$ $A = \dfrac{x \cdot h}{2} + y \cdot h + \dfrac{z \cdot h}{2}$

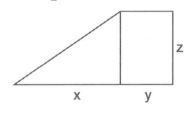 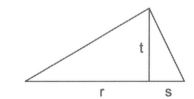 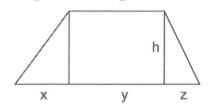

Name:	Prismen 1

1) Bezeichne die geometrischen Körper und bemale die Grundfläche.

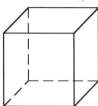   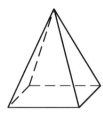

_____ _____ _____ _____

_____ _____ _____ _____

 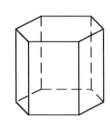 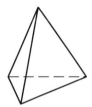 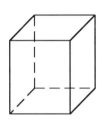

_____ _____ _____ _____

_____ _____ _____ _____

2) Kreuze an, wenn die angegebene Eigenschaft zutrifft.

A B C D E F G H

	A	B	C	D	E	F	G	H
Der Körper ist ein Prisma.								
Der Körper ist nur von ebenen Flächen begrenzt.								
Die Mantelflächen sind Rechtecke oder Quadrate.								
Der Körper hat gekrümmte Kanten.								
Der Körper hat ein Dreieck als Grundfläche.								
Der Körper hat eine Spitze.								
Die Mantelflächen sind Dreiecke.								
Der Körper hat einen Kreis als Grundfläche.								
Der Körper ist von sechs Quadraten begrenzt.								

3) Zeichne mit freier Hand Schrägrisse von geometrischen Körpern.

© Brigg Verlag Friedberg

| Name: | Prismen 1 |

1) Bezeichne die geometrischen Körper und bemale die Grundfläche.

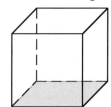 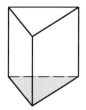  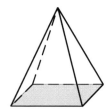

Würfel — Dreiseitiges Prisma — Kegel — Rechteckige Pyramide

 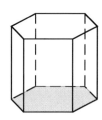  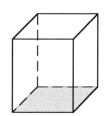

Zylinder — Sechsseitiges Prisma — Dreiseitige Pyramide — Quader

2) Kreuze an, wenn die angegebene Eigenschaft zutrifft.

A   B   C   D   E   F   G   H

	A	B	C	D	E	F	G	H
Der Körper ist ein Prisma.	X			X		X		X
Der Körper ist nur von ebenen Flächen begrenzt.	X		X	X	X	X		X
Die Mantelflächen sind Rechtecke oder Quadrate.	X			X		X		X
Der Körper hat gekrümmte Kanten.							X	
Der Körper hat ein Dreieck als Grundfläche.					X	X		
Der Körper hat eine Spitze.			X		X		X	
Die Mantelflächen sind Dreiecke.			X		X			
Der Körper hat einen Kreis als Grundfläche.							X	
Der Körper ist von sechs Quadraten begrenzt.								X

3) Zeichne mit freier Hand Schrägrisse von geometrischen Körpern.

Name:	Prismen 2

⇨ Bei diesen Schrägrisskonstruktionen sind
- die Vorderflächen in wahrer Größe und
- die von der Vorderfläche im rechten Winkel nach hinten gehenden Kanten im Winkel von 45° und auf die Hälfte verkürzt gezeichnet.

Wenn eine Kante im Schrägriss auf die Hälfte verkürzt gezeichnet wurde, dann ist die wahre Länge dieser Kante doppelt so lang wie in der Schrägrisskonstruktion.

4) Ergänze die Schrägrisse der Prismen und gib die wahre Länge der bezeichneten Kanten an.

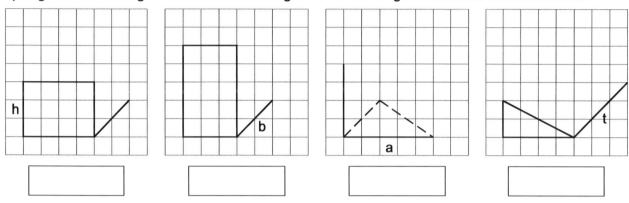

5) Konstruiere Schrägrisse der geometrischen Körper ($\alpha = 45°$, $v = \frac{1}{2}$).
   a) Würfel: a = 28 mm
   b) Quader: a = 50 mm, b = 30 mm, h = 15 mm

6) Gib von den geometrischen Körpern die Anzahl der Ecken, Kanten und Begrenzungsflächen an.

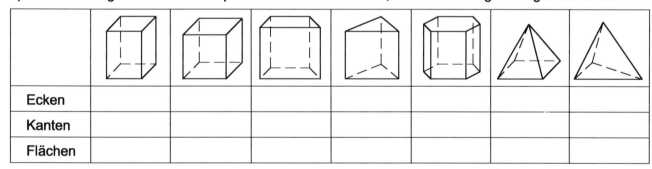

7) Ergänze die Netze der Prismen.

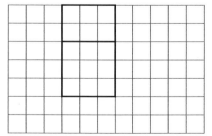
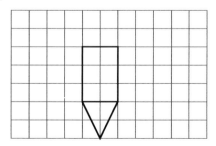
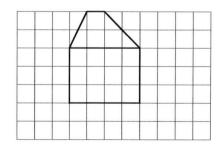

Name:	Prismen 2

⇨ Bei diesen Schrägrisskonstruktionen sind
 • die Vorderflächen in wahrer Größe und
 • die von der Vorderfläche im rechten Winkel nach hinten gehenden Kanten im Winkel von 45° und auf die Hälfte verkürzt gezeichnet.

Wenn eine Kante im Schrägriss auf die Hälfte verkürzt gezeichnet wurde, dann ist die wahre Länge dieser Kante doppelt so lang wie in der Schrägrisskonstruktion.

4) Ergänze die Schrägrisse der Prismen und gib die wahre Länge der bezeichneten Kanten an.

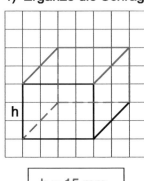
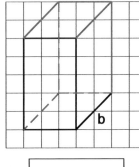
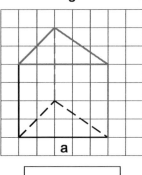
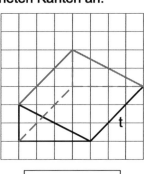

h = 15 mm   b ≈ 28 mm   a = 25 mm   t ≈ 42 mm

5) Konstruiere Schrägrisse der geometrischen Körper ($\alpha = 45°$, $v = \frac{1}{2}$).
 a) Würfel: a = 28 mm
 b) Quader: a = 50 mm, b = 30 mm, h = 15 mm

6) Gib von den geometrischen Körpern die Anzahl der Ecken, Kanten und Begrenzungsflächen an.

Ecken	8	8	8	6	12	5	4
Kanten	12	12	12	9	18	8	6
Flächen	6	6	6	5	8	5	4

7) Ergänze die Netze der Prismen.

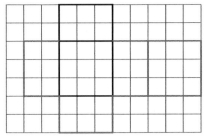
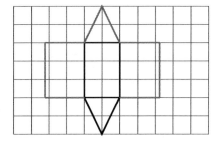
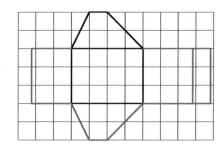

| Name: | Prismen 3 |

8) Bemale die Grundfläche der Prismen und gib jeweils die Formel für den Flächeninhalt der Grundfläche und für das Volumen an.

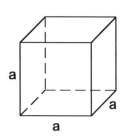 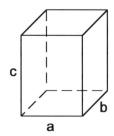 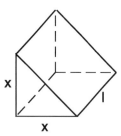 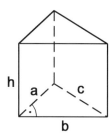

G =			
V =			

9) Berechne das Volumen der Prismen. (Rechne mit Formel.)

a) Quader: $a = 9$ cm, $b = 4$ cm, $h = 5$ cm

b) Quadratisches Prisma: $a = 19$ cm, $l = 8$ cm

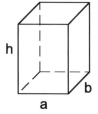 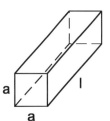

c) Dreiseitiges Prisma (G = rechtw. Dr., $\gamma = 90°$): $a = 7$ cm, $b = 4$ cm, $h = 5$ cm

d) Dreiseitiges Prisma (G = rechtw. Dr., $\gamma = 90°$): $a = 72$ cm, $b = 30$ cm, $l = 9$ cm

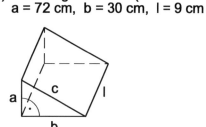

10) Berechne das Volumen und die Masse eines Würfels ($a = 9$ cm) aus Kork. Die Dichte von Kork ist 0,24 g/cm^3.

A:

Name:	Prismen 3

8) Bemale die Grundfläche der Prismen und gib jeweils die Formel für den Flächeninhalt der Grundfläche und für das Volumen an.

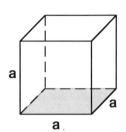 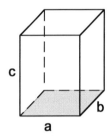 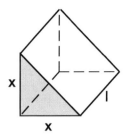 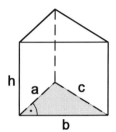

$G = a \cdot a$	$G = a \cdot b$	$G = \frac{x \cdot x}{2}$	$G = \frac{a \cdot b}{2}$
$V = a \cdot a \cdot a$	$V = a \cdot b \cdot c$	$V = \frac{x \cdot x}{2} \cdot l$	$V = \frac{a \cdot b}{2} \cdot h$

9) Berechne das Volumen der Prismen. (Rechne mit Formel.)

a) Quader: a = 9 cm, b = 4 cm, h = 5 cm

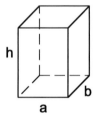

$V = G \cdot h$
$V = a \cdot b \cdot h$
$V = 9 \cdot 4 \cdot 5$
$V = 36 \cdot 5 = 180$
$V \_\_\_ 180 \text{ cm}^3$

b) Quadratisches Prisma: a = 19 cm, l = 8 cm

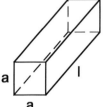

$V = G \cdot l$
$V = a \cdot a \cdot l$
$V = 19 \cdot 19 \cdot 8$
$V = 361 \cdot 8 = 2\,888$
$V \_\_\_ 2\,888 \text{ cm}^3$

c) Dreiseitiges Prisma (G = rechtw. Dr., γ = 90°): a = 7 cm, b = 4 cm, h = 5 cm

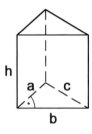

$V = G \cdot h$
$V = \frac{a \cdot b}{2} \cdot h$
$V = \frac{7 \cdot \cancel{4}^2}{\cancel{2}_1} \cdot 5$
$V = 14 \cdot 5 = 70$
$V \_\_\_ 70 \text{ cm}^3$

d) Dreiseitiges Prisma (G = rechtw. Dr., γ = 90°): a = 72 cm, b = 30 cm, l = 9 cm

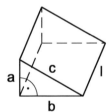

$V = G \cdot l$
$V = \frac{a \cdot b}{2} \cdot l$
$V = \frac{\cancel{72}^{36} \cdot 30}{\cancel{2}_1} \cdot 9$
$V = 1\,080 \cdot 9 = 9\,720$
$V \_\_\_ 9\,720 \text{ cm}^3$

10) Berechne das Volumen und die Masse eines Würfels (a = 9 cm) aus Kork. Die Dichte von Kork ist 0,24 g/cm³.

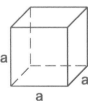

$V = G \cdot h$
$V = a \cdot a \cdot a$
$V = 9 \cdot 9 \cdot 9$
$V = 81 \cdot 9 = 729$
$V \_\_\_ 729 \text{ cm}^3$

1 cm³ ___ 0,24 g
729 cm³ ___ 0,24 g · 729 = 174,96 g

```
  7 2 9 · 0,2 4
  ─────────────
  1 4 5 8
  2 9 1 6
  ─────────────
  1 7 4,9 6
```

A: Der Korkwürfel hat ein Volumen von 729 cm³ und eine Masse von 174,96 g.

Name:	Prismen 4

11) Bemale die Grundfläche der Prismen und gib die Formeln für den Umfang der Grundfläche und den Mantel des Körpers an.

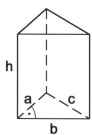 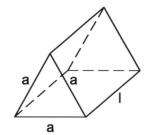 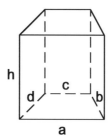 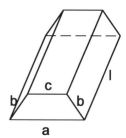

u =			
M =			

12) Berechne den Mantel der Prismen.

a) Regelmäßiges dreiseitiges Prisma:
a = 40 mm, l = 85 mm

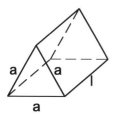

b) Regelmäßiges sechsseitiges Prisma:
a = 35 mm, h = 28 mm

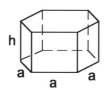

13) Berechne den Mantel und die Oberfläche der Prismen.

a) Quadratisches Prisma:
a = 6 mm, h = 80 mm

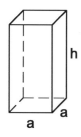

b) Dreiseitiges Prisma (G = rechtw. Dr., $\gamma = 90°$):
a = 5 mm, b = 12 mm, c = 13 mm, l = 90 mm

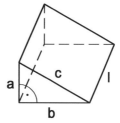

| Name: | Prismen 4 |

11) Bemale die Grundfläche der Prismen und gib die Formeln für den Umfang der Grundfläche und den Mantel des Körpers an.

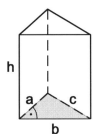 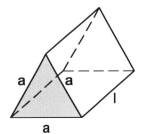 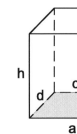 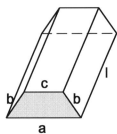

u = a + b + c	u = 3a	u = a + b + c + d	u = a + 2b + c
M = (a + b + c) · h	M = 3a · l	M = (a + b + c + d) · h	M = (a + 2b + c) · l

12) Berechne den Mantel der Prismen.

a) Regelmäßiges dreiseitiges Prisma:
   a = 40 mm, l = 85 mm

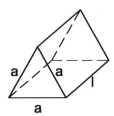

M = 3a · l
M = 3 · 40 · 85
M = 120 · 85
M = 10 200
M ___ 10 200 mm²

b) Regelmäßiges sechsseitiges Prisma:
   a = 35 mm, h = 28 mm

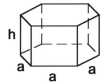

M = 6a · h
M = 6 · 35 · 28
M = 210 · 28
M = 5 880
M ___ 5 880 mm²

13) Berechne den Mantel und die Oberfläche der Prismen.

a) Quadratisches Prisma:
   a = 6 mm, h = 80 mm

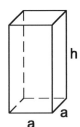

M = 4a · h
M = 4 · 6 · 80
M = 24 · 80
M = 1 920
M ___ 1 920 mm²

b) Dreiseitiges Prisma (G = rechtw. Dr., $\gamma = 90°$):
   a = 5 mm, b = 12 mm, c = 13 mm, l = 90 mm

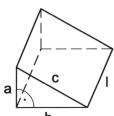

M = (a + b + c) · l
M = (5 + 12 + 13) · 90
M = 30 · 90
M = 2 700
M ___ 2 700 mm²

O = G · 2 + M
O = a · a · 2 + 4a · h
O = 6 · 6 · 2 + 4 · 6 · 80
O = 36 · 2 + 24 · 80
O = 72 + 1 920
O = 1 992
O ___ 1 992 mm²

O = G · 2 + M
$O = \frac{a \cdot b}{2} \cdot 2 + (a + b + c) \cdot l$
$O = \frac{5 \cdot \cancel{12}^{6}}{\cancel{2}_{1}} \cdot 2 + (5 + 12 + 13) \cdot 90$
O = 30 · 2 + 30 · 90
O = 60 + 2 700
O = 2 760
O ___ 2 760 mm²

Name:	Prismen 5

14) Eine quaderförmige Sandkiste (a = 1,80 m, b = 2 m) soll bis zu einer Höhe von 45 cm mit Sand gefüllt werden. Wie viel m³ Sand werden benötigt? (Achte auf einheitliche Benennung.)

A:

15) Die Skizze zeigt eine Werkshalle. (Maße in m.) Berechne zuerst die Größe der Grundfläche (zerlege in Teilfiguren) und dann das Volumen, den „umbauten Raum".

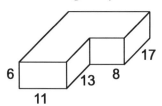

A:

16) Die Skizze zeigt ein Haus mit Satteldach. (Maße in m.) Berechne zuerst die Größe der Gibelseite (zerlege in Teilfiguren) und dann das Volumen, den „umbauten Raum".

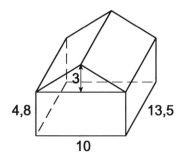

A:

⇨ | 1 m³ = 1 000 dm³ | | 1 dm³ = 1 l |

17) Wie viel Liter passen in den Trog, wenn er ganz gefüllt wird? (Maße in m.) Zerlege das Trapez in ein Rechteck und in zwei rechtwinklige Dreiecke.

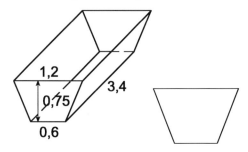

A:

| Name: | Prismen 5 |

14) Eine quaderförmige Sandkiste (a = 1,80 m, b = 2 m) soll bis zu einer Höhe von 45 cm mit Sand gefüllt werden. Wie viel m³ Sand werden benötigt? (Achte auf einheitliche Benennung.)

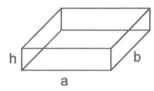

h = 0,45 m

$V = G \cdot h$

$V = a \cdot b \cdot h$

$V = 1{,}8 \cdot 2 \cdot 0{,}45$

$V = 3{,}6 \cdot 0{,}45 = 1{,}62$

V ___ 1,62 m³

A: Für die Sandkiste werden rund 1,6 m³ Sand benötigt.

15) Die Skizze zeigt eine Werkshalle. (Maße in m.) Berechne zuerst die Größe der Grundfläche (zerlege in Teilfiguren) und dann das Volumen, den „umbauten Raum".

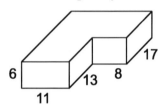

$G = 11 \cdot 13 + 19 \cdot 17$

$G = 143 + 323$

$G = 466$

G ___ 466 m²

$V = G \cdot h$

$V = 466 \cdot 6$

$V = 2\,796$

V ___ 2 796 m³

A: Der umbaute Raum hat eine Größe von 2 796 m³.

16) Die Skizze zeigt ein Haus mit Satteldach. (Maße in m.) Berechne zuerst die Größe der Gibelseite (zerlege in Teilfiguren) und dann das Volumen, den „umbauten Raum".

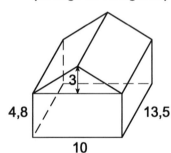

$G = 10 \cdot 4{,}8 + 5 \cdot 3$

$G = 48 + 15$

$G = 63$

G ___ 63 m²

$V = G \cdot l$

$V = 63 \cdot 13{,}5$

$V = 850{,}5$

V ___ 850,5 m³

A: Der umbaute Raum hat eine Größe von 850,5 m³.

⇨ | 1 m³ = 1 000 dm³ | | 1 dm³ = 1 l |

17) Wie viel Liter passen in den Trog, wenn er ganz gefüllt wird? (Maße in m.) Zerlege das Trapez in ein Rechteck und in zwei rechtwinklige Dreiecke.

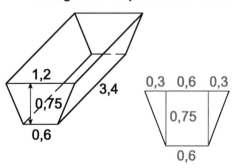

$G = 0{,}6 \cdot 0{,}75 + 0{,}3 \cdot 0{,}75$

$G = 0{,}45 + 0{,}225$

$G = 0{,}675$

G ___ 0,675 m²

$V = G \cdot l$

$V = 0{,}675 \cdot 3{,}4$

$V = 2{,}295$

V ___ 2,295 m³ = 2 295 dm³

A: In den Trog passen 2 295 Liter.

Name:	Prismen 6

18) Für eine quaderförmige Sandkiste (a = 2,80 m, b = 2,50 m) werden 3,5 m³ Sand angeliefert. Bis zu welcher Höhe wird die Sandkiste gefüllt?

A:

19) Eine Meldung im Rundfunk: „In der letzten Stunde regnete es 10 Liter pro m²."
Frau Klein hat in ihrem Garten einen quaderförmigen Behälter aufgestellt, damit sie ihre Zimmerpflanzen mit Regenwasser gießen kann. Schätze, wie hoch in dieser Stunde das Wasser im Behälter stieg.

☐ 1 m   ☐ 1 dm   ☐ 1 cm   ☐ 1 mm

Überprüfe durch Rechnung, ob du richtig geschätzt hast.
Quaderförmiger Behälter: a = 1 m, b = 1 m, V = 10 Liter. Verwandle die Größen der Angabe vor dem Rechnen in dm bzw. dm³.

A:

20) Eine prismenförmige Marmorplatte (ρ = 2,7 g/cm³) wiegt 32,4 kg.
   a) Berechne das Volumen der Marmorplatte.
   b) Berechne die Dicke der Platte, wenn die Größe der Grundfläche 40 dm² beträgt.

A:

Name:	Prismen 6

18) Für eine quaderförmige Sandkiste (a = 2,80 m, b = 2,50 m) werden 3,5 m³ Sand angeliefert. Bis zu welcher Höhe wird die Sandkiste gefüllt?

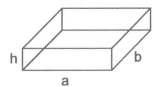

$V = G \cdot h$

$V = a \cdot b \cdot h$

$3,5 = 2,8 \cdot 2,5 \cdot h$

$3,5 = 7 \cdot h \quad |:7$

$h = 3,5 : 7 = 0,5$

h ___ 0,5 m

```
2,8 · 2,5        3,5 : 7 = 0,5
  5 6              3 5
1 4 0               0
-----
7,0 0
```

A: Die Sandkiste wird bis zu einer Höhe von 0,5 m gefüllt.

19) Eine Meldung im Rundfunk: „In der letzten Stunde regnete es 10 Liter pro m²."
Frau Klein hat in ihrem Garten einen quaderförmigen Behälter aufgestellt, damit sie ihre Zimmerpflanzen mit Regenwasser gießen kann. Schätze, wie hoch in dieser Stunde das Wasser im Behälter stieg.

 1 m 1 dm 1 cm 1 mm

Überprüfe durch Rechnung, ob du richtig geschätzt hast.
Quaderförmiger Behälter: a = 1 m, b = 1 m, V = 10 Liter. Verwandle die Größen der Angabe vor dem Rechnen in dm bzw. dm³.

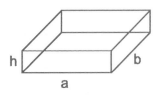

a = 10 dm

b = 10 dm

V = 10 dm³

$V = G \cdot h$

$V = a \cdot b \cdot h$

$10 = 10 \cdot 10 \cdot h$

$10 = 100 \cdot h \quad |:100$

$h = 10 : 100 = 0,1$

h ___ 0,1 dm = 1 cm

A: Im Behälter stieg das Wasser um 1 cm.

20) Eine prismenförmige Marmorplatte (ρ = 2,7 g/cm³) wiegt 32,4 kg.
 a) Berechne das Volumen der Marmorplatte.
 b) Berechne die Dicke der Platte, wenn die Größe der Grundfläche 40 dm² beträgt.

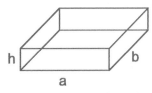

2,7 kg ___ 1 dm³

32,4 kg ___ 32,4 kg : 2,7 kg → 12 dm³

$V = G \cdot h$

$12 = 40 \cdot h \quad |:40$

$h = 12 : 40 = 0,3$

h ___ 0,3 dm = 3 cm

```
3 2,4 : 2,7 =   | · 1 0
3 2 4 : 2 7 = 1 2
  5 4
   0

1 2,0 : 4 0 = 0,3
1 2 0
   0
```

A: Das Volumen der Platte beträgt 12 dm³, sie ist 3 cm dick.

Name: | Massenmaße 1

1) Fülle die Tabellen aus.

a)

t	100kg	10kg	kg	100g	10g	g	gemischte Einheit	kleinste vorkommende Einheit
			4	5	7	8		
				2		6		
							43 kg 90 g	
							3 kg 16 g	
								67 g
								1 409 g

b)

t	100kg	10kg	kg	100g	10g	g	gemischte Einheit	kg
		1	2	3	7	8		
			4	5	2			
							1 kg 600 g	
							51 g	
								0,305 kg
								8,09 kg

c)

t	100kg	10kg	kg	100g	10g	g	kg	g
			6	7	9	4		
				4		1		
							0,469 kg	
							0,37 kg	
								78 020 g
								280 410 g

d)

t	100kg	10kg	kg	100g	10g	g	gemischte Einheit	kleinste vorkommende Einheit
5	4	3	6					
							3 t 12 kg	
								6 009 kg
	1	2	7					

e)

t	100kg	10kg	kg	100g	10g	g	t	gemischte Einheit
7	1	5	8					
							8,4 t	
								3 t 57 kg
							2,306 t	

Massenmaße 1

1) Fülle die Tabellen aus.

a)

t	100kg	10kg	kg	100g	10g	g	gemischte Einheit	kleinste vorkommende Einheit
			4	5	7	8	4 kg 578 g	4 578 g
			2		6		2 kg 60 g	2060 g
		4	3		9		43 kg 90 g	43 090 g
			3		1	6	3 kg 16 g	3 016 g
					6	7	67 g	67 g
			1	4		9	1 kg 409 g	1 409 g

b)

t	100kg	10kg	kg	100g	10g	g	gemischte Einheit	kg
		1	2	3	7	8	12 kg 378 g	12,378 kg
			4	5	2		4 kg 520 g	4,520 kg
			1	6			1 kg 600 g	1,6 kg
					5	1	51 g	0,051 kg
				3		5	305 g	0,305 kg
			8		9		8 kg 90 g	8,09 kg

c)

t	100kg	10kg	kg	100g	10g	g	kg	g
			6	7	9	4	6,794 kg	6 794 g
			4			1	4,001 kg	4 001 g
				4	6	9	0,469 kg	469 g
				3	7		0,37 kg	370 g
	7	8			2		78,02 kg	78 020 g
2	8	0	4	1			280,41 kg	280 410 g

d)

t	100kg	10kg	kg	100g	10g	g	gemischte Einheit	kleinste vorkommende Einheit
5	4	3	6				5 t 436 kg	5 436 kg
3		1	2				3 t 12 kg	3 012 kg
6			9				6 t 9 kg	6 009 kg
1	2		7				1 t 207 kg	1 207 kg

e)

t	100kg	10kg	kg	100g	10g	g	t	gemischte Einheit
7	1	5	8				7,158 t	7 t 158 kg
8	4						8,4 t	8 t 400 kg
3		5	7				3,057 t	3 t 57 kg
2	3		6				2,306 t	2 t 306 kg

Name:	Massenmaße 2

2) Ergänze jeweils das fehlende Massenmaß.

Ein Igel wiegt ca. 1 200 ☐.

Ein Delphin kann eine Masse von bis zu 200 ☐ erreichen.

Ein Afrikanischer Elefant wird ca. 6 ☐ schwer.

Goldhamster haben eine Masse von ca. 130 ☐.

Die maximale Masse einer Blaumeise beträgt 12 ☐.

3) Verwandle in g. (Stelle dir die Tabelle für die Massenmaße vor.)

1 kg =	0,5 kg =	$\frac{3}{4}$ kg =
3 kg =	0,009 kg =	$\frac{1}{8}$ kg =
4,8 kg =	$\frac{1}{2}$ kg =	$\frac{3}{8}$ kg =
0,178 kg =	$\frac{1}{4}$ kg =	$\frac{7}{8}$ kg =

4) Verwandle in kg.

2 000 g =	1 361 g =	15 g =
5 000 g =	439 g =	70 g =
7 200 g =	450 g =	8 g =

5) Berechne die Summe bzw. Differenz.

```
  2,468 kg        27,378 t         5,281 kg        24,800 t
  5,300 kg         3,510 t        -3,695 kg       -19,750 t
  7,691 kg        18,409 t
```

6) Eine Firma verschickt 400 Päckchen zu je 280 g.

   a) Berechne die Masse dieser Päckchen und verwandle das Ergebnis in kg.

   A:

   b) Kann ein Mitarbeiter dieser Firma alle Päckchen auf einmal zur Post tragen? ☐

   c) Die 400 Päckchen werden als „Briefe" verschickt. Berechne die Portokosten. (Preise ab 1. 7. 2006)

Briefsendung – Inland		
Standardsendung	bis 20 g	0,55 €
Gewichtsstufen bis	50 g	0,90 €
	500 g	1,45 €
	1000 g	2,20 €

A:

| Name: | Massenmaße 2 |

2) Ergänze jeweils das fehlende Massenmaß.

Ein Igel wiegt ca. 1 200 [g].

Ein Delphin kann eine Masse von bis zu 200 [kg] erreichen.

Ein Afrikanischer Elefant wird ca. 6 [t] schwer.

Goldhamster haben eine Masse von ca. 130 [g].

Die maximale Masse einer Blaumeise beträgt 12 [g].

3) Verwandle in g. (Stelle dir die Tabelle für die Massenmaße vor.)

1 kg =	1 000 g	0,5 kg =	500 g	$\frac{3}{4}$ kg =	750 g
3 kg =	3 000 g	0,009 kg =	9 g	$\frac{1}{8}$ kg =	125 g
4,8 kg =	4 800 g	$\frac{1}{2}$ kg =	500 g	$\frac{3}{8}$ kg =	375 g
0,178 kg =	178 g	$\frac{1}{4}$ kg =	250 g	$\frac{7}{8}$ kg =	875 g

4) Verwandle in kg.

2 000 g =	2 kg	1 361 g =	1,361 kg	15 g =	0,015 kg
5 000 g =	5 kg	439 g =	0,439 kg	70 g =	0,07 kg
7 200 g =	7,2 kg	450 g =	0,45 kg	8 g =	0,008 kg

5) Berechne die Summe bzw. Differenz.

```
  2,468 kg       27,378 t        5,281 kg       24,800 t
  5,300 kg        3,510 t       -3,695 kg      -19,750 t
  7,691 kg       18,409 t        1,586 kg        5,050 t
 15,459 kg       49,297 t
```

6) Eine Firma verschickt 400 Päckchen zu je 280 g.

a) Berechne die Masse dieser Päckchen und verwandle das Ergebnis in kg.

   1 P ___ 280 g

   400 P ___ 280 g · 400 = 112 000 g = 112 kg

   280 · 400
   112 000

   A: Die Masse der 400 Päckchen beträgt 112 kg.

b) Kann ein Mitarbeiter dieser Firma alle Päckchen auf einmal zur Post tragen? [nein]

c) Die 400 Päckchen werden als „Briefe" verschickt. Berechne die Portokosten. (Preise ab 1. 7. 2006)

Briefsendung – Inland		
Standardsendung	bis 20 g	0,55 €
Gewichtsstufen bis	50 g	0,90 €
	500 g	1,45 €
	1000 g	2,20 €

1 P ___ 1,45 €

400 P ___ 1,45 € · 400 = 580 €

A: Die Portokosten betragen 580 €.

| Name: | Längen-, Flächen-, Raummaße 1 |

Längenmaße m dm cm mm
　　　　　　　　10　10　10

├──┤ 1 cm

Flächenmaße m² dm² cm² mm²
　　　　　　　　100　100　100

□ 1 cm²

Raummaße m³ dm³ cm³ mm³
　　　　　　　1000　1000　1000

▢ 1 cm³　　　1 dm³ = 1 l

1) Verwandle schrittweise in kleinere / größere Einheiten.

7 m	=	=	=	
3 m²	=	=	=	
5 m³	=	=	=	
	=	=	=	9 000 mm
	=	=	=	24 000 000 mm²
	=	=	=	138 000 000 000 mm³

2) Verwandle in die angegebene Einheit.

4 m 9 dm =	dm	8 m² 17 dm² =	dm²	2 m³ 378 dm³ =	dm³
15 m 6 dm =	dm	64 m² 43 dm² =	dm²	15 m³ 246 dm³ =	dm³
29 m 8 dm =	dm	5 m² 2 dm² =	dm²	85 m³ 41 dm³ =	dm³
70 m 1 dm =	dm	16 m² 20 dm² =	dm²	79 m³ 8 dm³ =	dm³

3) Verwandle in die kleinste vorkommende Einheit.

7 cm 9 mm =	mm	4 dm² 26 cm² =	1 dm³ 523 cm³ =
5 dm 7 mm =		27 cm² 50 mm² =	47 cm³ 986 mm³ =
1 m 9 mm =		3 m² 8 dm² =	25 m³ 30 dm³ =
25 m 3 cm =	cm	73 dm² 4 cm² =	2 cm³ 7 mm³ =

4) Verwandle in die größte vorkommende Einheit.

5 cm 1 mm =	cm	5 cm² 44 mm² =	15 cm³ 908 mm³ =
14 m 6 dm =	m	19 m² 8 dm² =	36 dm³ 460 cm³ =
2 m 18 cm =		7 dm² 15 cm² =	77 m³ 8 dm³ =
3 dm 4 mm =		16 cm² 2 mm² =	4 dm³ 50 cm³ =

5) Schreibe jeweils eine sinnvolle Einheit in das Kästchen.

Marias Zimmer ist 13,5 ☐ groß. Ein ☐ ist genau ein Liter. Der Bleistift ist 16 ☐ lang.
Ein LKW transportiert 9,5 ☐ Sand. Die Größe der Tischplatte beträgt 84 ☐. Ein ☐ ist
der Rauminhalt eines Würfels mit 1 cm Kantenlänge. Der Kirchturm ist 21 ☐ hoch.

| Name: | Längen-, Flächen-, Raummaße 1 |

Längenmaße	m	dm	cm	mm
		10	10	10

├─── 1 cm

Flächenmaße	m²	dm²	cm²	mm²
		100	100	100

□ 1 cm²

Raummaße	m³	dm³	cm³	mm³
		1000	1000	1000

 1 cm³

| 1 dm³ = 1 l |

1) Verwandle schrittweise in kleinere / größere Einheiten.

7 m	=	70 dm	=	700 cm	=	7 000 mm
3 m²	=	300 dm²	=	30 000 cm²	=	3 000 000 mm²
5 m³	=	5 000 dm³	=	5 000 000 cm³	=	5 000 000 000 mm³
9 m	=	90 dm	=	900 cm	=	9 000 mm
24 m²	=	2 400 dm²	=	240 000 cm²	=	24 000 000 mm²
138 m³	=	138 000 dm³	=	138 000 000 cm³	=	138 000 000 000 mm³

2) Verwandle in die angegebene Einheit.

4 m 9 dm =	49 dm	8 m² 17 dm² =	817 dm²	2 m³ 378 dm³ =	2 378 dm³
15 m 6 dm =	156 dm	64 m² 43 dm² =	6 443 dm²	15 m³ 246 dm³ =	15 246 dm³
29 m 8 dm =	298 dm	5 m² 2 dm² =	502 dm²	85 m³ 41 dm³ =	85 041 dm³
70 m 1 dm =	701 dm	16 m² 20 dm² =	1 620 dm²	79 m³ 8 dm³ =	79 008 dm³

3) Verwandle in die kleinste vorkommende Einheit.

7 cm 9 mm =	79 mm	4 dm² 26 cm² =	426 cm²	1 dm³ 523 cm³ =	1 523 cm³
5 dm 7 mm =	507 mm	27 cm² 50 mm² =	2 750 mm²	47 cm³ 986 mm³ =	47 986 mm³
1 m 9 mm =	1 009 mm	3 m² 8 dm² =	308 dm²	25 m³ 30 dm³ =	25 030 dm³
25 m 3 cm =	2 503 cm	73 dm² 4 cm² =	7 304 cm²	2 cm³ 7 mm³ =	2 007 mm³

4) Verwandle in die größte vorkommende Einheit.

5 cm 1 mm =	5,1 cm	5 cm² 44 mm² =	5,44 cm²	15 cm³ 908 mm³ =	15,908 cm³
14 m 6 dm =	14,6 m	19 m² 8 dm² =	19,08 m²	36 dm³ 460 cm³ =	36,460 dm³
2 m 18 cm =	2,18 m	7 dm² 15 cm² =	7,15 dm²	77 m³ 8 dm³ =	77,008 m³
3 dm 4 mm =	3,04 dm	16 cm² 2 mm² =	16,02 cm²	4 dm³ 50 cm³ =	4,050 dm³

5) Schreibe jeweils eine sinnvolle Einheit in das Kästchen.

Marias Zimmer ist 13,5 [m²] groß. Ein [dm³] ist genau ein Liter. Der Bleistift ist 16 [cm] lang. Ein LKW transportiert 9,5 [m³] Sand. Die Größe der Tischplatte beträgt 84 [dm²]. Ein [cm³] ist der Rauminhalt eines Würfels mit 1 cm Kantenlänge. Der Kirchturm ist 21 [m] hoch.

Name:	Längen-, Flächen-, Raummaße 2

Flächenmaße	km²		ha		a		m²		dm²		cm²		mm²
		100		100		100		100		100		100	

km² ... **Ein Quadratkilometer ist der Flächeninhalt eines Quadrats mit 1 km Seitenlänge.**
213 km² ... Größe einer Stadt

ha ... **Ein Hektar ist der Flächeninhalt eines Quadrats mit 100 m Seitenlänge.**
84 ha ... Größe eines Waldes

a ... **Ein Ar ist der Flächeninhalt eines Quadrats mit 10 m Seitenlänge.**
75 a ... Größe eines Weingartens

m² ... **Ein Quadratmeter ist der Flächeninhalt eines Quadrats mit 1 m Seitenlänge.**
850 m² ... Größe eines Grundstücks

6) Verwandle in ha.

9 km² =	57 a =	1 km² 27 ha 25 a =
4 km² 25 ha =	127 a =	3 km² 9 ha 77 a =
7 km² 5 ha =	1 337 a =	15 km² 68 ha 8 a =
48 km² 9 ha =	5,9 a =	1 m² =

7) Zu einem landwirtschaftlichen Betrieb gehören 67,5 ha Wald und 51 ha 38 a Felder, die Hof- und Gebäudefläche ist 3 580 m² groß. Trage die Werte in die Tabelle ein, berechne die Gesamtgröße und gib diese auf vier Arten (km² / ha / a / m²) an.

ha	a	m²

Gesamtgröße:

_____

_____

_____

8) Bei einem argen Sturm wurde von einem 85,8 ha großen Wald ca. $\frac{1}{3}$ zerstört. Wie viel ha Wald blieb unbeschädigt?

A:

9) Setze jeweils die richtige Verwandlungszahl ein.

1 km =	m	1 a =	m²	1 m³ =	dm³
1 dm³ =	l	1 m =	mm	1 cm² =	mm²
1 ha =	km²	1 mm =	cm	1 cm³ =	dm³

Name:	Längen-, Flächen-, Raummaße 2

Flächenmaße	km²		ha		a		m²		dm²		cm²		mm²
		100		100		100		100		100		100	

km² ... Ein Quadratkilometer ist der Flächeninhalt eines Quadrats mit 1 km Seitenlänge.
213 km² ... Größe einer Stadt

ha ... Ein Hektar ist der Flächeninhalt eines Quadrats mit 100 m Seitenlänge.
84 ha ... Größe eines Waldes

a ... Ein Ar ist der Flächeninhalt eines Quadrats mit 10 m Seitenlänge.
75 a ... Größe eines Weingartens

m² ... Ein Quadratmeter ist der Flächeninhalt eines Quadrats mit 1 m Seitenlänge.
850 m² ... Größe eines Grundstücks

6) Verwandle in ha.

9 km² =	900	ha		57 a =	0,57	ha		1 km² 27 ha 25 a =	127,25	ha
4 km² 25 ha =	425	ha		127 a =	1,27	ha		3 km² 9 ha 77 a =	309,77	ha
7 km² 5 ha =	705	ha		1 337 a =	13,37	ha		15 km² 68 ha 8 a =	1 568,08	ha
48 km² 9 ha =	4 809	ha		5,9 a =	0,059	ha		1 m² =	0,0001	ha

7) Zu einem landwirtschaftlichen Betrieb gehören 67,5 ha Wald und 51 ha 38 a Felder, die Hof- und Gebäudefläche ist 3 580 m² groß. Trage die Werte in die Tabelle ein, berechne die Gesamtgröße und gib diese auf vier Arten (km² / ha / a / m²) an.

ha		a		m²	
6	7	5			
5	1	3	8		
		3	5	8	0

  6 7 5 0 0 0 m²
  5 1 3 8 0 0 m²
       3 5 8 0 m²
  ─────────────
1 1 9 2 3 8 0 m²

Gesamtgröße:

     1, 1 9 2 3 8 km²
     1 1 9, 2 3 8 ha
     1 1 9 2 3,8 0 a
     1 1 9 2 3 8 0 m²

8) Bei einem argen Sturm wurde von einem 85,8 ha großen Wald ca. $\frac{1}{3}$ zerstört. Wie viel ha Wald blieb unbeschädigt?

$\frac{3}{3}$ _____ 85,8 ha

$\frac{1}{3}$ _____ 85,8 ha : 3 = 28,6 ha

$\frac{2}{3}$ _____ 28,6 ha · 2 = 57,2 ha

A: 57,2 ha Wald blieben unbeschädigt.

9) Setze jeweils die richtige Verwandlungszahl ein.

1 km =	1 000	m		1 a =	100	m²		1 m³ =	1 000	dm³
1 dm³ =	1	l		1 m =	1 000	mm		1 cm² =	100	mm²
1 ha =	0,01	km²		1 mm =	0,1	cm		1 cm³ =	0,001	dm³

Name:	Statistische Grundbegriffe 1

1) In der 2c wurde eine Erhebung über die Freizeittätigkeiten der Schüler und Schülerinnen der Klasse durchgeführt. Gib die absolute, relative und prozentuale Häufigkeit an.

Lieblingsbeschäftigung in der Freizeit	Strichliste			
Fußball spielen	IIII			
Rad fahren	I			
Inlineskating, Skateboard fahren	II			
Wintersport / Schwimmen	IIII			
Fernsehen	III			
Computerspiele	IIII			
Musik hören	II			
Lesen	I			
andere Tätigkeit	III			

2) In einer Hauptschule A besuchen 12 Knaben und 14 Mädchen die zweite Klasse, in einer Hauptschule B sind es 11 Knaben und 6 Mädchen.
Berechne jeweils die absolute, relative und prozentuale Häufigkeit und stelle dann die Verteilung von Knaben und Mädchen in einem Prozentkreis dar.

Hauptschule A	absolute Häufigkeit	relative Häufigkeit	prozentuale Häufigkeit
Knaben			
Mädchen			

Hauptschule B	absolute Häufigkeit	relative Häufigkeit	prozentuale Häufigkeit
Knaben			
Mädchen			

| Name: | Statistische Grundbegriffe 1 |

1) In der 2c wurde eine Erhebung über die Freizeittätigkeiten der Schüler und Schülerinnen der Klasse durchgeführt. Gib die absolute, relative und prozentuale Häufigkeit an.

Lieblingsbeschäftigung in der Freizeit	Strichliste	absolute Häufigkeit	relative Häufigkeit	prozentuale Häufigkeit
Fußball spielen	||||	4	$\frac{4}{25} = 0{,}16$	16 %
Rad fahren	|	1	$\frac{1}{25} = 0{,}04$	4 %
Inlineskating, Skateboard fahren	||	2	$\frac{2}{25} = 0{,}08$	8 %
Wintersport / Schwimmen	|||||	5	$\frac{5}{25} = 0{,}20$	20 %
Fernsehen	|||	3	$\frac{3}{25} = 0{,}12$	12 %
Computerspiele	||||	4	$\frac{4}{25} = 0{,}16$	16 %
Musik hören	||	2	$\frac{2}{25} = 0{,}08$	8 %
Lesen	|	1	$\frac{1}{25} = 0{,}04$	4 %
andere Tätigkeit	|||	3	$\frac{3}{25} = 0{,}12$	12 %
		25	$\frac{25}{25} = 1{,}00$	100 %

2) In einer Hauptschule A besuchen 12 Knaben und 14 Mädchen die zweite Klasse, in einer Hauptschule B sind es 11 Knaben und 6 Mädchen.
Berechne jeweils die absolute, relative und prozentuale Häufigkeit und stelle dann die Verteilung von Knaben und Mädchen in einem Prozentkreis dar.

Hauptschule A	absolute Häufigkeit	relative Häufigkeit	prozentuale Häufigkeit
Knaben	12	$\frac{12}{26} = 0{,}46$	46 %
Mädchen	14	$\frac{14}{26} = 0{,}54$	54 %
	26	$\frac{26}{26} = 1{,}00$	100 %

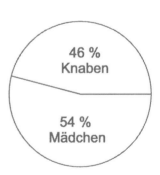

100 % ___ 360°

1 % ___ 360° : 100 = 3,6°

46 % ___ 3,6° · 46 = 165,6°   54 % ___ 3,6° · 54 = 194,4°

Hauptschule B	absolute Häufigkeit	relative Häufigkeit	prozentuale Häufigkeit
Knaben	11	$\frac{11}{17} = 0{,}65$	65 %
Mädchen	6	$\frac{6}{17} = 0{,}35$	35 %
	17	$\frac{17}{17} = 1{,}00$	100 %

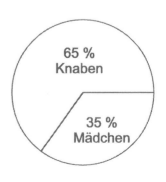

65 % ___ 3,6° · 65 = 234°   35 % ___ 3,6° · 35 = 126°

| Name: | Statistische Grundbegriffe 2 |

3) Führe mit einem Spielwürfel eine Versuchsserie mit 10-mal 6 Würfen durch. Notiere deine Ergebnisse mit einer Strichliste und berechne die relative Häufigkeit nach sechs, dreißig bzw. sechzig Würfen.

Anzahl der Augen	①	②	③	④	⑤	⑥	⑦	⑧	⑨	⑩	6 Würfe relative Häufigkeit	30 Würfe relative Häufigkeit	60 Würfe relative Häufigkeit

4) Bei einem Klassenfest wird eine Tombola veranstaltet. 25 Lose gibt es, 15 davon sind Gewinne, der Rest sind Nieten.

Wie groß ist die Wahrscheinlichkeit, einen Gewinn zu ziehen?

Wie groß ist die Wahrscheinlichkeit, eine Niete zu ziehen?

Wie viele Lose muss Nicole kaufen, wenn sie zumindest einen Gewinn haben will?

5) Martin hat viele Murmeln. Er gibt weiße und / oder graue Murmeln in eine Schachtel. Wie groß ist jeweils die Wahrscheinlichkeit, dass seine Schwester Maria „blind" eine graue Murmel zieht?

6) Martin gibt 3 rote, 5 blaue, 7 gelbe, 4 grüne und 1 schwarze Murmel in eine Schachtel. Wie groß ist jeweils die Wahrscheinlichkeit, dass sein Bruder Thomas mit verbundenen Augen die folgende Murmel zieht? (Kürze, wenn dies möglich ist.)

rote Murmel		rote oder gelbe Murmel	
grüne Murmel		grüne oder schwarze Murmel	
schwarze Murmel		rote, blaue oder gelbe Murmel	

7) a) In einer Schachtel sind schwarze und weiße Murmeln. Die Wahrscheinlichkeit, eine der 5 schwarzen Murmeln zu ziehen, ist $\frac{5}{13}$. Wie viele weiße Murmeln sind in der Schachtel?

b) In einer Schachtel sind Murmeln. Die Wahrscheinlichkeit, eine der 10 roten Murmeln zu ziehen, ist 1. Wie viele Kugeln sind insgesamt in der Schachtel?

Name:	Statistische Grundbegriffe 2

3) Führe mit einem Spielwürfel eine Versuchsserie mit 10-mal 6 Würfen durch. Notiere deine Ergebnisse mit einer Strichliste und berechne die relative Häufigkeit nach sechs, dreißig bzw. sechzig Würfen.

Anzahl der Augen	①	②	③	④	⑤	⑥	⑦	⑧	⑨	⑩	6 Würfe relative Häufigkeit	30 Würfe relative Häufigkeit	60 Würfe relative Häufigkeit
1		II		I	I	II	II	I	I		0	$\frac{3}{30}$	$\frac{10}{60}$
2		I		II	II		I	II			0	$\frac{5}{30}$	$\frac{8}{60}$
3	II	II	II	I	II		II				$\frac{2}{6}$	$\frac{9}{30}$	$\frac{11}{60}$
4	II	I		I	I			I	II	III	$\frac{2}{6}$	$\frac{5}{30}$	$\frac{11}{60}$
5	II					IIII	I	II	I		$\frac{2}{6}$	$\frac{2}{30}$	$\frac{10}{60}$
6		II	II	II		I	I		I	I	0	$\frac{6}{30}$	$\frac{10}{60}$

4) Bei einem Klassenfest wird eine Tombola veranstaltet. 25 Lose gibt es, 15 davon sind Gewinne, der Rest sind Nieten.

Wie groß ist die Wahrscheinlichkeit, einen Gewinn zu ziehen? $\boxed{\frac{15}{25} = \frac{3}{5}}$

Wie groß ist die Wahrscheinlichkeit, eine Niete zu ziehen? $\boxed{\frac{10}{25} = \frac{2}{5}}$

Wie viele Lose muss Nicole kaufen, wenn sie zumindest einen Gewinn haben will? $\boxed{11 \text{ Lose}}$

5) Martin hat viele Murmeln. Er gibt weiße und / oder graue Murmeln in eine Schachtel. Wie groß ist jeweils die Wahrscheinlichkeit, dass seine Schwester Maria „blind" eine graue Murmel zieht?

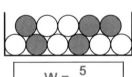
$\boxed{W = \frac{5}{11}}$

$\boxed{W = \frac{8}{8} = 1}$

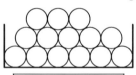
$\boxed{W = \frac{0}{14} = 0}$

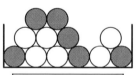
$\boxed{W = \frac{6}{12} = \frac{1}{2}}$

6) Martin gibt 3 rote, 5 blaue, 7 gelbe, 4 grüne und 1 schwarze Murmel in eine Schachtel. Wie groß ist jeweils die Wahrscheinlichkeit, dass sein Bruder Thomas mit verbundenen Augen die folgende Murmel zieht? (Kürze, wenn dies möglich ist.)

rote Murmel	$W = \frac{3}{20}$	rote oder gelbe Murmel	$W = \frac{10}{20} = \frac{1}{2}$
grüne Murmel	$W = \frac{4}{20} = \frac{1}{5}$	grüne oder schwarze Murmel	$W = \frac{5}{20} = \frac{1}{4}$
schwarze Murmel	$W = \frac{1}{20}$	rote, blaue oder gelbe Murmel	$W = \frac{15}{20} = \frac{3}{4}$

7) a) In einer Schachtel sind schwarze und weiße Murmeln. Die Wahrscheinlichkeit, eine der 5 schwarzen Murmeln zu ziehen, ist $\frac{5}{13}$. Wie viele weiße Murmeln sind in der Schachtel? $\boxed{8}$

b) In einer Schachtel sind Murmeln. Die Wahrscheinlichkeit, eine der 10 roten Murmeln zu ziehen, ist 1. Wie viele Kugeln sind insgesamt in der Schachtel? $\boxed{10}$

Name:	Sachaufgaben 1

Familie Zottl errichtet auf ihrem Grundstück ein Schwimmbecken.

1) Auf einer Fläche von 7,5 m x 4,3 m wird bis zu einer Tiefe von 1,8 m die Erde ausgehoben.
   a) Wie viel m³ Erde werden ausgehoben?
   b) Ein LKW kann pro Fuhre 7,8 m³ abtransportierten. Wie oft muss er fahren?

   a) A:
   b) A:

2) Auf dem Boden und an den Seitenwänden des Schwimmbeckens (Innenmaße: l = 6,8 m, b = 3,6 m, t = 1,50 m) wird eine Folie angebracht. Inklusive Verlegung kostet 1 m² dieser Folie 42 €. Berechne die Gesamtkosten.

A:

3) a) Wie viel Liter Wasser fasst das Schwimmbecken, wenn es bis zu einer Höhe von 1,4 m gefüllt wird?
   b) Wie lange dauert das Füllen des Schwimmbeckens, wenn durch ein Zuflussrohr in 10 Minuten 180 Liter Wasser fließen?
   c) Wie lange würde das Füllen des Schwimmbeckens dauern, wäre ein zweites (gleich starkes) Zuflussrohr gleichzeitig in Betrieb?

   a) A:
   b) A:
   c) A:

Name:	Sachaufgaben 1

Familie Zottl errichtet auf ihrem Grundstück ein Schwimmbecken.

1) Auf einer Fläche von 7,5 m x 4,3 m wird bis zu einer Tiefe von 1,8 m die Erde ausgehoben.
   a) Wie viel m³ Erde werden ausgehoben?
   b) Ein LKW kann pro Fuhre 7,8 m³ abtransportierten. Wie oft muss er fahren?

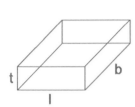

$V = l \cdot b \cdot t$ 7,8 m³ ___ 1 F

$V = 7,5 \cdot 4,3 \cdot 1,8$ 58,05 m³ ___ 58,05 m³ : 7,8 m³ → 7,4 F

$V = 32,25 \cdot 1,8$

$V = 58,05$

V ___ 58,05 m³

a) A: Rund 58 m³ Erde werden ausgehoben.

b) A: Der LKW muss 8-mal fahren.

2) Auf dem Boden und an den Seitenwänden des Schwimmbeckens (Innenmaße: l = 6,8 m, b = 3,6 m, t = 1,50 m) wird eine Folie angebracht. Inklusive Verlegung kostet 1 m² dieser Folie 42 €. Berechne die Gesamtkosten.

$F = l \cdot b + (l \cdot 2 + b \cdot 2) \cdot t$ 1 m² ___ 42 €

$F = 6,8 \cdot 3,6 + (6,8 \cdot 2 + 3,6 \cdot 2) \cdot 1,5$ 55,68 m² ___ 42 € · 55,68 = 2 338,56 €

$F = 24,48 + (13,6 + 7,2) \cdot 1,5$

$F = 24,48 + 20,8 \cdot 1,5$

$F = 24,48 + 31,2$

$F = 55,68$

F ___ 55,68 m²

A: Die Gesamtkosten betragen 2 338,56 €.

3) a) Wie viel Liter Wasser fasst das Schwimmbecken, wenn es bis zu einer Höhe von 1,4 m gefüllt wird?
   b) Wie lange dauert das Füllen des Schwimmbeckens, wenn durch ein Zuflussrohr in 10 Minuten 180 Liter Wasser fließen?
   c) Wie lange würde das Füllen des Schwimmbeckens dauern, wäre ein zweites (gleich starkes) Zuflussrohr gleichzeitig in Betrieb?

$V = l \cdot b \cdot t$ 180 l ___ 10 min

$V = 6,8 \cdot 3,6 \cdot 1,4$ 180 l : 10 = 18 l ___ 1 min

$V = 24,48 \cdot 1,4$ 34 272 l ___ 34 272 l : 18 l → 1904 min

$V = 34,272$

V ___ 34,272 m³ = 34 272 dm³   1904 min : 60 min → 31 h 44 min

a) A: Das Schwimmbecken fasst 34 272 Liter Wasser.

b) A: Mit einem Zuflussrohr dauert das Füllen des Schwimmbeckens dauert 31 Stunden 44 Minuten.

c) A: Mit 2 Zuflussrohren würde das Füllen des Schwimmbeckens 15 Stunden 52 Minuten dauern.

Name:	Sachaufgaben

1) Entwicklung der Weltbevölkerung 1804 – 1999.
   Zeichne ein Streckendiagramm (waagrechte Achse: 2 Jahre ≙ 1 mm, senkrechte Achse: 1 Mrd ≙ 1 cm).

Jahr	Bevölkerung in Mrd
1804	1
1927	2
1960	3
1974	4
1987	5
1999	6

Quelle: Vereinte Nationen, 1999

1804

Lies aus der Tabelle oder dem Diagramm ab und trage in die Tabellen ein:

a) Wie viele Jahre dauerte es jeweils, bis die nächste Milliarde erreicht wurde?

1 Mrd	2 Mrd	3 Mrd	4 Mrd	5 Mrd	6 Mrd

b) Wie viele Jahre dauerte es jeweils, bis sich die Weltbevölkerung verdoppelt hatte?

Jahr	Bevölkerung in Mrd	nach ... Jahren	Jahr	doppelte Bevölkerung in Mrd
1804				
1927				
1960				

2) Entwicklung der Weltbevölkerung 2001 – 2025. (Quelle: SWI, 2001)

	2001 Bevölkerung in Mio	Prognose für 2025 Bevölkerung in Mio	Zuwachs in %
Entwicklungsländer	4 944	6 570	
Industriestaaten	1 193	1 248	
Welt			

a) Berechne die Gesamtbevölkerung: 2001 / Prognose für 2025.
b) Berechne den prozentualen Zuwachs.

Name:	Sachaufgaben

1) Entwicklung der Weltbevölkerung 1804 – 1999.
   Zeichne ein Streckendiagramm (waagrechte Achse: 2 Jahre ≙ 1 mm, senkrechte Achse: 1 Mrd ≙ 1 cm).

Quelle: Vereinte Nationen, 1999

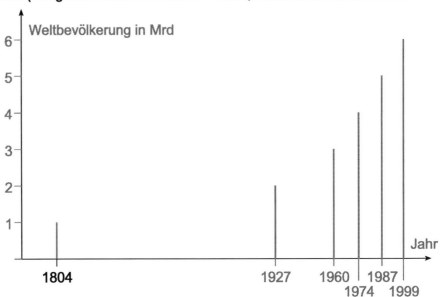

Lies aus der Tabelle oder dem Diagramm ab und trage in die Tabellen ein:

a) Wie viele Jahre dauerte es jeweils, bis die nächste Milliarde erreicht wurde?

1 Mrd	2 Mrd	3 Mrd	4 Mrd	5 Mrd	6 Mrd
	123	33	14	13	12

b) Wie viele Jahre dauerte es jeweils, bis sich die Weltbevölkerung verdoppelt hatte?

Jahr	Bevölkerung in Mrd	nach ... Jahren	Jahr	doppelte Bevölkerung in Mrd
1804	1	123	1927	2
1927	2	47	1974	4
1960	3	39	1999	6

2) Entwicklung der Weltbevölkerung 2001 – 2025. (Quelle: SWI, 2001)

	2001 Bevölkerung in Mio	Prognose für 2025 Bevölkerung in Mio	Zuwachs in %
Entwicklungsländer	4 944	6 570	33 %
Industriestaaten	1 193	1 248	5 %
Welt	6 137	7 818	27 %

a) Berechne die Gesamtbevölkerung: 2001 / Prognose für 2025.
b) Berechne den prozentualen Zuwachs.

G = 4 944 Mio, W = 6 570 Mio;   G = 1 193 Mio, W = 1 248 Mio;   G = 6 137 Mio, W = 7 818 Mio;
p % = ?   p % = ?   p % = ?

$W = G \cdot \frac{p}{100}$

$G \cdot \frac{p}{100} = W \quad |:G$

$\frac{p}{100} = W : G$

$\frac{p}{100} = 6\,570\text{ Mio} : 4\,944\text{ Mio}$

$\frac{p}{100} = 1{,}33 \quad p\,\% = 133\,\%$

$W = G \cdot \frac{p}{100}$

$G \cdot \frac{p}{100} = W \quad |:G$

$\frac{p}{100} = W : G$

$\frac{p}{100} = 1\,248\text{ Mio} : 1\,193\text{ Mio}$

$\frac{p}{100} = 1{,}05 \quad p\,\% = 105\,\%$

$W = G \cdot \frac{p}{100}$

$G \cdot \frac{p}{100} = W \quad |:G$

$\frac{p}{100} = W : G$

$\frac{p}{100} = 7\,818\text{ Mio} : 6\,137\text{ Mio}$

$\frac{p}{100} = 1{,}27 \quad p\,\% = 127\,\%$

Name:	Sachaufgaben 3

1) Unterstreiche jene Begriffe, die Positives ausdrücken, mit grünem Buntstift und jene Begriffe, die für den Wald (und damit auch für den Menschen) eine Gefahr bedeuten, mit rotem Buntstift.

Erholungsgebiet	Kahlschlag	Monokultur	Urwald
Saurer Regen	Bannwald	Mischwald	Brandrodung
vielfältiges Leben	Luftfilter	Holzfabrik	unberührte Natur

2) Der Wald ist das „grüne Drittel" Deutschlands.

   a) Auf jeden der rund 82 Millionen Einwohner entfallen (rein rechnerisch) 111 Waldbäume. Rund wie viele Bäume gibt es in Deutschland?

   A:

   b) Deutschland ist ca. 357 000 km² groß, rund 30 % der Fläche sind forstwirtschaftlich genutzt (Wald), rund 53 % sind landwirtschaftlich genutzt (Felder, Weiden, ...) und rund 17 % sind sonstige Flächen (Städte, Straßen, Flüsse, ...). (Quelle: Datenreport 2004)
   Berechne, wie viele km² das jeweils sind.

   A:

   c) Stelle die Prozentsätze der forstwirtschaftlich, landwirtschaftlich genutzten und sonstigen Flächen Deutschlands in einem Prozentkreis (r = 30 mm) dar:

   1 % ___ 3,6°

   d) Wie viel ha Wald entfallen (rein rechnerisch) auf jeden Deutschen? Rechne mit auf Millionen gerundeten Zahlen.

   A:

Name:	Sachaufgaben 3

1) Unterstreiche jene Begriffe, die Positives ausdrücken, mit grünem Buntstift und jene Begriffe, die für den Wald (und damit auch für den Menschen) eine Gefahr bedeuten, mit rotem Buntstift.

Erholungsgebiet	Kahlschlag	Monokultur	Urwald
Saurer Regen	Bannwald	Mischwald	Brandrodung
vielfältiges Leben	Luftfilter	Holzfabrik	unberührte Natur

2) Der Wald ist das „grüne Drittel" Deutschlands.

  a) Auf jeden der rund 82 Millionen Einwohner entfallen (rein rechnerisch) 111 Waldbäume. Rund wie viele Bäume gibt es in Deutschland?

   1 Einwohner ___ 111 B

   82 Mio Einwohner ___ 111 B · 82 Mio = 9102 Mio B

   A: In Deutschland gibt es rund 9100 Millionen Bäume.

  b) Deutschland ist ca. 357 000 km² groß, rund 30 % der Fläche sind forstwirtschaftlich genutzt (Wald), rund 53 % sind landwirtschaftlich genutzt (Felder, Weiden, ...) und rund 17 % sind sonstige Flächen (Städte, Straßen, Flüsse, ...). (Quelle: Datenreport 2004)
  Berechne, wie viele km² das jeweils sind.

   100 % ___ 357 000 km²

   1 % ___ 357 000 km² : 100 = 3570 km²

   30 % ___ 3570 km² · 30 = 107 100 km²

   53 % ___ 3570 km² · 53 = 189 210 km²

   17 % ___ 3570 km² · 17 = 60 690 km²

   A: In Deutschland sind rund 107 100 km² forstwirtschaftlich genutzt,

   rund 139 210 km² sind landwirtschaftlich genutzt und

   rund 60 690 km² sind sonstige Flächen.

   ```
   3570 · 30
   ─────────
   107100

   3570 · 53
   ─────────
    17850
    10710
   ─────────
   189210

   3570 · 17
   ─────────
    24990
   ─────────
    60690
   ```

  c) Stelle die Prozentsätze der forstwirtschaftlich, landwirtschaftlich genutzten und sonstigen Flächen Deutschlands in einem Prozentkreis (r = 30 mm) dar:

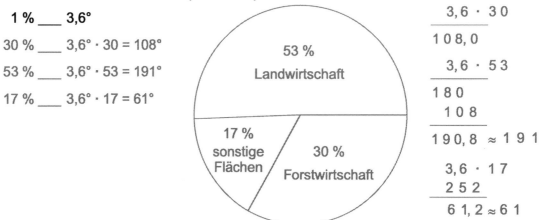

   1 % ___ 3,6°

   30 % ___ 3,6° · 30 = 108°

   53 % ___ 3,6° · 53 = 191°

   17 % ___ 3,6° · 17 = 61°

   ```
   3,6 · 30
   ────────
   108,0

   3,6 · 53
   ────────
    180
    108
   ────────
   190,8 ≈ 191

   3,6 · 17
   ────────
    252
   ────────
    61,2 ≈ 61
   ```

  d) Wie viel ha Wald entfallen (rein rechnerisch) auf jeden Deutschen? Rechne mit auf Millionen gerundeten Zahlen.

   82 000 000 Einwohner ___ 11 000 000 ha

   1 Einwohner ___ 11 000 000 ha : 82 000 000 = 0,134 ha

   A: Auf jeden Deutschen entfallen (rein rechnerisch) rund 0,13 ha Wald.

   ```
   11 : 82 = 0,134
   110
    280
    340
     12 Rest
   ```

Name:	Sachaufgaben 4

1) Berechne von den Korkwürfeln jeweils den Rauminhalt und die Masse (Kork: $\rho = 0{,}24$ g/cm³).
   Rechne mit Formel.

  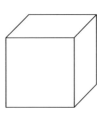 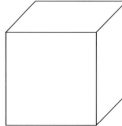

$s_1 = 1$ cm $s_2 = 2$ cm $s_3 = 3$ cm $s_4 = 4$ cm

2) Bei der Formel $m = \rho \cdot V$ werden Abkürzungen verwendet. Gib die dazugehörenden Begriffe an.

   m ... _____ ρ ... _____   V ... _____

   ρ ist ein griechischer Buchstabe; gib seinen Namen an. ☐

3) Ein Quader ist 10 cm lang, 6 cm breit und 16 cm hoch. Berechne das Volumen und die Masse von Quadern mit diesen Abmessungen aus Gummi, Stahl und Gold. Rechne mit Formel und verwandle das Ergebnis dann in kg.

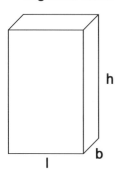

Gummi: $\rho = 0{,}92$ g/cm³   Stahl: $\rho = 7{,}8$ g/cm³   Gold: $\rho = 19{,}3$ g/cm³

4) Auf 60 kg Masse wirkt auf der Erde eine Gewichtskraft von 600 N.
   Die Gewichtskraft ist auf dem Mond sechsmal kleiner als auf der Erde.
   Gib an, welche Gewichtskraft auf diese Masse auf dem Mond wirken würde. ☐

| Name: | Sachaufgaben 4 |

1) Berechne von den Korkwürfeln jeweils den Rauminhalt und die Masse (Kork: $\rho = 0{,}24$ g/cm³).
Rechne mit Formel.

  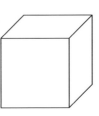 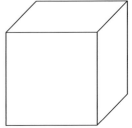

$s_1 = 1$ cm	$s_2 = 2$ cm	$s_3 = 3$ cm	$s_4 = 4$ cm
$V_1 = s_1 \cdot s_1 \cdot s_1$	$V_2 = s_2 \cdot s_2 \cdot s_2$	$V_3 = s_3 \cdot s_3 \cdot s_3$	$V_4 = s_4 \cdot s_4 \cdot s_4$
$V_1 = 1 \cdot 1 \cdot 1$	$V_2 = 2 \cdot 2 \cdot 2$	$V_3 = 3 \cdot 3 \cdot 3$	$V_4 = 4 \cdot 4 \cdot 4$
$V_1 = 1$	$V_2 = 8$	$V_3 = 27$	$V_4 = 64$
V_1 __ 1 cm³	V_2 __ 8 cm³	V_3 __ 27 cm³	V_4 __ 64 cm³
$m_1 = \rho \cdot V_1$	$m_2 = \rho \cdot V_2$	$m_3 = \rho \cdot V_3$	$m_4 = \rho \cdot V_4$
$m_1 = 0{,}24 \cdot 1$	$m_2 = 0{,}24 \cdot 8$	$m_3 = 0{,}24 \cdot 27$	$m_4 = 0{,}24 \cdot 64$
$m_1 = 0{,}24$	$m_2 = 1{,}92$	$m_3 = 6{,}48$	$m_4 = 15{,}36$
m_1 __ 0,24 g	m_2 __ 1,92 g	m_3 __ 6,48 g	m_4 __ 15,36 g

2) Bei der Formel $m = \rho \cdot V$ werden Abkürzungen verwendet. Gib die dazugehörenden Begriffe an.

m ... __Masse__ ρ ... __Dichte__   V ... __Volumen__

ρ ist ein griechischer Buchstabe; gib seinen Namen an. | Rho |

3) Ein Quader ist 10 cm lang, 6 cm breit und 16 cm hoch. Berechne das Volumen und die Masse von Quadern mit diesen Abmessungen aus Gummi, Stahl und Gold. Rechne mit Formel und verwandle das Ergebnis dann in kg.

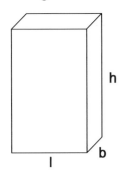

$V = l \cdot b \cdot h$
$V = 10 \cdot 6 \cdot 16$
$V = 60 \cdot 16$
V __ 960 cm³

Gummi: $\rho = 0{,}92$ g/cm³	Stahl: $\rho = 7{,}8$ g/cm³	Gold: $\rho = 19{,}3$ g/cm³
$m = \rho \cdot V$	$m = \rho \cdot V$	$m = \rho \cdot V$
$m = 0{,}92 \cdot 960$	$m = 7{,}8 \cdot 960$	$m = 19{,}3 \cdot 960$
$m = 883{,}2$	$m = 7\,488$	$m = 18\,528$
m __ 883,2 g	m __ 7 488 g	m __ 18 528g
m __ 0,8832 kg	m __ 7,488 kg	m __ 18,528 kg

4) Auf 60 kg Masse wirkt auf der Erde eine Gewichtskraft von 600 N.
Die Gewichtskraft ist auf dem Mond sechsmal kleiner als auf der Erde.
Gib an, welche Gewichtskraft auf diese Masse auf dem Mond wirken würde. | 100 N |

Name:	Sachaufgaben 5

5) Verwandle

1 kg =	g
1 g =	kg

1 m³ =	dm³
1 dm³ =	m³

1 dm³ =	cm³
1 cm³ =	dm³

6) Styropor ist ein sehr leichtes Dämm- und Verpackungsmaterial; die Masse von 1 m³ Styropor ist 15 kg.

a) Gib die Dichte von Styropor in kg/dm³ und in g/cm³ an.

A:

b) Berechne das Volumen und die Masse einer quaderförmigen Platte aus Styropor mit den Abmessungen 100 / 60 / 5 cm.

A:

7) Ergänze die Tabelle.

Stoff	Dichte in g/cm³	Volumen	Masse
	1	250 cm³	
Aluminium	2,7		5,4 g
Stahl		1000 cm³	7 800 g
Blei		10 cm³	113 g
Gold	19,3		9,65 g

8) Forme die Formel $m = \rho \cdot V$ so um, dass ρ bzw. V berechnet werden kann. Gib die Umformung an.

$m = \rho \cdot V$ $\qquad\qquad\qquad$ $m = \rho \cdot V$

9) a) Ein Silberbarren hat eine Masse von 94,5 g. Berechne den Rauminhalt. (Silber: ρ = 10,5 g/cm³)

b) Ein Körper hat ein Volumen von 23 cm³ und eine Masse von 62,1 g. Berechne seine Dichte und gib an, um welchen Stoff es sich handeln könnte.

Name:	Sachaufgaben 5

5) Verwandle

1 kg =	1 000 g
1 g =	0,001 kg

1 m³ =	1 000 dm³
1 dm³ =	0,001 m³

1 dm³ =	1 000 cm³
1 cm³ =	0,001 dm³

6) Styropor ist ein sehr leichtes Dämm- und Verpackungsmaterial; die Masse von 1 m³ Styropor ist 15 kg.

a) Gib die Dichte von Styropor in kg/dm³ und in g/cm³ an.

    1 m³ = 1 000 dm³ ___ 15 kg

        1 dm³ ___ 15 kg : 1000 = 0,015 kg

A: Die Dichte von Styropor beträgt ρ = 0,015 kg/dm³ bzw. ρ = 0,015 g/cm³.

b) Berechne das Volumen und die Masse einer quaderförmigen Platte aus Styropor mit den Abmessungen 100 / 60 / 5 cm.

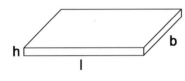

$V = l \cdot b \cdot h$ $m = \rho \cdot V$

$V = 100 \cdot 60 \cdot 5$ $m = 0{,}015 \cdot 30$

$V = 6000 \cdot 5$ $m = 0{,}450$

V ___ $30\,000\ cm^3 = 30\ dm^3$ m ___ $0{,}45\ kg$

A: Die Styroporplatte hat ein Volumen von 30 dm³ und eine Masse von 0,45 kg.

7) Ergänze die Tabelle.

Stoff	Dichte in g/cm³	Volumen	Masse
Wasser	1	250 cm³	250 g
Aluminium	2,7	2 cm³	5,4 g
Stahl	7,8	1000 cm³	7 800 g
Blei	11,3	10 cm³	113 g
Gold	19,3	0,5 cm³	9,65 g

8) Forme die Formel $m = \rho \cdot V$ so um, dass ρ bzw. V berechnet werden kann. Gib die Umformung an.

$m = \rho \cdot V$ $| : V$ $m = \rho \cdot V$ $| : \rho$

$\dfrac{m}{V} = \rho$ $\dfrac{m}{\rho} = V$

9)
a) Ein Silberbarren hat eine Masse von 94,5 g. Berechne den Rauminhalt. (Silber: ρ = 10,5 g/cm³)

    $m = \rho \cdot V$ $| : \rho$

    $\dfrac{m}{\rho} = V$

    $V = \dfrac{94{,}5}{10{,}5}$

    $V = 9$

    V ___ $9\ cm^3$

b) Ein Körper hat ein Volumen von 23 cm³ und eine Masse von 62,1 g. Berechne seine Dichte und gib an, um welchen Stoff es sich handeln könnte.

    $m = \rho \cdot V$ $| : V$

    $\dfrac{m}{V} = \rho$

    $\rho = \dfrac{62{,}1}{23}$

    $\rho = 2{,}7$

    ρ ___ $2{,}7\ g/cm^3$ Aluminium

Name:	Sachaufgaben 6

1) Gib an, ob die dargestellten Abbildungen richtig sein können oder falsch sind.

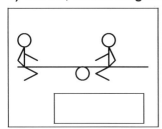 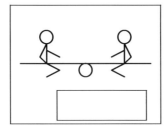 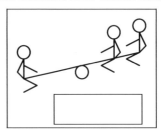 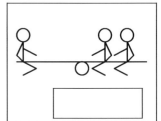

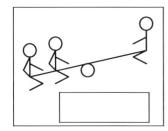 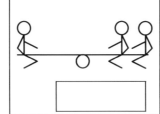 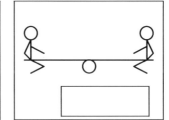 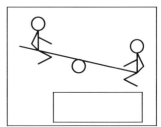

2) Das Hebelgesetz lautet $F_1 \cdot a_1 = F_2 \cdot a_2$; schreibe dieses Gesetz mit Worten.

___

___

Gib die Einheit der Kraft an.

3) Ergänze bei den Abbildungen die fehlenden Werte.

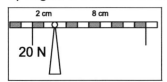 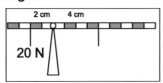 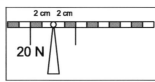

2 cm	1 cm
20 N	

4) Berechne die fehlende Größe so, dass am Hebel Gleichgewicht hergestellt wird. Rechne im Kopf.

F_1	·	a_1	=	F_2	·	a_2
4 N	·	10 cm	=		·	5 cm
	·	20 cm	=	40 N	·	5 cm
80 N	·	2 m	=	40 N	·	
2,5 N	·		=	100 N	·	0,3 m

F_1	·	a_1	=	F_2	·	a_2
5 N	·	20 cm	=		·	10 cm
5 N	·	20 cm	=		·	20 cm
5 N	·	20 cm	=		·	40 cm
5 N	·	20 cm	=		·	80 cm

5) Rechne mit Formel. Forme zuerst um, setze die Zahlen ein und berechne dann die fehlende Größe.

a) $F_1 = 18$ N, $a_1 = 150$ cm, $F_2 = 120$ N; $a_2 = ?$ b) $F_1 = 6$ N, $a_1 = 5$ cm, $a_2 = 24$ cm; $F_2 = ?$

| Name: | Sachaufgaben 6 |

1) Gib an, ob die dargestellten Abbildungen richtig sein können oder falsch sind.

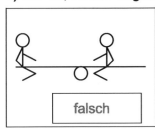
falsch

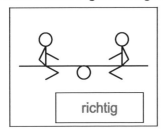
richtig

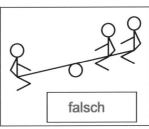
falsch

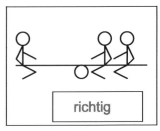
richtig

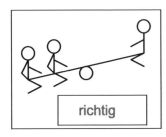
richtig

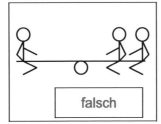
falsch

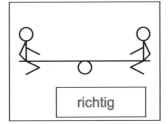
richtig

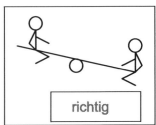
richtig

2) Das Hebelgesetz lautet $F_1 \cdot a_1 = F_2 \cdot a_2$; schreibe dieses Gesetz mit Worten.

Am Hebel herrscht Gleichgewicht, wenn das Produkt aus Kraft F_1 und Länge des Kraftarms a_1

gleich ist dem Produkt aus Kraft F_2 und Länge des Kraftarms a_2.

Gib die Einheit der Kraft an.   Newton (N)

3) Ergänze bei den Abbildungen die fehlenden Werte.

| 2 cm / 8 cm / 20 N / 5 N | 2 cm / 4 cm / 20 N / 10 N | 2 cm / 2 cm / 20 N / 20 N | 2 cm / 1 cm / 20 N / 40 N |

4) Berechne die fehlende Größe so, dass am Hebel Gleichgewicht hergestellt wird. Rechne im Kopf.

F_1	·	a_1	=	F_2	·	a_2
4 N	·	10 cm	=	8 N	·	5 cm
10 N	·	20 cm	=	40 N	·	5 cm
80 N	·	2 m	=	40 N	·	4 m
2,5 N	·	12 m	=	100 N	·	0,3 m

F_1	·	a_1	=	F_2	·	a_2
5 N	·	20 cm	=	10 N	·	10 cm
5 N	·	20 cm	=	5 N	·	20 cm
5 N	·	20 cm	=	2,5 N	·	40 cm
5 N	·	20 cm	=	1,25 N	·	80 cm

5) Rechne mit Formel. Forme zuerst um, setze die Zahlen ein und berechne dann die fehlende Größe.

a) $F_1 = 18$ N, $a_1 = 150$ cm, $F_2 = 120$ N; $a_2 = ?$

$F_1 \cdot a_1 = F_2 \cdot a_2 \quad | : F_2$

$\dfrac{F_1 \cdot a_1}{F_2} = a_2$

$a_2 = \dfrac{\overset{3}{\cancel{18}} \cdot \cancel{150}^{15}}{\underset{2}{\cancel{120}_{12}}} = \dfrac{45}{2} = 22,5$

a_2 ___ 22,5 cm

b) $F_1 = 6$ N, $a_1 = 5$ cm, $a_2 = 24$ cm; $F_2 = ?$

$F_1 \cdot a_1 = F_2 \cdot a_2 \quad | : a_2$

$\dfrac{F_1 \cdot a_1}{a_2} = F_2$

$F_2 = \dfrac{\cancel{6} \cdot 5}{\cancel{24}_4} = \dfrac{5}{4} = 1,25$

F_2 ___ 1,25 N

| Name: | Rätsel 1 |

Ergänze die Rechenoperationen, die zu den vier Ergebnissen führen.

5		2		3	=	30
10		5		25	=	40
100		2		30	=	20
3		9		23	=	50

Trage die Zahlen von 1 bis 8 so in die leeren Kästchen ein, dass die Summe der Zahlen an jeder Dreiecksseite 20 beträgt.

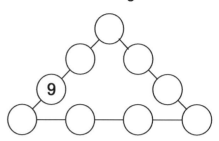

Wie viele Quadrate findest Du?

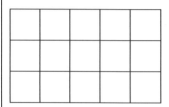

Ergänze die logischen Reihen.

15	21	27		39
12	13	15		22
1	2	6		120

Streiche das Wort, das nicht dazu passt.

| Pyramide | Quadrat | Kegel | Prisma |
| Deltoid | Viereck | Raute | Fünfeck |

Das Zifferblatt einer Uhr soll durch zwei gerade Linien so in drei Teile zerlegt werden, dass auf jeden Teil vier Ziffern entfallen, deren Summe jeweils gleich groß ist.

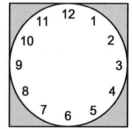

Eine Figur passt nicht dazu. Male diese an.

Berechne die Summe der natürlichen Zahlen von 1 bis 20.

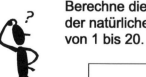

Ordne die Bilder so, dass auf dem jeweils folgenden weniger Striche sind als auf dem vorhergegangenen Bild.

A   B   C   D   E

___ ___ ___ ___ ___

| Name: | Rätsel 1 |

Ergänze die Rechenoperationen, die zu den vier Ergebnissen führen.

5	·	2	·	3	=	30
10	+	5	+	25	=	40
100	:	2	−	30	=	20
3	·	9	+	23	=	50

Trage die Zahlen von 1 bis 8 so in die leeren Kästchen ein, dass die Summe der Zahlen an jeder Dreiecksseite 20 beträgt.

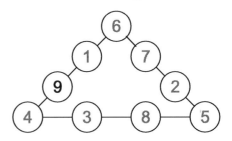

Wie viele Quadrate findest Du?

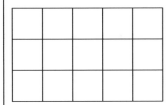

$15 + 8 + 3 =$

26

Ergänze die logischen Reihen.

15	21	27	33	39
12	13	15	18	22
1	2	6	24	120

Streiche das Wort, das nicht dazu passt.

Pyramide | ~~Quadrat~~ | Kegel | Prisma
Deltoid | Viereck | Raute | ~~Fünfeck~~

Das Zifferblatt einer Uhr soll durch zwei gerade Linien so in drei Teile zerlegt werden, dass auf jeden Teil vier Ziffern entfallen, deren Summe jeweils gleich groß ist.

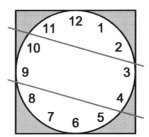

Eine Figur passt nicht dazu. Male diese an.

 Berechne die Summe der natürlichen Zahlen von 1 bis 20.

210

Ordne die Bilder so, dass auf dem jeweils folgenden weniger Striche sind als auf dem vorhergegangenen Bild.

A   B   C   D   E

_B_   _D_   _E_   _C_   _A_

| Name: | Rätsel 2 |

Ordne die Figuren nach der Größe der schraffierten Fläche.

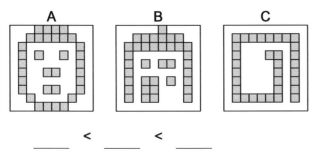

___ < ___ < ___

Stelle die Zahl 100 mit Hilfe der Grundrechnungsarten und fünfmal die Ziffer Eins dar.

Stelle die Zahl 28 in Form einer Addition und fünfmal die Ziffer Zwei dar.

In einem „magischen Quadrat" muss die Summe der Zahlen in den waagrechten, senkrechten und schrägen Reihen jeweils gleich groß sein. Hier sind Fehler passiert. Kannst Du die Zahlen richtigstellen?

40	90	20
30	50	70
70	10	60

18	3	24
19	15	9
6	27	12

3	8	7
10	6	1
5	4	9

Welche Zahl musst du für x einsetzen, damit die Summe der Ergebnisse 18 beträgt?

$x + 2 =$ ☐
$x - 2 =$ ☐
$x \cdot 2 =$ ☐
$x : 2 =$ ☐
           18 ☐

Herr Moritz überlegt, was wohl herauskommt, wenn er diese einstelligen Zahlen addiert.

☐

Ein Quadrat wurde in mehrere Flächen geteilt. Die Flächen wurden benannt.

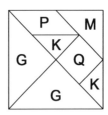

G ... großes Dreieck
M ... mittleres Dreieck
K ... kleines Dreieck
P ... Parallelogramm
Q ... Quadrat

Welche Bruchteile bilden die Teile voneinander?

K = ___ · M	K = ___ · P
M = ___ · G	Q = ___ · G
K = ___ · G	P = ___ · G
K = ___ · Q	P = ___ · Q

Aus wie vielen Bausteinen besteht jede Körpergruppe?

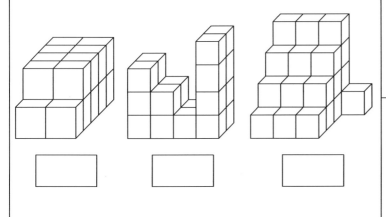

☐ ☐ ☐

$128 \cdot 94\,561 \cdot 299 \cdot 0 =$

☐

© Brigg Verlag Friedberg

| Name: | Rätsel 2 |

Ordne die Figuren nach der Größe der schraffierten Fläche.

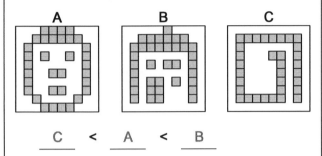

C < A < B

Stelle die Zahl 100 mit Hilfe der Grundrechnungsarten und fünfmal die Ziffer Eins dar.

111 – 11 = 100

◇ ◇ ◇ ◇ ◇

Stelle die Zahl 28 in Form einer Addition und fünfmal die Ziffer Zwei dar.

22 + 2 + 2 + 2 = 28

In einem „magischen Quadrat" muss die Summe der Zahlen in den waagrechten, senkrechten und schrägen Reihen jeweils gleich groß sein. Hier sind Fehler passiert. Kannst Du die Zahlen richtigstellen?

Welche Zahl musst du für x einsetzen, damit die Summe der Ergebnisse 18 beträgt?

$x + 2 =$ 6
$x - 2 =$ 2
$x \cdot 2 =$ 8
$x : 2 =$ 2
18    $x = 4$

Herr Moritz überlegt, was wohl herauskommt, wenn er diese einstelligen Zahlen addiert.

111

Ein Quadrat wurde in mehrere Flächen geteilt. Die Flächen wurden benannt.

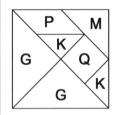

G ... großes Dreieck
M ... mittleres Dreieck
K ... kleines Dreieck
P ... Parallelogramm
Q ... Quadrat

Welche Bruchteile bilden die Teile voneinander?

$K = \frac{1}{2} \cdot M$	$K = \frac{1}{2} \cdot P$
$M = \frac{1}{2} \cdot G$	$Q = \frac{1}{2} \cdot G$
$K = \frac{1}{4} \cdot G$	$P = \frac{1}{2} \cdot G$
$K = \frac{1}{2} \cdot Q$	$P = \frac{1}{1} \cdot Q$

Aus wie vielen Bausteinen besteht jede Körpergruppe?

18   20   31

$128 \cdot 94\,561 \cdot 299 \cdot 0 =$

0

Der Fachverlag für Lehrer/-innen — BRIGG VERLAG

Kopiervorlagen und Materialien für Ihren Unterricht

Bildungsstandards Mathematik Sekundarstufe

Testaufgaben mit Lösungen / Kopiervorlagen

Die Bildungsstandards für den mittleren Sekundarabschluss thematisieren die mathematischen Kompetenzen, die die Schüler/-innen beherrschen sollen. Die vorliegenden Kopiervorlagen mit Lösungen helfen den Lehrer/-innen, die Ziele der Bildungsstandards Mathematik in die Praxis umzusetzen. Testaufgaben verschiedener Schwierigkeitsgrade mit Angabe der jeweiligen Kompetenz und Leitidee ermöglichen eine Leistungsdifferenzierung und unterstützen den Lehrer bei der Bestimmung des nötigen Förderbedarfs und der individuellen Hilfestellung. Damit sind die Beherrschung der Bildungsstandards sowie das Erzielen guter Prüfungsleistungen sichergestellt.

Freißler Werner, Mayr Otto

Bildungsstandards Mathematik 9. Jahrgangsstufe

164 S., kartoniert
Kopiervorlagen mit Lösungen

Best.-Nr. 253

Freißler Werner, Mayr Otto

Bildungsstandards Mathematik 10. Jahrgangsstufe

136 S., kartoniert
Kopiervorlagen mit Lösungen

Best.-Nr. 254

Neuhofer Doris / Neuhofer Walter

Informatix XP

Die Kopiervorlagen Informatix garantieren einen problemlosen Informatikunterricht. Die komplett ausgearbeiteten Stundenmodelle decken den Jahresstoff in den Jahrgangsstufen 5 bis 7 ab. Die Bände gliedern sich in einen kleinen Theorieteil zu Aufbau und Funktionsweise des Computers, einen Praxisteil mit Aufgaben zum Umgang mit den Anwenderprogrammen sowie zahlreichen Kopiervorlagen mit Lösungen zur Überprüfung des erworbenen Wissens. Damit sparen Sie jede Menge Vorbereitungszeit.

Neuhofer Doris / Neuhofer Walter

 **Informatix XP 1**

52 S., DIN A4, kartoniert, mit Kopiervorlagen

Best.-Nr. 250

Der erste Band setzt bei den Grundkenntnissen an, der Umgang mit diversen Programmen wird den Schülerinnen und Schülern näher gebracht.

Neuhofer Doris / Neuhofer Walter

 **Informatix XP 2**

64 S., DIN A4, kartoniert, mit Kopiervorlagen

Best.-Nr. 251

In diesem Buch machen Sie die Schüler/-innen Schritt für Schritt mit den Programmen WORD und EXCEL vertraut. Sie lernen, wie man Grafiken in einen Text einfügt, Tabellen formatiert bzw. Glückwunschkarten gestaltet.

Neuhofer Doris / Neuhofer Walter

 **Informatix XP 3**

72 S., DIN A4, kartoniert, mit Kopiervorlagen

Best.-Nr. 252

In diesem Band vertiefen die Schüler/-innen die Arbeit mit dem EXCEL-Programm und beschäftigen sich mit PowerPoint. Sie lernen z.B., wie man Diagramme gestaltet, wie man Präsentationen erstellt bzw. wie man mit einfachen Funktionen rechnet.

Bestellcoupon

Ja, bitte senden Sie mir / uns mit Rechnung

____ Expl. Best-Nr. _____

____ Expl. Best-Nr. _____

Meine Anschrift lautet:

_____
Name / Vorname

_____
Straße

_____
PLZ / Ort

_____
E-Mail

_____
Datum/Unterschrift

Bitte kopieren und einsenden an:

Brigg Verlag
Franz-Josef Büchler KG
Beilingerstr. 21

86316 Friedberg

☐ Ja, bitte schicken Sie mir Ihren Gesamtkatalog zu.

Bequem bestellen per Telefon / Fax:
Tel. 0821 / 78 09 46 60
Fax 0821 / 78 09 46 61
Online: www.brigg-verlag.de

BRIGG VERLAG

Der Fachverlag für Lehrer/-innen

Kopiervorlagen und Materialien für Ihren Unterricht

Mayr Otto

Neue Aufgabenformen im Mathematikunterricht

Problemlösen und kreatives Denken

136 S., DIN A4, Kopiervorlagen mit Lösungen

Best.-Nr. 276

Der neue Ansatz nach Pisa zur Lösung von komplexen Aufgaben- und Textstrukturen. Die neuen Aufgabentypen im Einzelnen:
Fehleraufgaben, Aufgaben zum Weiterdenken, Aufgaben in größerem Kontext, Verbalisierung, offene Aufgaben, über- bzw. unterbestimmte Aufgaben, Rückwärtsdenken, konkretes Schätzen, Aufgaben zum Hinterfragen sowie Aufgaben mit mehreren Lösungswegen.
Mit diesem umfangreichen Materialangebot haben Sie die ideale Ergänzung Ihres Mathematikunterrichts im Sinne der neuen Aufgabenformen.

Routil Werner / Zenz Johann

Deutsch – einfach und klar
Vernetzte Übungsformen für den offenen Deutschunterricht

208 S., DIN A4, kartoniert, Kopiervorlagen mit Lösungen

Best.-Nr. 274

Mit diesen vernetzten Arbeitsblättern decken Sie den Lernstoff des Deutschunterrichts (Lesen, Schreiben, Grammatik, Rechtschreibung) in der 5. Jahrgangsstufe ab. Aufgaben zur Differenzierung sowie Wortschatzkapitel bzw. Wiederholungsaufgaben zur Unterstützung lernschwächerer Schüler/-innen ermöglichen den erfolgreichen Unterricht in heterogenen Klassensituationen. Zu Ihrer Entlastung sind Schülerbeurteilungsbogen, Stoffverteilungspläne und Lösungen aufgenommen, so können Sie alle Kopiervorlagen in offenen Unterrichtsformen nutzen.
--> Weitere Bände in Vorbereitung

Mayer Ilse

Arbeitsblätter Mathematik

Die komplette Kopiervorlagensammlung Mathematik für die Sekundarstufe

Eine neue Form von Arbeitsblättern mit Lösungen, mit denen der Stoff selbstständig und in individuellem Arbeitstempo erarbeitet, geübt und angewendet werden kann.
Diese Arbeitsblätter erleichtern mit zusätzlichen Wiederholungs- und Differenzierungsaufgaben besonders in heterogenen Klassen den Unterricht. Durch den kontinuierlichen Aufbau der Arbeitsblätter, verbunden mit einem Punkteschlüssel zur Bewertung, ist die Übersicht über den einzelnen Leistungsstand jederzeit gewährleistet.
Für Einzel-, Partner- oder Gruppenarbeit, für Übung und Wiederholung auch in Förderkursen.

Mayer Ilse

Arbeitsblätter Mathematik
6. / 7. Jahrgangsstufe

264 S., DIN A4, 130 Aufgabenseiten mit Lösungen
Zwei Bände in einem

Best.-Nr. 260

Mayer Ilse

Arbeitsblätter Mathematik
7. / 8. Jahrgangsstufe

320 S., DIN A4, 160 Aufgabenseiten mit Lösungen
Zwei Bände in einem

Best.-Nr. 261

Mayer Ilse

Arbeitsblätter Mathematik
9. / 10. Jahrgangsstufe

344 S., DIN A4, 170 Aufgabenseiten mit Lösungen
Zwei Bände in einem

Best.-Nr. 262

Bestellcoupon

Ja, bitte senden Sie mir / uns mit Rechnung

____Expl. Best-Nr. _____

____Expl. Best-Nr. _____

Meine Anschrift lautet:

Name / Vorname

Straße

PLZ / Ort

E-Mail

Datum/Unterschrift

Bitte kopieren und einsenden an:

Brigg Verlag
Franz-Josef Büchler KG
Beilingerstr. 21

86316 Friedberg

☐ Ja, bitte schicken Sie mir Ihren Gesamtkatalog zu.

Bequem bestellen per Telefon / Fax:
Tel. 0821 / 78 09 46 60
Fax 0821 / 78 09 46 61
Online: www.brigg-verlag.de